# 机器行为学

## 以人为中心的智能设计

谭浩 著

電子工業出版社
Publishing House of Electronics Industry
北京 · BEIJING

## 内 容 简 介

以人工智能为代表的科学技术正在深入地塑造和改变着人类的社会、文化和经济等，作为人为事物的智能机器与人类社会的关系也正在发生着深刻的变革。本书提出机器行为学的设计与研究框架，以“人”作为出发点，将智能产品、智能系统及算法置于“自然－人类社会－人为事物”的三重本体系统中，面向行为科学、智能科学和设计科学，研究智能机器对人与社会的影响及其交互作用的模式，形成以人为中心的智能设计理论、方法与研究体系，为从人和社会的角度来设计人工智能提供科学知识、研究工具与设计方法。

本书可作为设计、计算机、机械、电子、自动化、心理学、社会学等以及交叉学科“以人为中心设计与研究”相关课程（如人机工程学、工程心理学、交互设计、智能产品设计等）的教材，还可作为从事智能汽车、智能装备、机器人、智能系统和算法研发的设计师、程序员、数据工程师、用户研究员、交互设计师、产品经理等设计与开发人员的参考书。



**图书在版编目（CIP）数据**

机器行为学：以人为中心的智能设计/谭浩著. 一北京：电子工业出版社，2023.1
ISBN 978-7-121-35912-5

Ⅰ. ①机…　Ⅱ. ①谭…　Ⅲ. ①智能设计－高等学校－教材　Ⅳ. ①TB21

中国版本图书馆 CIP 数据核字（2019）第 011500 号

责任编辑：谭海平
印　　刷：中国电影出版社印刷厂
装　　订：中国电影出版社印刷厂
出版发行：电子工业出版社
　　　　　北京市海淀区万寿路 173 信箱　　邮编：100036
开　　本：787×1092　1/16　印张：17.25　字数：386 千字
版　　次：2023 年 1 月第 1 版
印　　次：2023 年 7 月第 2 次印刷
定　　价：118.00 元

凡所购买电子工业出版社图书有缺损问题，请向购买书店调换。若书店售缺，请与本社发行部联系，联系及邮购电话：（010）88254888，88258888。

质量投诉请发邮件至 zlts@phei.com.cn，盗版侵权举报请发邮件至 dbqq@phei.com.cn。

本书咨询联系方式：（010）88254552，tan02@phei.com.cn。

# 序

2021年11月10日，联合国教科文组织干事阿祖莱在发布《一起重新构想我们的未来》报告时表示：如果有什么东西将我们聚集起来的话，那就是我们当下的脆弱感和对未来的不确定感。这份关于重新构想（Reimagining）的报告认为，数字技术具有巨大的变革潜力，但我们尚未研究清楚如何发挥其潜能。面对这种有着持久探讨价值的“宏大叙事”，谭浩教授的新书《机器行为学》，对于智能机器的设计者、开发者和使用者了解智能机器的行为，控制智能行为并使其造福人类，具有重要的意义。

“机器”的发明和存在贯穿于人类历史的全过程，虽然近代真正意义上的机器（机械）是工业革命以后逐步发展的，而正在“颠覆”机器概念的是更加近代的智能机器。机器是“人为事物”或者“人造物”，然而，在自然科学范畴，好的机器、先进的机器，如光刻机，是完全追随物理学的，机器的存在是“确定的”、“客观的”和“物理的”，这是经典，也是常识，是工业革命时代的“经典”和“常识”。而《机器行为学》一书提出，机器行为学的重要出发点之一是，使用行为科学的方法研究智能机器、智能系统与算法等人为事物的行为，并将其视为一系列“具有自身行为模式及生态反应”的有生命的个体，用科学、实证和跨学科的方法研究智能机器及其与人类社会、自然环境的交互作用模式，为从人和社会的角度来设计智能机器提供科学知识、研究工具与设计方法，为最终建立人为事物的科学奠定基础。谭浩教授的想法是超越“经典”和超越“常识”的，即超越经典行为科学和超越一般工业革命时代的常识。

一般来说，超越经典和超越常识是非常有挑战、有风险的工作。记得当年在美国北卡罗来纳州立大学旁听一门心理学课程，教授上来就讲，心理学是一门科学，心理学不等同于“生活常识”，因为常识通常会被“证伪”。可是，有一本讨论经济学（典型的“人为事物”）问题的书《回到常识》（当然这个常识与生活常识并不完全是一个意思），却认为尊重普遍规律、尊重人的选择、尊重人性是回到常识、解决经济问题的正确思维方法。“牛人”马斯克津津乐道于“第一性原理思维”，信奉“剥开事物的表象，看到里面的本质”，也是希望回归事物的原点，以原点为起点来思考和解决问题，这与互联网“教义”信奉的“优化”与“迭代”方法论明显是背道而驰的。因此，《机器行为学》虽是一本探索性著作，但是副书名《以人为中心的智能设计》表明，其基本思想是要尊重物性、尊重人性和尊重社会性，是以人为中心、以设计为领域的学术著作。

值得特别注意的是，《机器行为学》不仅提出了一个具有“新领域性”的理论和概念体系，更加重要的是这些概念体系都有“具体”的研究案例为其提供事实性支撑，也是作者团队近年来多项研究工作和论文的集合，“干货”满满。构建一个“全新”的理论体系时，需要同时“定义”许多概念和术语，往往不容易一次处理妥帖。但是，如果有多个具体的实证研究作为支撑，就提供了相应的“范式”和“范畴”，使探讨的问题更容易理解和沟通。《机器行为学》其实是在多项实际研究工作的积累之上尝试提出的一个新理论体系。与此同时，《机器行为学》的各级标题具有清晰的逻辑结构，环环相扣、层层递进，对于阅读和理解是非常有利的。

《机器行为学》既有深入的理论、模型与方法，又有来自学术界和工业界的设计与研究案例，因此，对于学术界和工业界的从业人员具有重要的参考价值。无论是学术界不同领域的学者，还是工业界的设计师、程序员、研究员、产品经理等，都可以从这本书中受益。

最后，谭浩博士是湖南大学机械与运载工程学院与设计艺术学院合作培养的博士，有机械和设计两个领域的学术背景。本人作为其博士研究生导师，非常高兴为《机器行为学》写序，一方面是作为导师的“成就感”，另一方面也要多向青年人学习，毕竟大胆创新、努力实践才是人才成长的正确路子。

赵江洪

2022 年 9 月 18 日

于长沙岳麓区静园山庄

# 前言

以人工智能为代表的科学技术正在深入地塑造和改变着人类的社会、文化和经济等。面向联合国可技术发展目标（3.6、8.2、9.5、11.2 等），在“无处不在的算法与智能”的时代，了解智能机器的行为对于控制智能行为并使其造福于人类，对于智能机器的设计者、开发者和使用者，都具有重要意义。1969 年，诺贝尔奖获得者赫伯特·西蒙在其《关于人为事物的科学》（*The Sciences of the Artificial*）一书中指出：“自然科学是关于自然对象和自然现象的知识。我们要问，是否还有‘人为’科学——关于人为对象和人为现象的科学？”2019 年，美国麻省理工学院亚德·拉万与全球 20 多名科学家联合发表《机器行为》论文，呼吁整合自然科学与社会人文科学，开展“机器行为”的人为事物科学研究。本书延续上述思想和观点，将“人（社会）”作为研究的出发点，从学科交叉的视角，将智能机器、系统和算法置于由“人－人为事物－社会”的整合系统中，将智能机器视为一系列“具有自身行为模式及生态反应”的个体，从人与社会的角度来研究智能机器，建立机器行为学的理论基础，为以人为中心的智能设计奠定基础。

## 本书的组织结构

本书的首要任务是建立起“机器行为学”这一新兴领域的设计与研究基础，形成本领域的理论、方法和研究框架，探索机器行为学的一系列科学问题，为机器行为学的形成和发展奠定基础。

全书共分为五部分。

第一部分（第 1～4 章）为机器行为学的理论基础。本部分首先从人为事物的科学的角度，对机器行为学的概念、定义和研究领域进行介绍。然后，分别从智能科学、行为科学和设计科学三个领域的发展来讨论机器行为学的研究驱动力、相关历史与发展、研究内容等。

第二部分（第 5～8 章）为机器行为学的理论模型。本部分主要从系统、行为方式、行为发展和人机关系四个角度，探讨机器行为研究的深层次理论问题。

第三部分（第 9～12 章）为机器行为学的研究方法。本部分从科学方法论着手，分别从研究和设计两个维度探讨机器行为学的方法论体系，并对开展机器行为学的若干问题、指标、情境及研究道德等展开讨论。

第四部分（第 13～24 章）为机器行为学的研究案例与实践。本部分的内容包含三个类别。第一，从系统优化的角度，于整体认知、安全、效能、体验和道德层面讨论机器行为对人类社会的影响。第二，从行为类别与行为设计的角度，研究机器的内部行为、外部行为、静态行为和人机融合行为等。第三，从社会和行为发展的角度，探讨工作、社会、文化环境中的机器行为及其进化发展。同时，本部分在结构上分为研究问题与理论、设计研究案例两方面。研究问题与理论主要针对上述三个类别的研究内容展开，既有针对人的行为相关理论，又有与机器行为相关的理论。设计研究案例主要是作者承担的多个实际的设计和研究项目，同时也包含部分自主研究课题及全球研究在中国的比较研究。

第五部分（第 25～28 章）为针对机器行为学的一些思辨和讨论，主要涉及机器行为的能力、设计、艺术等问题，并对机器行为学的未来进行讨论。

## 如何使用本书

本书适用于设计、计算机、机械、电子、自动化、心理学、社会学等以及交叉学科本科高年级学生与研究生的教学。

第一，本书适用于正在逐步涌现的诸多新兴学院（如未来技术学院、机器人学院、创新设计学院、创新创业学院等），可作为其基础课程体系中科学、工程与心理人文社科交叉融合的相关课程的教材。

第二，本书可作为新兴交叉学科（如设计学、智能科学与工程等）“设计类”课程，如“人机交互”（包含“人－机器人交互”“人－智能体交互”等）、“智能产品设计”、“智能交互设计”等课程的教材或参考书。本书中的深入的理论与研究案例可为上述课程提供坚实的基础。如果教学侧重设计应用，那么在使用本书时，可以在学习第 1 章的基础知识后，直接跳转至本书第四部分学习设计和研究的案例与知识，从实践出发进行学习。在需要理论模型和方法支持的时候，再有针对性地学习本书的前三部分：基础、模型与方法。

第三，本书可作为工业设计、产品设计、机械设计、车辆工程、工业工程的“人机工程学”（“人因工程”）以及心理学的“工程心理学”等理论课程的教材。在传统课程的基础上，本书的特色是突出了“人工智能”在课程体系中的作用和地位。同时，按照经典的人机工程与工程心理学教学模式，本书也可满足其核心和教学内容的需要。下表列出了本书对应的经典课程的内容，供大家在课程教学中参考。

| 经典人机工程学、工程心理学的教学内容 | 对应的本书内容 | 适应智能设计的新增内容 |
|---|---|---|
| 研究方法 | 第三部分（第 9～12 章） 基础：科学方法论；研究：探索与发现；设计：创新与创造 | 基于大数据分析方法、面向计算社会学的自然实验法等 |
| 信息输出与显示设计 | 第 6 章 行为模型：认知、动作与形态<br>第 18 章 内部机器行为：可解释人工智能<br>第 19 章 外部机器行为：显示设计与行为特征 | 智能系统的可解释显示与透明度，行为显示 |
| 信息输入与控制交互设计 | 第 6 章 行为模型：认知、动作与形态<br>第 20 章 静态机器行为：形态与拟人<br>第 21 章 人机融合行为：从自主行为到主动交互 | 智能机器自主行为与主动交互 |
| 人的信息加工过程与人的心理模型 | 第 13～17 章 总体认知：对智能机器的感知与态度；面向安全的机器行为：人的极限与错误；面向效能的机器行为：人机作业效率；面向体验的机器行为：信任与感受；面向社会伦理的机器行为：首先与偏好 | 人的认知与机器认知的整合 |
| 人机系统 | 第 5 章 系统模型：个体、群集与混合系统<br>第 8 章 交互模型：人、机器与社会 | 人和智能机器行为的相互影响，以及社会、物理与信息环境系统 |
| 社会环境因素 | 第 22 章 群体中的机器行为：工作与组织<br>第 23 章 社会机器行为：面向人类经济社会文化 | 智能系统对人的工作的替代和影响<br>社会经济文化与机器行为 |
| 可用性与体验设计、人因设计 | 第 11 章 设计：创新与创造 | 智能算法的设计与评估 |

针对智能机器的特点，本书还新增了以下内容，可供读者在使用本书的过程中参考。

（1）机器行为以及智能、智能机器的概念与内涵（第 1～4 章）。

（2）与智能机器、系统和算法直接相关的机器行为产生、适应与进化的发展模型（第 7 章）以及对应的研究（第 24 章）。

（3）针对人工智能的一些反思，如机器行为的能力（第 25 章）、人工智能的设计问题（第 26 章）等。

第四，本书既有深入的理论、模型与方法，又有来自工业界的设计和研究案例，因此，对于工业界的从业人员也有一定的参考价值。特别是工业界中从事智能产品、智能系统和算法设计与开发的设计师、程序员、数据工程师、用户研究员、交互设计师、产品经理等可以使用本书作为具体设计开发工作的理论与案例基础。

作为一本教材，本书每章的后面都安排了“讨论”环节，提出了一些具有挑战性的问题，以便引导读者在学习过程中进一步思考，对机器行为学的相关内容有进一步了解。本书最后的全部参考文献均可以作为读者进一步学习和拓展阅读的索引。

## 致谢

本书的出版得到了汽车车身先进设计制造国家重点实验室自主课题（72165006）、湖南省重点研发计划项目（2020SK2094）、中央高校教育教学改革专项（2017—2019）的直接资助。书中使用的设计与研究与案例分别得到了华为 2012 实验室 UCD 设计研究项目（YNBN2017100012、YBN2019125026、YBN2020065103、TC20210830003）、华为无线 mLab 研究项目（YBN2016030096）、百度人工智能交互设计院设计研究项目（151815PCK0252、151815PCK00221、15185PC07869）以及英国人文与艺术基金牛顿计划项目（AH/S003401/1）的资助。

本书的写作，从构思规划到全书出版历时五年，从最初构思的智能设计到机器行为学，在内容、框架和案例方面都经过了多次调整与修改。感谢我的导师赵江洪教授为本书作序。本书的很多理念和内容都来自跟随赵老师求学与工作期间的收获，以及在赵老师指导下共同完成的普通高等教育“十五”国家级规划教材《人机工程学》，本书的很多内容也是对《人机工程学》教材的继承与发展。感谢中国载人航天工程副总设计师、国际宇航科学院陈善广院士对本书初稿的指导和建议。感谢浙江大学计算机科学与技术学院孙凌云教授、华东师范大学心理与认知科学学院蒯曙光教授以及湖南大学设计艺术学院何人可教授、季铁教授在百忙之中审阅全部书稿并提出宝贵的意见。

感谢为本书学术思想和设计研究案例做出具体贡献的湖南大学设计艺术学院的各位老师和学生，他们是袁翔、王巍、赵丹华、马超民、彭盛兰、李薇、孙家豪、尤作、赵颖、冯安然、郝于越、林晓玲、刘佳艳、梁晨曦、孙维新、马梦云、魏旭一、薛亚宏、李文良、徐迪、徐碧雯、陈圳濠、朱敏、张逸乔、刘加新、洪捷、陈聪、徐青、周凡、朱春鹏、赵雪、刘艾琪、凌建霖、杨然伊、孙奥博、郭栋栋、冯雨顺、杨淳望、乔志、王闻佳、杨佳骆、付熙、杨佳伟、俞迪凯、唐佳琪、徐岳、杜韦柯等。

感谢华为技术有限公司首席设计师梁俊先生为本书提供其团队智能艺术创作的作品。感谢与我们开展联合设计与研究项目的各位同仁，他们是华为技术有限公司的赵业、赵其勇、王菁、王斌、王守玉、郭佳、郭伟盼、谢国强、谭严芳、高健、赵永正，百度在线（北京）网络技术有限公司的关岱松、李轩涯、周茉莉、周竹青、李世岩、陈宪涛、齐健平、王雅、李黎萍，伦敦大学玛丽女王学院的 Nick Bryan-Kinns 教授。这些共同开展的联合设计与研究项目，为本书的理论、方法和案例提供了重要支撑。

另外，自 2019 年本书初稿完成后，湖南大学设计艺术学院的部分本科生、硕士生和博士生一直在使用本书初稿的相关内容作为教材和课程讲义，这里对各位学生在本书内容方面提供的帮助表示感谢。感谢湖南大学智能设计与交互体验实验室刘佳艳、杨淳望、付熙三位学生绘制全书的插图，马天一完成了本书案例网站的设计与开发。本书的封面和封底图片由吴溢洋博士基于在线智能图像生成平台，结合文本语义理解的深度扩散模型，用深度学习算法生成，表达了人工智能眼中的“智能机器与人类和谐共生”的画面。特别要感谢电子工业出版社的谭海平先生，本书撰写与出版周期长达五年，历经多次重大修改，正是谭海平先生的支持与不离不弃，才使得本书虽历经坎坷，最终却顺利和读者见面。

最后，还要感谢我的家人，她们的默默付出与宽容是本书得以出版的最重要的支柱。

机器行为学是一个跨学科的新兴领域与主题，其理论与研究正在发展之中，为了更加完整地展现机器行为学的理论、方法与实践基础，在机器行为学的学科交叉层面全面地讨论机器行为学的相关问题，同时满足不同学科读者理解全书内容的需求，本书尽量避免讨论某个学科领域过于深入的内容。然而，本书的部分概念、模型、方法与研究比较浅显，从各自的学科本身而言，理论深度似乎有些不够，而且学科间的融合还有不足，各章之间存在着相互割裂的现象。这些，也许都是交叉学科的“难处”。此外，限于作者的水平和能力，在本书撰写过程中，疏漏与不足在所难免，恳请各位读者提出宝贵意见，共同推动机器行为学这一新兴领域的发展。

# 目录

## 第一部分 基 础

## 第二部分 模 型

# 第三部分 方 法

## 第四部分 研 究

# 第一部分
# 基础

机器行为学作为一个新兴的概念和研究领域，有着其形成和发展的脉络，涉及多个学科。讨论机器行为学的基础，就是探寻机器行为学基本概念的内涵和外延，分析其形成原因、背景和驱动力，定义机器行为学的研究范围，更好地理解机器行为学的本质和意义，为最终建立机器行为学的理论与方法体系奠定基础。

# 01 机器行为学 作为人为事物的机器行为

## 1.1　机器行为学研究的驱动力

科学技术的发展已经深刻地改变了人类社会。2000 年以来人工智能技术的发展，使得算法（Algorithm）正在人类社会中前所未有地得到广泛应用：新闻排名算法改变了人们在网站上看到的信息，银行征信记录和信用评分算法影响了人们的贷款决策，匹配算法塑造了病人器官移植匹配的调度与派遣……自动武器领域甚至有一个极端的案例——自动化武器系统是否需要理解武器使用的原则（即在什么情况下使用武器）？这至少意味着智能机器可以“自主地”决定人的生死。这是非常令人担忧的事情！智能机器改变的已不再是单一的人类个体，而正在影响着人类的行为和社会结果。因此，当人们“设计和创造”一个全新的智能机器时，不仅需要从智能科学的角度考虑功能与技术效率层面的问题，而且需要考虑在不同学科中涌现出来的各种全新问题。在这样的背景下，需要整合不同学科的知识去研究这些智能机器所表现的行为，使之为人类社会做贡献。因此，机器行为学研究的核心驱动力是从人与社会的角度分析智能机器和系统对人类社会的影响与作用，提出相关的设计准则，为智能机器的设计奠定基础。

1．机器行为输出的可解释问题

以智能体为基础的智能机器和系统的复杂性已经很高，尤其是训练后的算法与模型通常具有很高的复杂性和不透明性，这就导致了机器学习中的经典黑箱（Black Boxes）问题，如图 1.1 所示。这时，人们通常无法探查黑箱中的机器行为；即使探查到了机器行为，也很可能无法解释这些行为；即使解释了这些行为，也很难合理地将算法结果呈现给智能机器的设计者或者用户。这些都是非常重要的问题。目前的现状是，人工智能体实际产生的输出物及其输出过程是设计它们的科学家和工程师也难以解释的，更不用说对这些解释的结果进行预测了。

2．数据的版权、隐私与情境

人工智能系统通常需要根据数据进行机器学习，而数据的维度和数量增大了人们理解这些智能系统的难度。然而，挑战不仅仅是理解，大数据本身的问题也会导致人们在设计智能机器的时候可能无法获得足够的数据，进而无法预测所设计的智能机器的输出结果，特别是在涉及版权、隐私和安全等问题的时候。在开源算法测试平台上，设计者很多时候只能观察到智能系统的输入和输出。即使这些代码和模型是开源的，设计师和程序员也不太可能准确预测出模型的输出，因为涉及的因素太多，且对算法的控制在很大程度上与周围的情境密切相关。

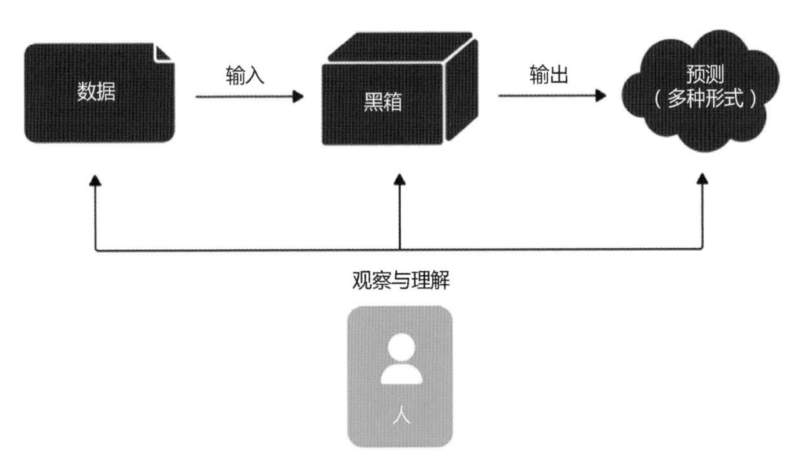


图 1.1 机器学习中的经典黑箱问题

在这样的情况下，利用机器行为学的研究和实验等方法，可在一定范围内更加直接和明确地获得智能机器可能出现的行为及其影响，避免大规模智能机器部署导致的对人类和社会的更大影响。

3．算法和智能机器对人类社会的利弊

与智能机器与算法的设计者相对应的是，人工智能体正以“意料之中”和“意料之外”的方式塑造着人类的行为与社会。例如，类似于抖音、快手等的短视频系统的推送机制给浏览者带来了不错的体验。然而，如果这种推送机制在“意料之外”的情况下偏离了初衷，就会出现人们只能浏览特定的新闻报道等类似的情况。更严重的是，算法对个体的正负面影响会扩大到社会层面。例如，网络暴力与谎言的传播速度非常快，以至于政府对此专门立法来规范网络信息传播。目前，算法的不公平性或偏见性已在很多场景中出现。无论数据如何真实，抽样方法如何随机，数据集中的误差或训练集的微小差异都会引发模型的偏见，甚至放任这种偏见出现。例如，部分电子商务网站对不同类型的用户呈现不同的产品价格（即“杀熟”）就是典型的偏见性问题。

为了应对这些问题，人们有时候需要被迫在各种偏见之间做出取舍。例如，人们明明知道推送给自己的新闻是带有偏见的，但是有多少人愿意（或者说有能力）去改变这些偏见呢？从社会的角度看，这种人类和智能算法之间的相互作用所导致的改变（如婚恋算法等）是否会系统性地改变人类的社会结构，进而影响人类发展的进程，我们仍不得而知。这些问题在不断复杂化的“人类－机器－社会－自然”混合系统的背景下，正变得越发难以解决。因此，机器行为学必须提供理论、方法与结论，以帮助人们理解这些无处不在的智能机器、系统和算法是如何对人类社会产生影响的，同时指导设计师和算法科学家更好地开展设计。

## 1.2 从自然科学到人为事物的科学

将机器作为一个科学研究对象——无论是自然科学还是社会科学——往往具有挑战性，因为机器不是“自然的”，而是“人造的”。

《道德经》云：“常无，欲以观其妙；常有，欲以观其徼。”这是中国古代对自然世界开展探索的思想，反映了古人对自然规律的认识与看法。在古希腊，亚里士多德（Aristotle）的《物理学》（*Physics*）分析了“自然存在的事物”的“本原、原因和元素”。自 17 世纪英国科学家牛顿（I. Newton）提出以来，经过三个多世纪的发展，自然科学的概念已经深入人心，特别是针对物理学、化学、生物学和生理学的概念已经非常明确：自然科学就是针对自然界某类事物（客观事物或客观现象）的知识，自然科学的任务就是揭示那些客观存在的自然规律（Natural Laws）。

然而，一个不容忽视的事实是：人类今天生活着的世界，与其说是自然的世界，不如说是人为的世界。在人们的身边，几乎所有事物都有人为的痕迹。稻田里的水稻，很大程度是经人为杂交或转基因处理后的结果；就连人们呼吸的空气，都可能是人为调节、污染或净化过的。作为人类集体活动产物的“人为事物”（也称“人造物”），已遍布于人类的周围。可以说，从人类诞生的那天开始，人为事物就已“客观地”存在于这个世界上了。

虽然人类创造和设计人为事物的历史几乎与人类社会的历史一样久远，然而将人为事物作为一个对象来开展科学研究，要比对自然事物的科学研究晚得多。《周礼 • 冬官考工记》（简称《考工记》）是中国关于“造物”（制造人为事物）和“手工艺技术”的最早文献，它记述了官营手工业各工种的规范和制造工艺。15 世纪欧洲文艺复兴时期达 • 芬奇（L. da Vinci）出版的《列奥纳多手稿》（*Leonard's Notebooks*），是世界上第一本真正意义上的工程技术和设计手册，标志着“人为事物的设计”开始逐步成为一种系统的知识和方法体系。

然而，真正将人为事物作为一种学术的（academic）研究，始于 20 世纪 60 年代。1969 年，西蒙（H. A. Simon，见图 1.2）在其著名的《关于人为事物的科学》（*The Sciences of the*

图 1.2　西蒙像

（图片来源：美国卡内基梅隆大学官方网站）

*Artificial*）一书中明确提出将“人为事物”（包含人为对象和人为现象）作为科学研究的对象。西蒙将人为事物的科学定义为研究和处理自然世界（自然规律）和人为世界（人的意图）这两个相异组成部分的科学。自然规律与人的意图的区别本质上是描述性（研究）与规范性（设计）的差别。西蒙指出：自然科学已经找到了一条排除规范性而仅仅描述事物本身性质的道路。但是，“对于人为事物的讨论，通常既使用描述性的方式，又使用规范性的方式，特别是在设计人为事物的过程中”。事实上，西蒙在很多人为事物研究方面都取得了巨大的成就，例如计算机和经济。西蒙既是计算机和人工智能的创立者之一，又是人工智能“符号学派”的代表人，并于 1975 年获得美国计算机学会图灵奖。同时，西蒙还是经济学“决策理论”的创立者，于 1978 年获得诺贝尔经济学奖。

## 1.3 人为事物

与自然事物相比，人为事物的情况似乎更加复杂。西蒙认为：人为事物在服从自然规律的同时，必须适应“人的目的或意图”。也就是说，“人为的”这个概念，似乎需要依靠“目的”和“意图”而成为一个系统，并纳入其生存环境，才能得以存在。如果说自然现象在对自然法则的从属性上具有“必然性”的概念，那么人为事物和现象对环境的适应性则具有“偶然性”的意义。也许正是因为这样的偶然性，人们才对人类自己创造的人为事物似乎有所怀疑。感觉上，与人为事物相关的很多词汇多具有贬义，如“人工的”“模仿的”……而关于自然事物的词多具有褒义，如“自然的”“客观的”“真实的”……事实上，人为事物应该是与自然事物同等的概念，是对人类创造的事物的一种客观描述。这样，科学家和设计师才有可能回答本书最关键的问题：“人为事物的科学规律是什么？人为事物应该如何设计？”

按照西蒙的描述，人为事物有如下四个主要特征：

（1）人为事物是由人创造的。

（2）人为事物可以模拟自然事物的某些表象，而在某些或若干方面缺乏后者的真实性。

（3）人为事物可以用其功能、目的和适应性变化来描述。

（4）关于人为事物的讨论，既可用描述性的方式，又可用规范性的方式。

如果从其功能或意图方面来考察人为事物，那么可以将人为事物视为一个“内在”环境与外部环境的界面（Interface）或触点（Touch Point），如图 1.3 所示。如果内部环境适应外部环境，那么认为该人为事物能够满足和实现意图与目标。例如，一辆汽车就包含汽车的内部环境（如动力结构）与外部环境（如不同路况、气候）及它们的相互关系（如汽车在颠簸的道路上运行）。基于这样的观点，人为事物的一个核心意义就是所谓的“适应性”。环境的复杂性决定了人为事物需要去适应不同的环境，并满足不同的意图和目标。因此，在讨论人为事物的时候，环境因素是非常重要的因素。从严格意义上讲，适应和满足都是非常复杂的概念。事实上，人为事物不可能适应所有的环境，即适应性是有限度的。因此，人为事物的设计目标是产生“满意解”而非“最优解”。

图 1.3 人为事物与环境

## 1.4 机器：一种人为事物

“机器行为学”中的“机器”是一种典型的人为事物。不同于一般意义上的“机器”概念（如由各种金属和非金属部件组装而成的装置），本书中的“机器”是一个意义广泛的概念，总体而言，机器就是人类设计和创造的人为事物。例如，对自动驾驶汽车而言，机器既可以是自动驾驶汽车本身，又可以是其内部的动力系统、人工智能系统、人机交互系统、出行服务系统与组织架构等。

同时，从设计对象的角度看，本书中的机器具有强烈的计算机科学和人工智能的概念，即作为人为事物的计算机，正如西蒙所说的那样：“在人类设计的人为事物中，没有哪一个像计算机那样便于进行功能描述。”计算机作为人为事物的最大特征是其在人为事物层面的“抽象组织性”。数学也许具有很好的抽象性，这种抽象完全基于逻辑，无法以“人为事物”这样一个对象（Object）的方式来呈现。基于这样的认识，可以将本书中的机器理解为人工智能领域中的智能主体（Intelligent Agent）。同时，可以看到很多作为人为事物的“机器”，最典型的机器是自动化系统和产品，自动驾驶汽车、工业机器人等都是代表性的机器。

除了实体的“机器”，算法也是机器。在很多专门的领域中，也能发现这些基于算法的无形机器。当人们购物的时候，算法会根据个人属性和购物习惯推荐并呈现不同的商品。在社交领域中，在线交友和在线约会可以根据两个人的特点进行配对。在金融领域，很多市场交易由机器算法完成……在机器行为学中，这些都是典型的“人为事物”，都是典型的“机器”。

当然，本书中的“机器”概念并未包含所有的人为事物。例如，虽然经济体系展现了人为事物的很多重要特性，如利益（效用）最大化、资源配置、不确定性与预期等，但它不属于本书讨论的范围。

## 1.5 机器行为学的定义

基于前面的分析，从整个科学研究的发展来看，如果说经典自然科学研究的是自然世界（Natural World），心理学、社会学等行为科学研究的是人的世界（Human's World），那么人为事物科学研究的就是人为事物的世界（Artificial World），也可以理解为机器的世界（Machine's World），如图 1.4 所示。这三个世界分别对应于三种科学：以物理学为代表的自然科学，以社会学/心理学为基础的行为科学，以及以设计科学/智能科学/工程科学为代表的人为事物科学。

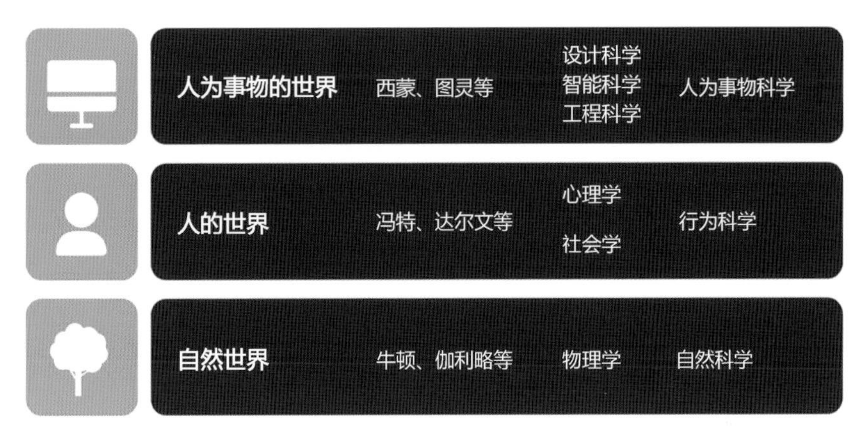


图 1.4 从自然世界到人为事物的世界

机器行为学是关于机器行为（Machine Behaviour）这一人为事物的科学，其研究基于人为事物的设计。机器行为学中机器行为的研究目标不是机器或算法的效能——这显然是当前人工智能领域的主要研究课题。机器行为学主要研究机器行为及其交互的人、社会、文化的环境，解决以智能系统为主体的机器如何与人类社会现有结构、模式进行交互和融合的问题。

基于这样的定义，本书提出如下假设：机器行为学将机器视为一系列有自身行为模式及生态反应的个体，将其行为理解为类似于结合了“生命内部固有特质（生理和生化）”与“外部环境塑造特质（生态与进化）”的现象，采用类似生命和行为科学的方法来研究以智能机器为代表的人为事物及其现象。

与此同时，机器行为学还包含基于机器（如产品、软件、智能系统和算法等）的设计和工程实践，这些实践创造的人为事物（机器）及其创造过程也是机器行为学研究的对象。这样的考虑，与工程科学、计算机科学和设计科学中的实用主义哲学类似，也就是说，发现机器行为的规律和创造机器行为都是机器行为学的研究内容与对象。

## 1.6 机器行为学的学科基础

机器行为学的相关学科与应用领域如图 1.5 所示。

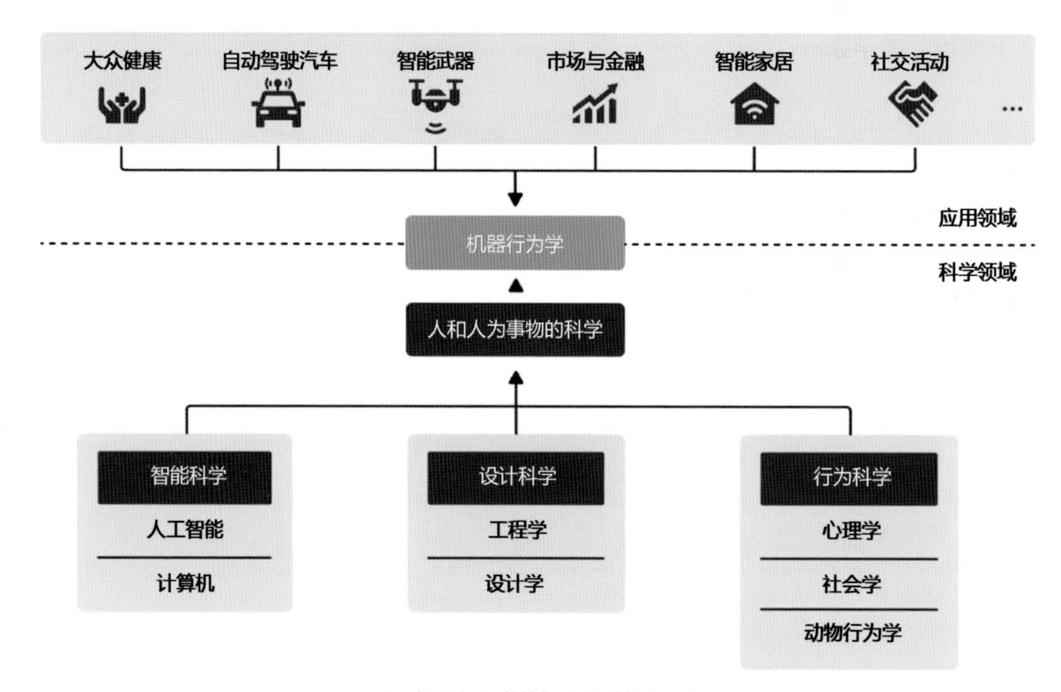


图 1.5 机器行为学的相关学科与应用领域

智能科学（包含计算机和人工智能等）的相关专业是提出“机器行为学”概念的基础。正是因为智能系统和算法的快速发展对跨学科研究的迫切需求，学术领域才产生了机器行为学的基础科学问题。

行为科学（包含但不限于心理学、社会学、动物行为学、神经科学等）是机器行为学研究的方法论基础。目前，行为科学的主要对象是社会、人和动物等，而机器行为学研究的是以机器为代表的人为事物的行为，是一个全新的命题和概念。机器行为学一方面要借鉴行为科学的理论、方法和工具，另一方面要建立关于机器为代表的人为事物的特定研究方法和理论基础。

设计科学（包含工程学、设计学等）也是机器行为学研究应用与实践的核心。因为机器行为学研究的对象（机器）不同于自然科学和社会科学研究的“自然现象或客观实在”，而是人类行为（特别是设计和工程实践）的产物。因此，设计学关于设计认知、设计流程、设计创新等领域的研究对机器这一对象的研究具有重要的意义与作用，人类的艺术、创造、灵感、直觉等对机器行为的设计和研究尤其具有重要作用。

从应用角度看，机器行为学可以应用到人工智能与人相关的几乎所有领域。但是，不同的应用领域对机器行为的应用情况有所不同。目前，较有代表性的领域包括大众健康、自动驾驶、智能家居、社交媒体、市场金融等。所有的科学与设计问题均来自实践。机器行为学的应用领域为机器行为学研究提供了研究问题的来源与验证情境。

## 讨论

有人认为，机器行为的研究是典型的“新瓶装老酒”。自 20 世纪 40 年代以来，以控制论为代表的人造机器系统和生物系统的交互、融合及自动控制的研究一直在快速发展，社会学家和人类学家长期以来都在研究人工智能如何将人类智能嵌入物质系统及智能主体出现后将会产生的社会结果。因此，机器行为学不是全新的概念，甚至还有将机器行为的设计责任转嫁给行为科学家和社会学家的风险。

1．针对上述观点，围绕机器行为学研究的背景、发展驱动力等因素，谈谈你的看法。

2．机器行为学需要整合多个学科，如智能科学、行为科学和设计科学，这三个学科都从各自的角度对机器行为学的相关内容进行过研究。请结合自己目前的专业背景，基于所学的相关研究基础，讨论学科融合背景下机器行为学的机遇与挑战。

# 02 智能机器
## 从智能主体到机器行为

### 2.1 智能：概念的复杂性

人类一直自称为智人（Homo Sapiens）。自古以来，人类就对智能充满了好奇与兴趣。一方面，人类一直试图理解自己的各种智能行为和脑力活动，如感知、记忆、情感、思考、判断、设计、学习、思维等；另一方面，人类一直不断在寻求用机器代替或帮助自己减轻脑力劳动负担的方法，即一种所谓人工方法的智能，也就是人工智能（Artificial Intelligence）。

公众关于人工智能的概念可能来自诸如《终结者》（*Terminator*）、《人工智能》（*A. I.*）等影视作品中机器征服人类和世界的"预言"。在这样的概念中，人工智能似乎等同于智能的类人机器人。然而，从实用主义观点说，人工智能其实一直在人们身边。例如，手机中的大量照片处理软件利用人工智能对人们拍摄的照片进行诸如"美""白""瘦""高""祛斑"等美化处理；又如，基于人工智能的机器翻译软件已经实现了多种语言之间的自动翻译。

与公众的普适性认知相比，从学术意义上定义"智能"似乎并不那么容易。科学家和设计师尝试针对智能提出一系列概念方面的思考。智能的本质是什么？智能是否是人类的一种独特才能？智能是可以通过人类行为来观察，还是必须从人类行为的内部特定机制来认识？在生物体中，智能中的知识是如何表示的？智能实体是否具有情感，还是只有生物体的生存过程才能赋予其丰富的感受？智能是否可以被设计及如何被设计？……从这些问题来看，智能及智能设计的范围和目标非常复杂，这就使得学术界几乎不可能对其做出简单而抽象的定义。如果将智能定义得面面俱到，就很可能产生一些更深层次的问题，甚至产生相互矛盾的概念。

### 2.2 智能的哲学基础

智能是人类知识的来源和过程，智能的概念与认知有着密切的关系。亚里士多德在其《工具论》（*Organon*）中提出了三段论（Syllogism）原理，首次将思想认知和物理世界分离开来，即逻辑推理是产生知识的来源。17 世纪和 18 世纪，笛卡儿（R. Descartes）的理性主义（Rationalism）明确将意识和思想从物理世界中分离出来，即"（人类）大脑存在一部分不受物理定律支配的东西"，这就是典型的二元论（Dualism）思想。马克思主义哲学中辩证唯物主义的思想也在借鉴和批判二元论基础上，认为物质是第一性的，意识是第二性的，意识是高度发展的物质——人脑的机能，是客观物质世界在人脑中的反映。基于这样的认识，一个被人们广泛接受的观点是“意识和身体是不同的实体”，进一步说，认知过程实际上是通过类似大脑这样的物理系统实现的。这些哲学思想，特别是唯物主义思想，从机制上说明了智能是一个客观存在的对象，可以被认识、操纵和研究，也就是说，智能是可以被设计的。这为智能设计奠定了哲学基础。

承认智能客观存在的属性的下一步是探寻智能产生的具体机制。基于对亚里士多德的三段论的批判，经验主义哲学的代表人物培根（F. Bacon）提出的科学归纳法及后来休谟（D. Hume）提出的归纳（Induction）原理，都被视为智能产生的具体方式。罗素（B. Russell）的研究表明，理性和推理的某些方面可用比较简单的结构加以形式化。后来，控制论的中心人物维纳（N. Wiener）将这种关系理论简化为“类理论”，为发展可计算的数理逻辑做出了巨大贡献。20 世纪实证主义哲学家维特根斯坦（L. Wittgenstein）、卡尔纳普（R. Carnap）等更是明确提出：作为智能核心的知识（Knowledge）的产生是一个逻辑和计算的过程。

在此基础上，哲学家继续在哲学层面深入探讨智能计算的具体机制，这也是 20 世纪不同人工智能流派的基础。例如，现象学之父胡塞尔（E. G. A. Husserl）指出：智能无法判定正确性，因为这个世界只有合理性，而合理性的本质是人类知道如何应对不断变化的世界。这样的思想深刻反映了设计的某些本质属性，也为人工智能的核心概念合理性主体（Rational Agent）奠定了哲学基础。

## 2.3 图灵测试

1950 年，人工智能的先驱之一图灵（A. Turing）在其论文《计算机器与智能》（*Computing Machinery and Intelligence*）中首次提出了图灵测试（Turing Test），试图从模拟人的行为的角度为“人工智能”提出一个可以操作的定义，如图 2.1 所示。这个测试假设有一台具有智能的计算机（智能体），一个人类询问者通过打字录入的方式在规定的时间内提出一些问题，如果这个人类询问者不能区分回答是来自人还是来自计算机，这台计算机就通过了图灵测试，

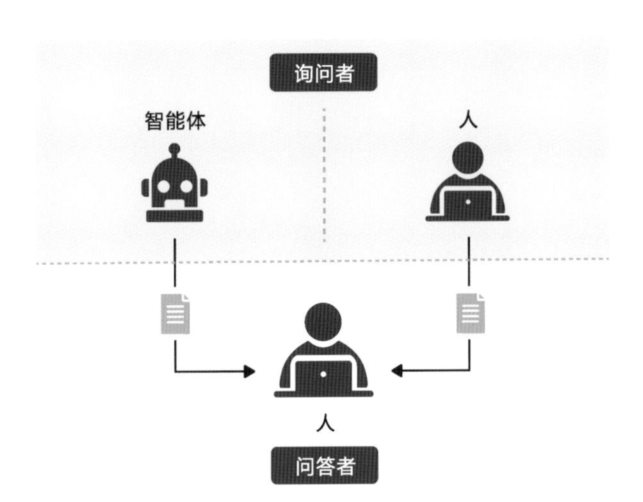


图 2.1 图灵测试原理

即被认为具有智能。图灵测试有三个基本标准：表现（Act）、反应（React）和交互（Interact）。在此基础上，图灵还提出了所谓的完全图灵测试（Total Turing Test），这种测试假设计算机和人具有同样的外表等（类似于人的机器人），并且能平等地进行交流。

图灵测试提出了人工智能计算机需要具备的六种基本能力：自然语言处理（自然交流）、知识表示（信息存储）、自动推理（得出结论与回答问题）、机器学习（适应新情境并预测模式）、计算机视觉（感知物体）和机器控制（控制对象）。事实上，这六种能力就是人工智能的主要研究内容。直到今天，图灵测试仍然是检验一个计算机系统是否具有智能的重要手段之一。

## 2.4 智能主体

虽然图灵测试是一种典型的定义人工智能的实用方式，但是它没有解决所有的问题，尤其是那些非符号类的复杂情境性问题。通常情况下，智能是从社会个体元素之间的相互作用中产生的，设计这些个体元素就成了人工智能领域的核心问题，这种元素一般被定义为“主体”。

“主体”一词的英文 Agent 源于拉丁语 Agere，意思是能够行动的某种东西。主体通过传感器感知环境，并通过执行器对所处的环境施加行为，如图 2.2 所示。理解主体的一种简单方法是，想象有一个用于为房间调节温度的主体，它可以感知房间的温度是否合适。它如果感知到温度不合适，就启动程序开始调节温度；否则，就什么都不做。从本质上看，主体就是一个可以与这个世界交互的人为事物或机器，只是这台机器既可能是实体产品，又可能是人类设计师创造的一段可以和世界交互的程序或代码。

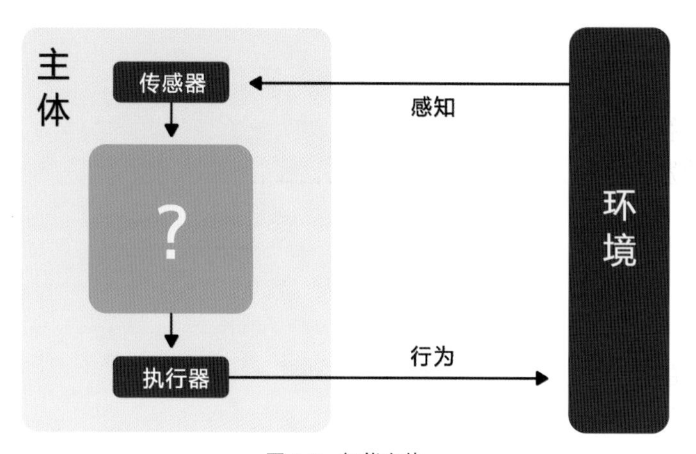


图 2.2 智能主体

“主体”具有如下特征：①主体一般是自动的或半自动的，也就是说，它在问题求解过程中具有某个特定的职责；②主体是基于周围环境的，并且可以对环境做出反应；③主体之间相互影响，并且构成一个所谓的“社会”，这个社会构成一个更加复杂的主体。

如果将主体视为一个人为事物（机器），那么创造了一个主体就等同于创造了一个人为事物。但是，只有当这个人为事物做出“合理”的行为时，一般才认为它是“智能”的。因此，“合理”是机器行为的核心。然而，要对合理做出衡量又是有挑战性的，因为人们很难定义“实现目标期望的结果”这一说法。在前面的例子中，“房间温度调节”主体是如何判断温度是否合适？这不是一件简单的事情。是15℃、20℃？还是某个范围的温度？这本身就是一件困难的事情，而且不同湿度和气候条件下的定义可能完全不同。因此，所谓的“完美的合理性”是很难存在的，尤其是在复杂的情境中。但是，将完美的合理性作为出发点是有实用主义意义的，即可以将其作为一个目标而非结果，也就是说，当主体达不到所要的“完美”时，仍然可以行动。事实上，人的行为本身也是“有限合理”的，因此无法苛求智能设计能够实现完美的合理性。

人工智能关于智能和主体的定义对“机器行为学”而言具有重要的启示，反映了一种对事物（特别是人为事物）的看法和认识。这种看法和认识既具有理解性（理解智能的概念），又具有行为性（构建一个智能的系统）。行为和理解并行是设计、计算机与工程领域实用主义思想的重要概念，也是计算机科学和数学的本质差别之一。

## 2.5 走向机器行为

智能主体的核心是具有行为能力，但是机器行为学中“行为”的目标不是性能最好，而是使机器有益于人类社会。事实上，包括人工智能在内的所有科学技术的初衷都是为了促进社会进步和人类的发展。但是，要真正为人类造福，就需要使用专门的知识和技术工具，在机器行为的设计和创造中实现这样的目标。例如，从机器行为学的角度说，智能主体的信息输出速度在某些情况下可能不能是最快的，因为人可能要浏览、理解这些输出的信息，所以信息的输出速度取决于人感知、理解和加工信息的能力。在某些情况下，为了让人获得更好的体验，还要让信息输出速度更慢，让人有时间去“品味”和“感受”这些信息。

因此，了解智能体的行为和性质及它们对人产生的影响是至关重要的。社会发展也可以从智能主体的发展中受益。从智能主体走向机器行为，是人工智能未来发展的重要趋势之一。

## 讨论

从智能科学的角度看，解释任何行为都不能完全与训练或开发该人工智能体的环境和数据分开，机器行为也不例外。但是，理解机器行为如何因环境输入的改变而变化，就像理解生物体的行为根据它们存在的环境而变化一样重要。因此，机器行为学者应该专注于描述不同环境中的智能体的行为，就像行为科学家在不同的人口统计和制度环境下研究社会行为一样。

1．“主体”的概念和“对象”的概念有什么不同？

2．机器智能和人的智能存在什么差异？试举例说明。

3．在特定的情境下，不同的训练数据是如何影响机器行为的？试举例说明。

# 03 机器行为
## 从人的行为到机器行为

机器行为是关于行为（Behaviour）的研究。行为概念在不同的学科领域有不同的意义。机器行为学讨论的“行为”是一个和“生物、生命”相关的概念，因此与行为科学有着密切的关系。

### 3.1 心理学

心理学是“研究人的行为的科学”。但是，心理学不仅仅是关于行为（Action）的科学，还包含人的心理活动（Mental Activity）的研究。斯坦博格（R. J. Sternberg）指出，心理学研究人的心理和行为，致力于理解人们如何进行思考、学习、接受、感觉、行动及与他人交往，乃至如何理解自身。从这样的观点看，机器行为的研究可以借鉴心理学的研究范式和方法。正如机器行为学的假设那样，我们可以将机器行为视为具有生命和环境适应的活动。

行为主义心理学是心理学早期的主要流派之一，它主张以客观的方法研究人类的行为，进而预测和控制有机体的行为。然而，行为主义心理学已不再是心理学的主流。心理学产生巨大影响的领域是认知心理学（Cognitive Psychology）。然而，非常有趣的是，认知心理学对人的认识过程的描述非常接近于一台计算机。例如，认知心理学家威肯思（C. D. Wickens）提出的人的认知过程模型（见图 3.1）就把人的认知过程模拟为计算机的运算过程：短时记忆类似于内存，长时记忆类似于硬盘，思维与决策类似于中央处理器（CPU）等。这就是认知心理学常见的观点，即以信息为核心，将认知过程描述为一个信息处理的机制。目前，认知心理学的发展趋势是要超越将人的认知过程模拟为计算机运算过程的隐喻，并尽力采集大规模数据，进而研究认知的逻辑性和复杂性问题，但是认知心理学的感知、注意、推理等概念仍然对机器行为与机器认知具有重要的启示。

在认知心理学的基础上，纽维尔（A. Newell）和西蒙等提出了通用问题求解模型（General Problem Solver，GPS），它用计算机和人工智能的“符号主义”思想去研究智能体与人类的思维过程，如记忆的组织、信息加工模型、思维环境记忆、类比问题求解等。这些研究和机器行为学的关系密切。

此外，心理学的很多理论都与机器行为有着对应关系。发展心理学中的认知发展和社会性发展与机器行为的进化和适应密切相关；工程心理学中的人因与人机系统研究本质上与外部机器行为的研究非常相似。因此，心理学是机器行为学的重要学科基础。

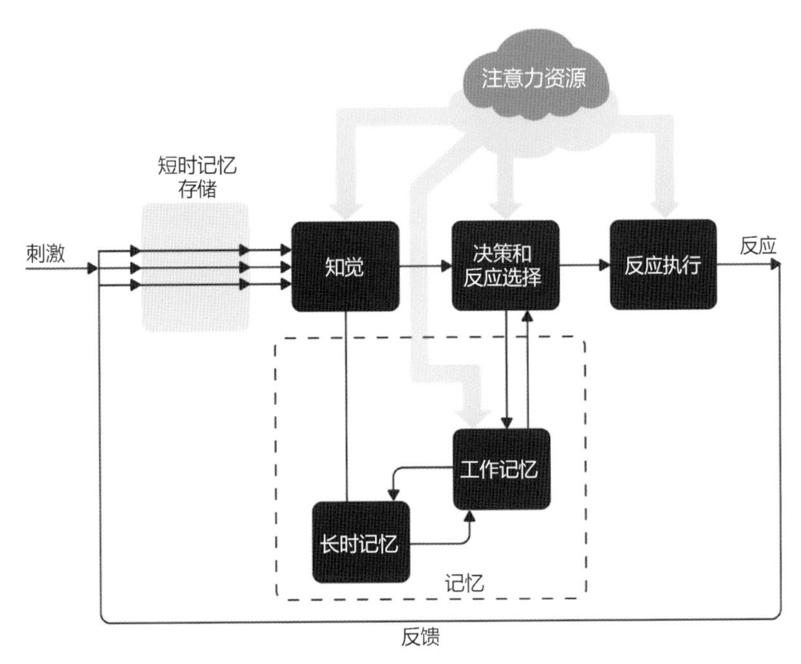


图 3.1 认知过程模型（威肯思，2003）

## 3.2 神经科学与人工神经网络

如果说心理学的主要范式是基于符号学的思想来模拟人类大脑展开研究的，那么以神经科学（Neuroscience）为代表的生理学就是直接探索人的大脑的组成、结构和活动，进而研究人类行为背后的脑神经活动和生理活动的。在神经科学中，神经元（Neurons）的发现是神经科学发展历史上的里程碑。卡嘉（S. R. Cajal）在其开创性的研究中，利用染色技术确定了神经系统是由独立的神经细胞连接在一起而形成的通路。神经元具有兴奋性和传导性，即神经元可以接受刺激并且传递信息（见图 3.2）。虽然神经科学在医学和生理学领域取得了突破性进展，但是仅从生理学的角度去研究智能，目前还难以直接得到其与智能之间的直接关系。简单地说，神经科学家还无法证明作为简单细胞的神经元的整合是如何产生思想、行为和意识的。上述问题如果从智能科学领域来看，似乎可以实现一些类似的映射。例如，一台超级计算机中的晶体管数量目前可能为$10^{10}$～$10^{14}$个，而人类大脑的神经元数量约为 $10^{11}$ 个。然而，人脑与计算机相比还具有很多不同的性能——例如，人脑不会同时使用如此多的神经元——这是神经科学、认知科学和计算机科学整合的一个重要领域和方向。

与机器行为学结合最紧密的神经科学领域是人工智能连接主义所发展的人工神经网络。人工神经网络是用电子装置模仿人脑结构和功能的一种途径，最早于 1943 年由生理学家麦卡洛克（W. McCulloch）和计算机科学家皮茨（W. Pitts）提出。1958 年，美国神经学家罗森布拉特（F. Rosenblatt）提出的感知机（Perception）模型首次实现了对神经元的模拟。人工神经元的本质是模拟神经信号的传导过程，在对输入内容进行线性运算和非线性变换后输出结果，如图 3.3 所示。

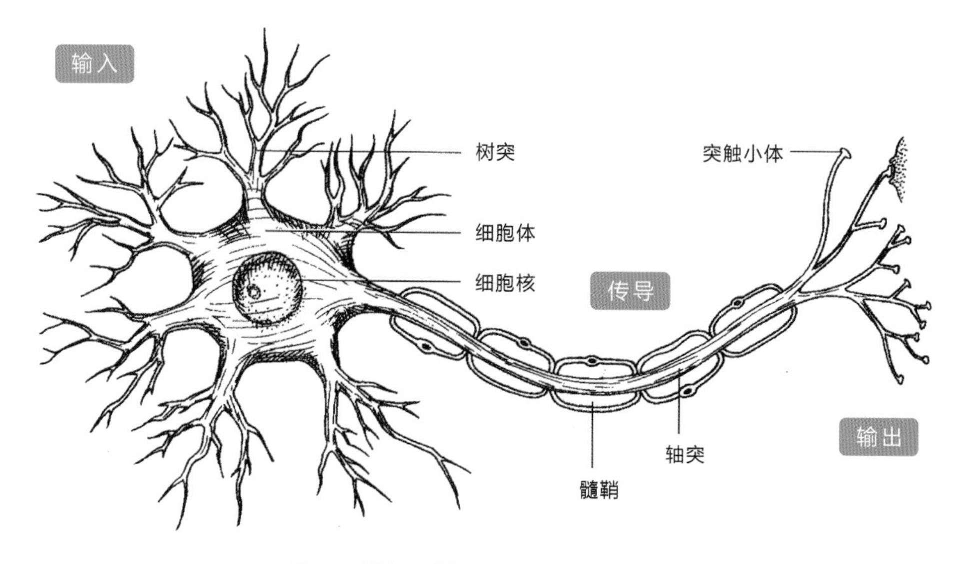


图 3.2　神经元（赵江洪、谭浩，2006）

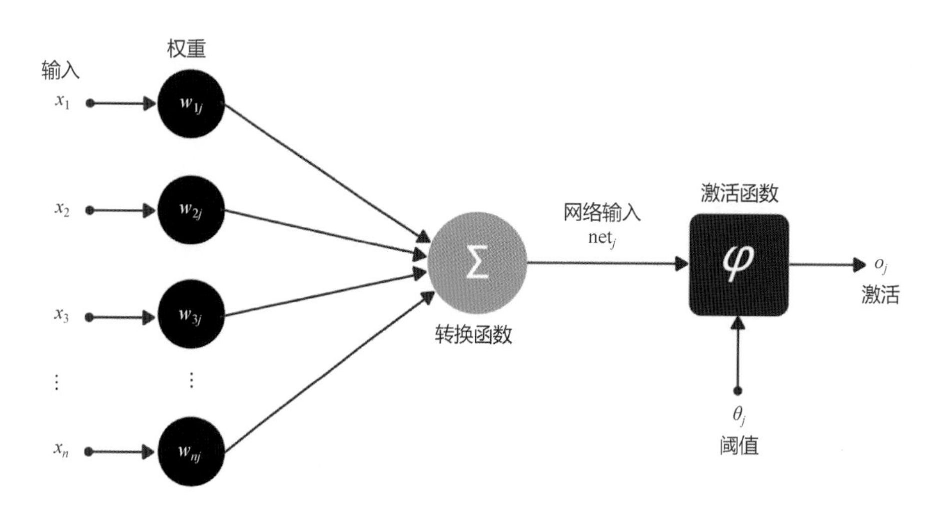


图 3.3　人工神经元

在此基础上，科学家对感知机进行多层叠加，建立了多层感知机。20 世纪 80 年代，加拿大人工智能专家辛顿（G. Hinton）从数值优化的角度提出了反向传播算法（Back Propagation，BP），并且发展出了深度学习模型，后者今天已成为人工智能领域的热门领域。

人工神经网络以一种实用的方式避开了直接研究人类大脑的诸多问题，并在此基础上发展了深度学习等当代人工智能的核心技术（见图 3.4）。从机器行为学的角度看，也可以考虑从神经科学角度分析机器行为，进而探寻人工神经网络模拟人类行为或者创造全新的机器行为。

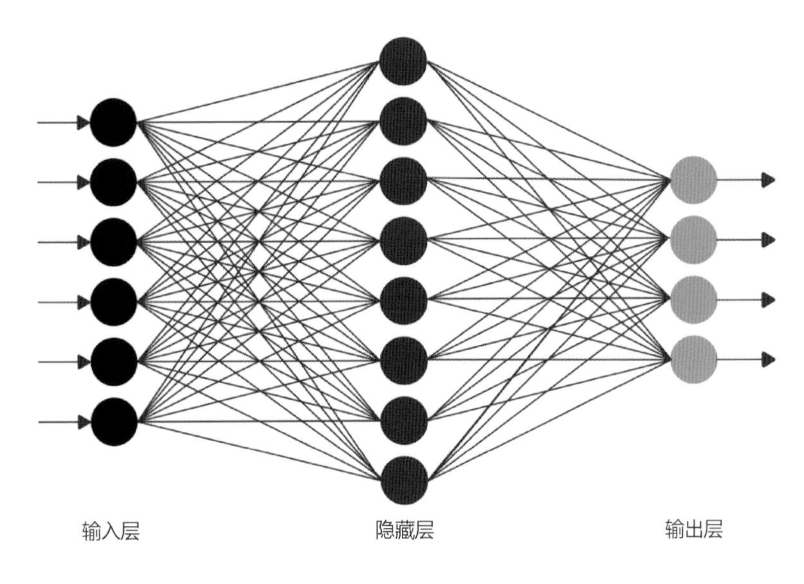


图 3.4 人工神经网络

## 3.3 社会学

虽然心理学也包含研究群体行为和心理的社会心理学，但是，系统地研究社会行为与人类群体属于社会学（Sociology）领域。机器行为学的重要目标之一就是“智能主体和机器行为对人类社会产生的影响”，因此，作为研究社会和人类群体的“社会学”，显然是机器行为学涉及的重要领域。

1838 年，法国哲学家孔德（I. M. A. F. X. Comte）正式确立了“社会学”一词。1895 年，迪尔凯姆（E. Durkheim）在法国波尔多大学创立了欧洲的首个社会学系，并且出版了影响后世的重要著作《社会学方法的规则》（*Les Regles de Methode Sociologique*），为社会学确立了有别于其他社会科学学科的独立研究对象，即社会事实。

社会学家对社会的研究包括一系列从宏观结构到微观行为的研究，既有对种族、民族、阶级和性别的研究，又有对如家庭结构、个人社会关系模式的研究等。这些方法都可以被机器行为学采用。例如，机器行为学的一个重要任务是建立一个人机和谐的社会生态系统，社会学关于群体、组织的研究具有非常重要的作用。组织的社会功能、组织的机制、组织的结构原则、组织的运行与调节、组织中人和机器的行为与角色，都是社会学与机器行为学共同关注的话题。在此基础上，社会学研究中的从众、归因、态度等研究，对机器行为而言也具有重要的启发意义和价值。

与机器行为学关系较为密切的社会学分支是 20 世纪末兴起的所谓“计算社会学”。计算社会学利用收集和分析数据的能力，在不同的广度和深度大规模收集数据，提供个人和群体的全面信息，它以过去几乎无法想象的方式研究智能机器、算法等对人类生活、组织和社会的影响与作用。

总体而言，社会学的研究范式也是机器行为学的研究范式的基础，尤其在机器对社会、经济、文化等的影响方面，社会学方法具有重要的价值和意义。

## 3.4 动物行为学

人作为一种动物，也属于动物行为学（Ethnology）研究的范畴。与心理学和社会学研究人的行为不同，动物行为学特别注重从系统发生和遗传学的角度研究包含人类在内的动物的行为。一般认为，动物行为学的历史可以追溯到达尔文（C. R. Darwin）的《物种起源》（*On the Origin of Species*）一书，该书中的"本能"（Instinct）一章中的内容是动物行为学最早的相关研究。后来，达尔文在其《人与动物的情感表达》（*The Expression of the Emotions in Man and Animals*）一书中，运用进化论的思想，更加深入地研究了人与动物的行为，推测了人与动物行为的内在机制。1973 年，三位从事动物行为学研究的生物学家劳伦兹（K. Lorenz）、廷贝亨（N. Tinbergen）和弗里施（K. Frisch）获得了诺贝尔生理医学奖，这是动物行为学领域具有里程碑意义的标志性成就。

从动物行为学的角度研究机器行为的突出优点是，研究者可以更加远离"人"本身的属性，将人放在整个动物界和自然界中开展研究。动物行为学有两种主要的研究范式。第一种是描述行为学，即观察和解释动物的行为，开展描述性研究。描述行为学的核心工作是研究动物的各类行为，并对其系统演化问题进行分析；同时，描述行为学还对动物行为进行分类和命名，并在此基础上研究行为的层次性和顺序性。第二种是实验行为学，它通过实验方法研究动物行为的因果关系。

在动物行为学理论中，所有的动物行为都可以用因果关系、生态功能、分体发生和遗传进化四个方面来解释。因此，动物行为学家从行为的功能、机制、发展和进化历史四个维度来研究动物行为，并且构建了一个研究动物行为的基本框架。

虽然机器行为和动物行为有着很多的本质差别，但是，在方法上，动物行为学的很多工具和方法都可以运用到机器行为学中，特别是其建立的一套行为描述的科学体系，对机器行为学中行为的分类、编码等具有重要的指导意义。在内容上，智能机器和动物一样，有其行为产生、发展和进化的内在机制。机器在同环境的整合中获取信息，产生特定的功能，并且从过去的环境和人类不断的决策中得到进化。动物行为学关于"适应"的概念，与人为事物和机器的功能及其环境适应性具有密切的关系，因此可以为机器行为学提供心理学和社会学所不具备的知识与方法支撑，也是动物行为学对机器行为学的重要启示之一。

## 3.5 从人的行为到机器行为

心理学、神经科学、社会学、动物行为学等学科对人、社会和动物的行为、心理的研究，为机器行为的"行为"研究奠定了坚实的基础。

（1）从学科发展上看，上述四个学科的一个重要特点是，它们都研究人与动物这样的生命体及其相关的活动。总体而言，系统研究生物体的行为科学要比研究自然事物的科学晚 200 多年，而研究以机器行为为代表的人为事物的科学又要比研究人类行为的科学晚 100 多年。因此，机器行为学非常需要借鉴行为科学的理论与方法，以便为其发展奠定基础。

（2）在研究方法上，上述四个学科虽然都研究人及相关的事物（如社会等），并且有所交叉，但是这些学科有着完全不同的研究起源和基础。例如，动物行为学主要从达尔文的进化论获取知识，而心理学主要始于冯特（W. Wundt）的心理实验。理解这些不同的学科起源和学科背景，可让人们在使用不同学科的方法时了解范式的差异，在实践中观察这些方法是否对机器行为的研究有效，并且进一步发展机器行为学。

（3）机器行为研究和人的行为研究的另一个不同是，机器行为作为一个研究对象，是由人这个“造物主”创造出来的。因此，机器行为学需要探寻机器行为产生的机制，即人类创造人为事物的机制。在此基础上，机器行为学的研究也不能忽略机器自身行为产生的机制，很多机器行为不一定依赖于人，而可以由机器自学习完成。这种机器本身生成行为的活动未来可能会深刻改变目前行为科学研究的范式。

## 讨论

从本质上看，机器的行为和人与动物的行为有着本质的差异，因此必须避免过度对机器行为进行拟人（Anthropomorphism）或拟兽（Zoomorphism）。虽然机器行为学所用的现有行为科学方法被证明对机器的研究有效，但机器也可能表现出与生命具有的特质不同的异常行为，可以理解为类似“外星人”的行为。

1．以人的神经结构与人工智能中的人工神经网络为例，分析它们在结构、功能、算法等方面有什么不同。如何理解这些不同？

2．机器行为学基于行为科学的研究，但是超越了经典的行为科学。如何理解机器行为研究与经典行为科学研究的差异？

3．在机器行为研究中，基于达尔文主义的动物行为学对机器行为学的可能作用是什么？

# 04 设计
## 创造机器行为

机器行为作为一种人为事物，其创造过程——设计（Design）直接决定了研究对象（机器行为）本身的特性，特别是设计师、程序员和工程师创造机器行为的过程的独特性和创新性，对机器行为有着重大的影响。同时，当考察机器、智能和算法的社会作用时，需要从更加全面的视角分析机器行为的产生，特别是社会与人的角度——这些都和设计密切相关。

### 4.1 设计与设计研究：历史与发展

从学术的角度看，设计是科学、艺术和工程整合的概念，既有“规划、创造一个产品、服务和系统”的含义，又有“形态和美学属性赋予”的含义。一般认为，设计具有如下三方面的特征：第一，设计表明的一个流程及其设计对象；第二，设计流程是目标导向的，目标是解决问题；第三，设计的核心是创造和创新。维基百科全书对“设计”的定义是“一种有目的的创造性活动”。西蒙更是直接将设计定义为“创造人为事物”的过程。西蒙写道：“专注于人为事物的人，其正确的研究对象的中心就是设计过程本身。”因此，将设计作为以“机器行为”为代表的人为事物的创造和创新，是设计研究领域的核心话题。

从历史的角度看，设计是一个和艺术直接相关的概念，从中国的手工艺设计到西方的工艺美术运动都是代表性的设计历史。本书所涉及的所谓现代意义的设计与工业化发展密切相关，一般认为它起源于 20 世纪初期的现代设计运动（Modern Movement in Design）。20 世纪 20 年代初，风格派的先驱就尝试使用科学的方法（Scientific Patterns）进行设计。1929 年，著名建筑师和现代设计运动代表人物柯布西耶（L. Corbusier）提出用理性精神来创造一种满足人类实用要求的、功能完美的居住用机器（Machine for Living），并且大力提倡工业化的建筑体系。在现代设计运动中，德国建筑学校包豪斯（Bauhaus，1919—1933）发挥了重要的作用，对现代设计产生了深远的影响，图 4.1 为包豪斯的管理者合照。在设计理论上，包豪斯提出了三个基本观点：艺术与技术的新统一，设计的目的是人而不是产品，设计必须遵循自然与客观的法则来进行。这些观点对后来工业设计的发展起到了积极作用，使现代设计逐步由理想主义走向现实主义，即用理性的、科学的思想来代替艺术上的自我表现与浪漫主义。

包豪斯之后，1955 年在德国正式开始招生的乌尔姆设计学院明确提出了设计科学（Design Science）的理念，在教学层面上，将科学技术作为现代设计的基础，被称为新包豪斯。1962 年，在伦敦召开了“工程、工业设计、建筑和通信领域系统和直觉方法大会”，会议聚集了来自不同领域的科学家、工程师、设计师和艺术家，大会主席是英国谢菲尔德大学的佩奇(J. Page)教授。当时，会议的组织者之一——英国帝国理工学院的斯兰(P. Slann)教授说道："这次会议的目的是把在不同领域独立工作的专家聚集在一起，探讨如何将科学的方法和知识运用到各自的设计领域，打破原有的专业界限，发现创造性工作的共同特征。"设计方法大会的成功召开被视为设计作为一个学术研究对象的开始，并且直接促成了 1966 年设计研究协会（Design Research Society，DRS）和 1967 年设计方法学会（Design Methods Group，DMG）分别在英国伦敦和美国加州大学伯克利分校的成立。

图 4.1 包豪斯的管理者合照（图片来源：包豪斯博物馆）

图中从左到右分别为 Josef Albers、Hinnerk Scheper、Georg Muche、László Moholy-Nagy、Herbert Bayer、Joost Schmidt、Walter Gropius、Marcel Breuer、Vassily Kandinsky、Paul Klee、Lyonel Feininger、Gunta Stölzl 和 Oskar Schlemmer

21 世纪以来，科技变革、社会转型对现代设计产生了深远的影响，设计理念、设计对象、设计方法与工具等都发生了根本性的变化。一方面，设计方法和工具出现了巨大变化。数字化设计已成为主流，大数据和人工智能驱动的设计研究方法正在不断普及。另一方面，设计对象呈现出多样化的方向发展。智能机器、系统及相关的体验与服务等，都已成为设计对象。机器行为的设计已在多个设计领域展开，并且正在逐步成为设计的重要趋势与方向。

## 4.2 以人为中心的设计

不同于某个独特领域的设计，一般意义的设计（General Design）的本质属性是关注设计中的"人"，即建立人和设计对象的关系，这个思路与机器行为学研究的动机和出发点不谋而合。因此，考察设计的人本属性，对于全面认识机器行为的创造和创新过程具有重要的作用与意义。

以人为中心的设计（Human-Centered Design，HCD）的起源与人因工程（也称人机工程）的发展密切相关。人因工程的诞生随着第二次世界大战的结束。第二次世界大战中一些高性能机器（如战斗机）投入使用，使人为因素造成的事故急剧增加，引起了科学界特别是心理学界和生理学界的高度重视。人的因素影响了机器性能的发挥，而继续调动人的能力又受到人自身的心理、生理极限的限制，只要求“人适应机器”已经不够了。因此，学术界和工业界提出了“使机器适应人”的思想。1946 年美国贝尔实验室成立了人因研究实验室，1949 年英国人机工程学会（Ergonomics Research Society）成立，1959 年国际工效学协会（International Ergonomics Association）成立。至此，人机工程学受到了学术界，特别是军事领域的确认。人因设计以人作为工程设计的出发点，总体遵循系统工程的方法，将人与其他系统要素交互构成的整体作为工程设计对象，并运用其理论、原理、数据和方法进行设计，以优化系统的工效和人的健康幸福之间的关系。自 20 世纪 60 年代以来，人因设计逐步从军事、航空等领域扩大到工业和生活的各个领域。当前，人因设计的热点领域包括特定人群（如老人、失能人士等）、航空航天、应急安全、复杂工业控制、医疗等诸多的特殊场景，并尝试解决新技术（如人工智能、互联网等）发展带来的全新的人的因素问题。

除了工程设计领域的人因设计，在工业设计领域，随着 20 世纪 70 年代社会和人文主义在西方国家的盛行，以人为中心的设计也得到了发展。1971 年，英国著名设计研究者克罗斯（N. Cross）在英国曼彻斯特召开了“设计参与大会”。设计参与将人（用户）作为设计的重要内容，改变了设计方法运动仅依赖于科学方法的简单局面。20 世纪后期，当代设计研究采纳了社会学和心理学的方法作为设计的主要研究方法之一，并且形成了以用户为中心的设计（User-Centered Design，UCD）。IBM 是以用户为中心的设计研究的先驱，早在 20 世纪 80 年代初就开始开展可用性（Usability）相关的研究。尼尔森（J. Nielsen）的《可用性工程》（*Usability Engineering*）是以用户为中心的设计领域的经典著作。可用性研究通过研究用户使用产品流程的行为、心理和错误，发现产品设计的缺陷，进而快速改进设计。可用性研究作为一种事后剖析，可以快速地为设计提供反馈，促进设计迭代。同时，在设计领域本身，以人为中心的设计方法关注所谓的情境（Contexts），并结合社会学和人类学的方法开展相关研究。这类研究一般是探索性的、实地性的，主要目的是发现设计机会点和创新点。诺曼（D. Norman）的《日常事物的设计》（*The Design of Everyday Things*）就是其中的代表性著作。美国设计咨询公司 IDEO 在 20 世纪末开发了一系列设计方法卡片，它们是以人为中心的设计方法与工具的经典作品，目前这些卡片仍然在各种设计研究领域广泛应用。

自 20 世纪 90 年代以来，随着互联网与智能产品的快速涌现，以人为中心的设计逐步转为“用户体验设计”，如雅虎、Google、IBM、华为等企业纷纷提出了自己的用户体验设计框架。用户体验设计主要围绕软件、网站或系统类的产品的交互、界面、流程等展开，与产品的研发紧密结合。用户体验设计将以人为中心的设计思想覆盖到了产品研发的全生命周期，从产品概念设想到最后的产品发布都考虑人与社会的因素。更重要的是，用户体验设计开发了很多快速设计的工具，如故事板、情景板、线框图等，这些工具可让设计师在产品研发过程中围绕人与社会的需求和用户体验来开展工作。在图 4.2 所示的阿里巴巴用户体验设计流程框架中，无论是定义还是设计阶段，用户体验始终是设计师的重要目标。

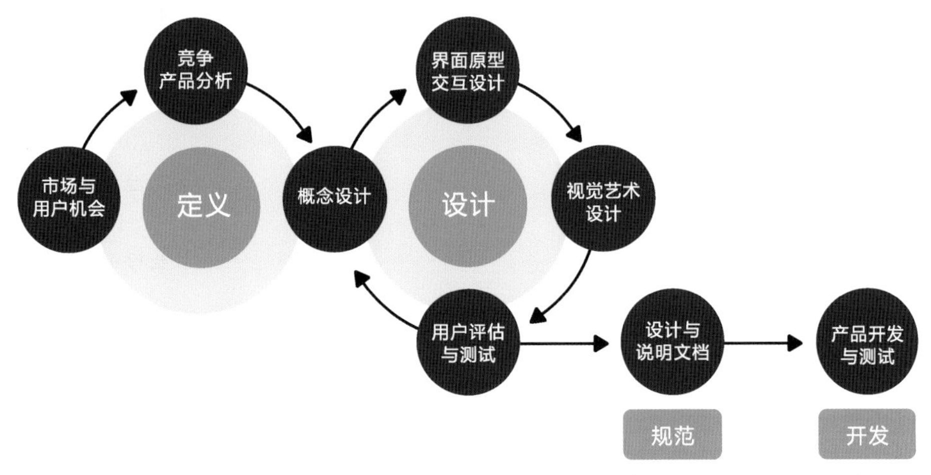


图 4.2　阿里巴巴用户体验设计流程框架（谭浩，2007）

## 4.3　设计机器行为

以人为中心的设计，特别是人因设计与用户体验设计，为机器行为的设计提供了相关理论与方法的参考。但是，机器行为的设计除了包含用户体验设计涉及的交互、界面、服务等外部机器行为，还包含机器行为的内部机制，如算法、数据等。如何将以人为中心的设计的思想和方法融入机器行为的设计体系，对机器行为学建立自己的设计理论与方法具有重要意义。

一方面，以人为中心的设计和用户体验设计的用户测试方法可以直接应用到机器行为的设计中，特别是那些快速且低成本的用户评估与测试方法及其评估指标体系，可在智能机器、系统、算法的设计过程中快速开展用户测试和迭代。常用的方法包括基于专家的启发式评估、认知走查、快速用户测试等，表 4.1 所示为 Google 快速用户体验评估体系 Rolling Study 的基本框架。

表 4.1　Google 快速用户体验评估体系 Rolling Study 的基本框架（谭浩，2008）

| 适用阶段 | 开发周期 | | | |
|---|---|---|---|---|
| | 概念&定义 | 设计&构建 | 发布前 | 发布后 |
| 概念 | ● | ● | | |
| 原型 | | ● | ● | ● |
| 产品特征 | ● | ● | ● | |
| 用户使用 | ● | ● | | ● |
| 竞品分析 | | ● | | ● |

另一方面，从智能系统设计开发的角度来说，机器行为设计的工具和方法可与用户体验设计方法彼此借鉴与交叉，如用例、流程图等。同时，在机器行为的设计与开发目标中可以加入人与社会因素，以建立以人为中心的效用模型，详见第 11 章中的介绍。

总之，设计作为一种通用方法，可为机器行为提供以人为中心的设计方法与工具，同时对机器行为学的创新而言具有重要意义。

## 讨论

韦伯（N. F. Weber）在 2019 年写道：成立于一百年前的包豪斯将数学的原则和工程学的严谨应用于艺术、工艺和建筑，开创了令人惊叹的艺术与科学的融合。包豪斯强调：所有的几何形式都反映了机械设计和机械工程，同时考虑了人们的心理和感受。

1. 如今以智能机器为基础的机器行为设计与一百多年前包豪斯时期的工业设计的技术背景已完全不同。新的技术条件对现有的设计学科会带来什么影响和改变？传统的设计师应该如何去面对这些影响和改变？

2. 机器行为的设计与智能科学的算法设计、设计学的交互体验设计有何异同？尝试了解这些不同领域的设计方法，并举例说明。

# 第二部分

# 模型

研究与常识、经验的差别在于，研究采用的是系统的、可控制的方法，并且形成相关的理论。“理论”（Theory）一词源于古希腊，通常意义上是指人们由实践概括出来的关于自然界和社会的知识的系统结论，是研究结果的表现形式。从学术的意义上看，科学理论建立在一套所谓的“实证”程序和判别标准的基础上，而不依赖于价值判断。

模型是研究的精髓，是人类对事物的抽象。在众多理论表达形式中，理论首先表现为一个模型。模型描述事物的运行方式，展示其要素之间的相互联系。一部分模型通过分类学的方法展现要素之间的层次、聚类或分类关系，另一部分模型通过对过程和行为的描述来表达要素之间的动态联系。所有的模型都是不完美的，但都是有效的。从模型的角度看，机器行为学将机器和人、社会甚至自然环境置于同一系统中进行研究，探寻机器行为对人和社会的影响与作用，并以此为基础，对机器行为进行设计、研究与实践。本部分将讨论机器行为学的几个理论模型：系统模型、行为模型、发展模型和交互模型。

# 05 系统模型
## 个体、群集与混合系统

系统模型是机器行为学模型的基础，它定义了机器行为学的研究范围。系统模型将机器行为分为个体机器行为、机器和机器之间的群集机器行为及机器与人/社会/自然的混合行为（见图 5.1）。个体机器行为强调机器本身的行为，群集机器行为强调机器之间的相互作用，混合人机行为强调机器与人类之间的相互作用。如果用动物行为学的理论来说明，那么个体机器行为研究的是特定动物，群集机器行为研究的是动物成员之间的相互作用，混合人机行为研究的则是由动物（人）和自然界、人类社会构成的一个更加广泛环境之间的相互作用。

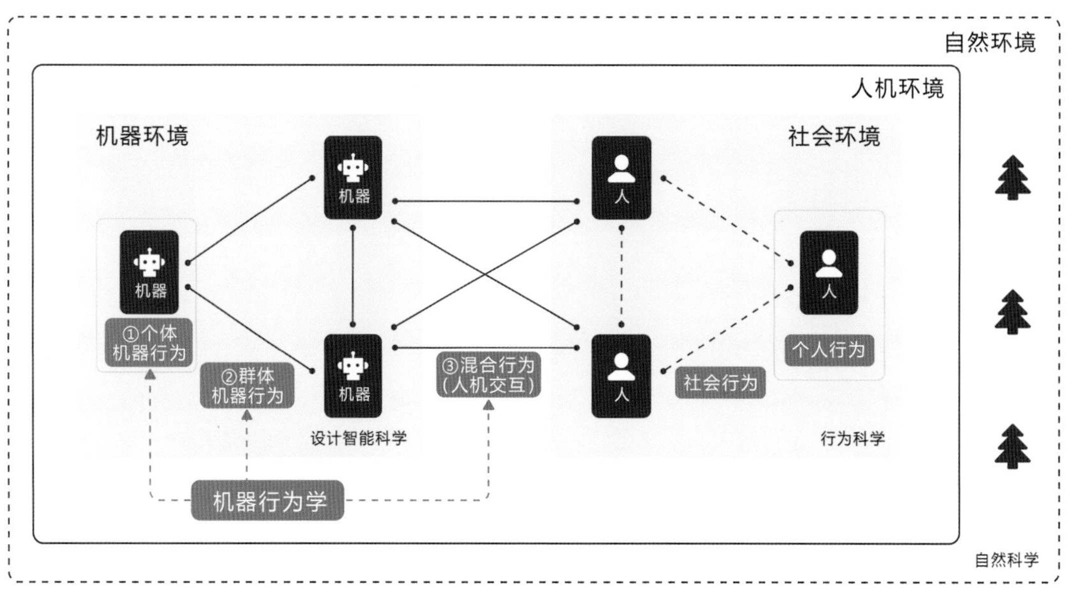


图 5.1　机器行为学的系统模型

## 5.1　个体机器行为

对个体机器行为的研究主要集中于特定的智能机器，关注个体机器固有的行为属性。个体机器行为可以理解为直接由程序或算法驱动的行为。个体机器行为的研究一般可以分为两种方式：个体机器内方式和个体机器间方式（见图 5.2）。

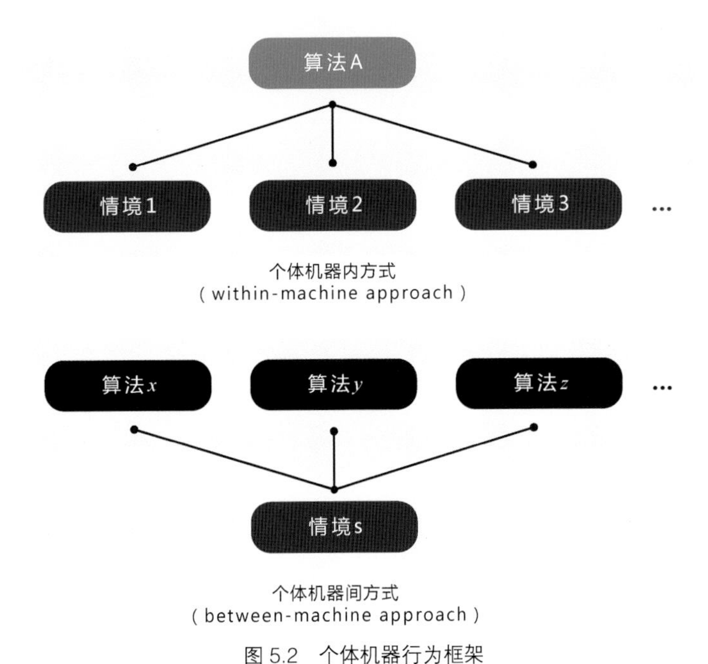


图 5.2　个体机器行为框架

个体机器内方式（within-machine approach）一般分析某个特定机器或系统在不同情境下的行为，如智能机器行为在不同的情境下是否保持特征的一致性。一个代表性的例子是，如果训练特定的底层数据，那么算法可能仅表现出某些特定的行为。反之，当使用与训练数据显著不同的行为与评估数据时，在模拟决策中，对累积概率进行评分的算法可能会出现全新的表征，这种全新的表征反映了个体机器行为的环境适应性。这就是同一算法在不同情境下应用的实例。

个体机器间方式（between-machine approach）是一种典型的 A/B 测试模式，主要比较不同机器在相同条件下的不同行为。例如，在智能系统推送商品的行为的研究中，可以研究各种电子商务平台及其底层算法，并在同一个情境下投放，以检查不同推送算法的机器间效应差异。其他具有代表性的个体机器间方式的案例还包括服务机器人在不同情境下的服务效能与差异、跨平台的动态定价算法差异、自动驾驶汽车在不同环境下的超车行为等。

## 5.2　群集机器行为

相比个体机器行为的研究，群集机器行为的研究侧重于机器群集交互和智能系统范围的行为。在人工智能领域，群集机器行为的设计研究非常普遍，其设计受到自然界中生物群集现象的启发，如成群的昆虫或鸟类的迁徙等。动物群体在群集行为中会表现出对复杂环境特征的紧急感知和有效的共识决策。在这种情况下，群体都表现出对环境的认知，这些认知在个体动物的层面并不存在。群集机器行为同样如此。

群集机器行为中，使用简单算法进行交互的智能机器一旦聚合成大型集体，就会产生有趣的行为。关于微型机器人群体特性的研究发现，群机器体特性可以结合成类似于生物系统中发现的群体聚合现象。例如，物理系统的元胞自动机模拟实验研究从群体行为的角度出发，探索机器或人造物的“人工生命”的行为规律，建立了诸如 Langton“蚂蚁规则”的元胞自动机来模拟蚂蚁运动（见图 5.3）。

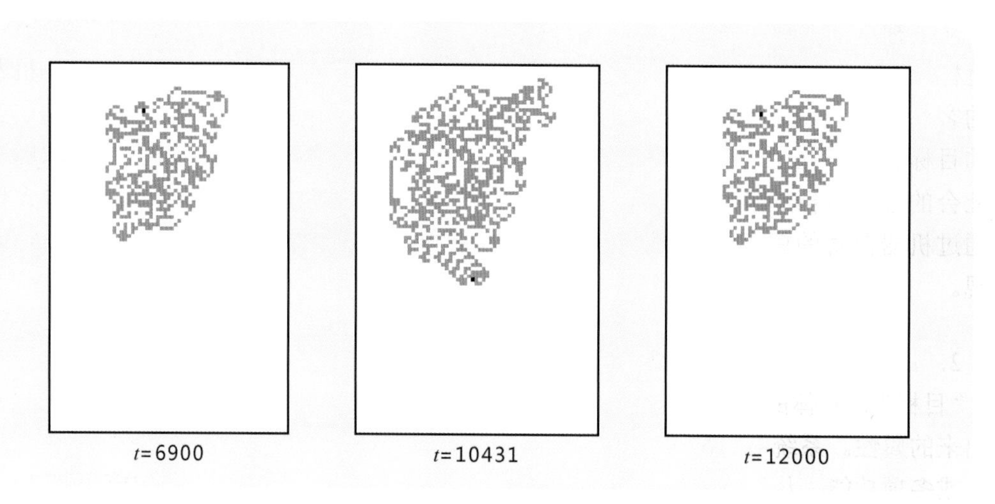


图 5.3 几个 Langton 蚂蚁的运动（萧邦等，2001）

群集机器行为的一个代表性领域是经济和金融。目前，金融市场的智能机器行为已成为主要的交易方式。在金融交易环境中已经可以观察到一些特别的算法群集行为，如算法交易者可以在极短的时间内，在任何人类交易者操作交易之前，对事件和其他交易者做出响应。大量研究发现，自主操作和大规模部署的能力都显示出了机器群集的交易行为与人类交易者的本质差异。如果人们无法认识到这些差异，那么对于某些新出现和无法预见的情况就很难做出正确或者合理的反应。一种极端的情况是，算法的相互作用很可能产生巨大的市场危机，特别是出现金融市场崩盘这样的“黑天鹅”事件的时候。

## 5.3 混合行为

混合行为表现为机器和机器以外的由自然环境、人机环境、社会环境交互作用产生的行为。机器可以调节人类的社交互动，塑造人类看到的在线信息，并与人类一起构建那些可以改变人类社会系统的关系。与此同时，人类社会、自然环境也会对机器的行为产生直接的影响和作用。从本质上讲，在后面的发展模型中将要提到的机器行为的适应就是一种代表性的混合行为——无论是对人的适应还是对自然环境的适应。在混合机器行为中，机器可能表现出向自身、其他机器或人类学习的属性。同时，人与动物也可根据机器的行为进行学习。这些学习产生的“交互过程”可能从根本上改变人们的知识积累方式，甚至直接影响人类社会。

在混合行为的情况下，一种典型的策略就是将机器行为置于“机器－人（社会）－自然”的混合系统中进行全面研究，而不将机器行为作为一个单独的个体进行研究。从系统的观点看，混合机器行为的性质和作用不仅仅依赖于机器、社会和自然本身，而更多地取决于它们之间的“关系”。

1．混合机器行为的目标

从某种意义上说，系统就是一个目标。任何人造系统都是为了某个面向“客观意义”的目标而存在的。虽然人类很难理解自然和人类社会存在的“客观意义”，但是，机器行为的客观意义一般是清晰的和明确的。机器作为一种人为事物的目标，总体是为了实现人的目标和人类社会的可持续发展，给人带来安全、健康和幸福。机器行为追求的是人类社会的总体目标的最大化，而不仅仅是机器性能的最大化。整合社会目标的最大化很难通过机器自身的属性来实现，而要从“机器－人（社会）－自然”混合的总体行为来实现。

2．混合机器行为中的功能

“目标”在具体的机器行为上的体现就是功能。功能是机器在适应周围环境的过程中表现出来的属性。系统中的每个部分至少有一项功能，这些功能结合起来又满足整个系统的一项或多项功能。从系统的概念看，系统最根本的特征是，系统的整体功能大于各部分功能之和。从机器行为的功能的角度看，混合机器行为的功能可从人和机器的分工的角度，即人类和机器承担不同功能的角度来展开研究。例如，自动驾驶汽车的自动化等级划分就是典型的混合机器行为的功能分配，如表 5.1 所示。

表 5.1 自动驾驶汽车的自动化等级划分（基于 SAE J3016—2016 整理）

| 等级 | 名称 | 定义描述 | 动态驾驶任务 | | 动态驾驶任务支援 | 系统运行范围 |
|---|---|---|---|---|---|---|
| | | | 持续横向和纵向车辆运动控制 | 感知和判断 | | |
| 驾驶员执行部分或全部动态驾驶任务 | | | | | | |
| 0 | 无自动化 | 由人类驾驶员全权操控汽车，可以得到警告或干预系统的辅助 | 人类驾驶员 | 人类驾驶者 | 人类驾驶员 | 无 |
| 1 | 驾驶支持 | 通过自动驾驶系统对横向或纵向动态驾驶任务中的一项操作提供驾驶支持，其他驾驶动作都由人类驾驶员操作 | 人类驾驶员+系统 | 人类驾驶员 | 人类驾驶员 | 部分 |
| 2 | 部分自动化 | 通过自动驾驶系统对横向或纵向动态驾驶任务中的多项操作提供驾驶支持，其他驾驶动作都由人类驾驶员操作 | 系统 | 人类驾驶员 | 人类驾驶员 | 部分 |

（续表）

| 等级 | 名称 | 定义描述 | 动态驾驶任务 | | 动态驾驶任务支援 | 系统运行范围 |
|---|---|---|---|---|---|---|
| 自动驾驶系统（运行时）执行全部动态驾驶任务 | | | | | | |
| 3 | 有条件自动化 | 由自动驾驶系统完成部分驾驶操作，当动态驾驶任务结束并准备发出干预请求时，以及发生与车辆系统的动态驾驶任务性能相关的其他系统故障时，人类驾驶员需要在适当的时候做出反应 | 系统 | 系统 | 人类驾驶员 | 部分 |
| 4 | 高度自动化 | 持续性和可操作的运行范围——由自动驾驶系统执行所有动态驾驶任务和任务支援，人类驾驶员不一定需要对所有系统干预请求做出应答 | 系统 | 系统 | 系统 | 部分 |
| 5 | 完全自动化 | 自动驾驶系统对全部动态驾驶任务和任务支援进行持续的和无条件的执行（不针对设计运行范围），不期望人类驾驶员对干预的请求做出反应 | 系统 | 系统 | 系统 | 全域 |

3．混合机器行为的人机交互

混合机器行为系统的各个部分之间为了达到系统目标，会相互影响和作用。不管影响有多大，系统的某个部分总会对其他部分产生影响。在混合机器行为中，机器和自然环境以及社会环境中的人的交互非常复杂和多样。因此，混合机器行为的人机交互需要同时研究“人类对机器的影响”以及与之相对应的“机器对人类的影响”的反馈循环。在现有的部分基于实验室的研究中，已经可以看到简单的人与机器人的交互可以增强人类的协调性。在这些实验中，人与机器的配合水平非常不错。

然而，由于算法对人机交互影响日益增大，“机器－人类”的反馈循环很多时候需要扩大到自然环境，以便可让研究者明确这一混合系统的长期活动规律与特点，这为机器行为学提出了更多的挑战。通常，自然环境都是作为一种干扰因素来进行研究的，而在机器行为学中，环境已成为主要的研究对象。第 15 章和第 21 章中将继续介绍混合机器行为中的人机交互的环境因素。

## 讨论

无论是个体、群体，还是混合系统，大多数人工智能系统都在与人类共存的复杂混合系统中发挥着作用。一个代表性的案例就是在大量自动驾驶汽车和人驾驶汽车的混合街道上改变交通模式。在技术层面上，已经可以看到自动驾驶汽车之间的通信可以最大限度地减少走走停停的交通量，降低燃油消耗，甚至要求智能交通灯进行自动调整，以确保交通效率。

1. 基于智能交通的情境，思考个体机器（自动驾驶汽车）以及机器之间构成的机器环境如何影响交通出行系统，进而对系统中的人与社会环境产生影响。

2. 既然智能汽车的算法迭代正在取得长足的进步，最终自动驾驶汽车是否会在更长的时间内持续迭代或增强？人车交互与协作行为是否将因此而演变？

3. 在智能交通的情境下，自然环境（如天气、气温等）对混合机器行为也会产生影响。尝试分析这些可能的影响和作用。

# 06 行为模型
## 认知、动作与形态

从行为科学的角度，人类行为至少可以分为内部“认知”的行为和外部“行动”的行为；对应到机器行为上，可以理解为“机器怎么思考”和“机器怎么执行”。同时，智能机器的形态也是一种可能对人产生影响的静态行为。因此，从设计的角度看，机器的内部行为主要是机器的内部过程，外部行为则包含机器的动作、流程、交互及信息显示等要素，静态行为主要包括机器的形态等要素，如图 6.1 所示。

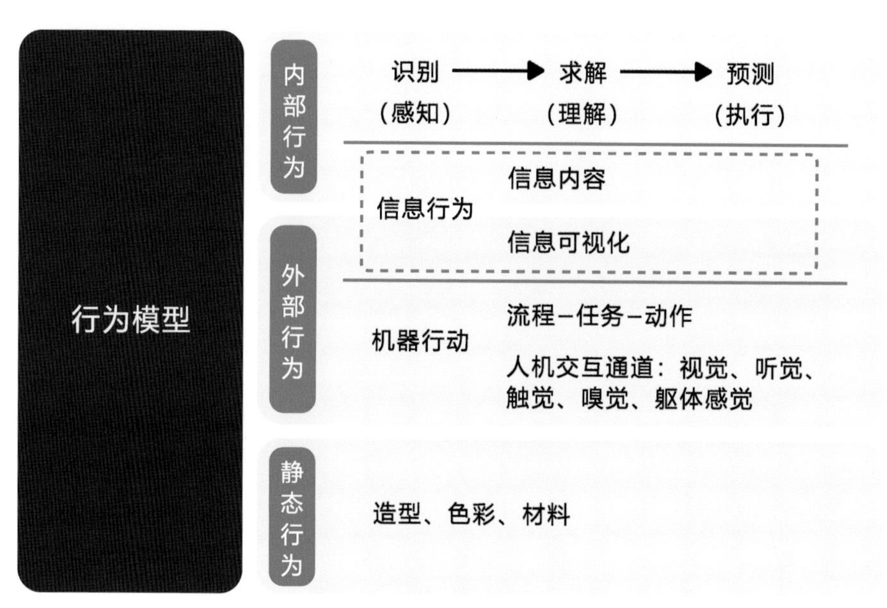


图 6.1　机器行为学的行为模型

## 6.1　机器内部行为

从过程和结果的角度，机器的内部行为一般可以分为模拟人的认知过程的机器认知行为和合理的机器认知行为。

1．模拟人的认知过程的机器内部认知行为

机器的内部认知行为与认知心理学中人的信息加工过程模型类似，主要侧重于控制行为的算法逻辑和机制等。认知科学试图将人工智能的计算机模型和来自心理学的实验技术进行整合，构建一种精确且可测试的人类思维理论。从机器行为学的角度看，只有具备人类大脑和认知行为足够精确的理论，研究者才能将人类认知活动理论表示为计算机程序，进而尝试在人脑中运行。例如，第 3 章中提及的通用问题求解模型就是典型的通过程序来推理行为轨迹的信息加工过程（见图 6.2）。

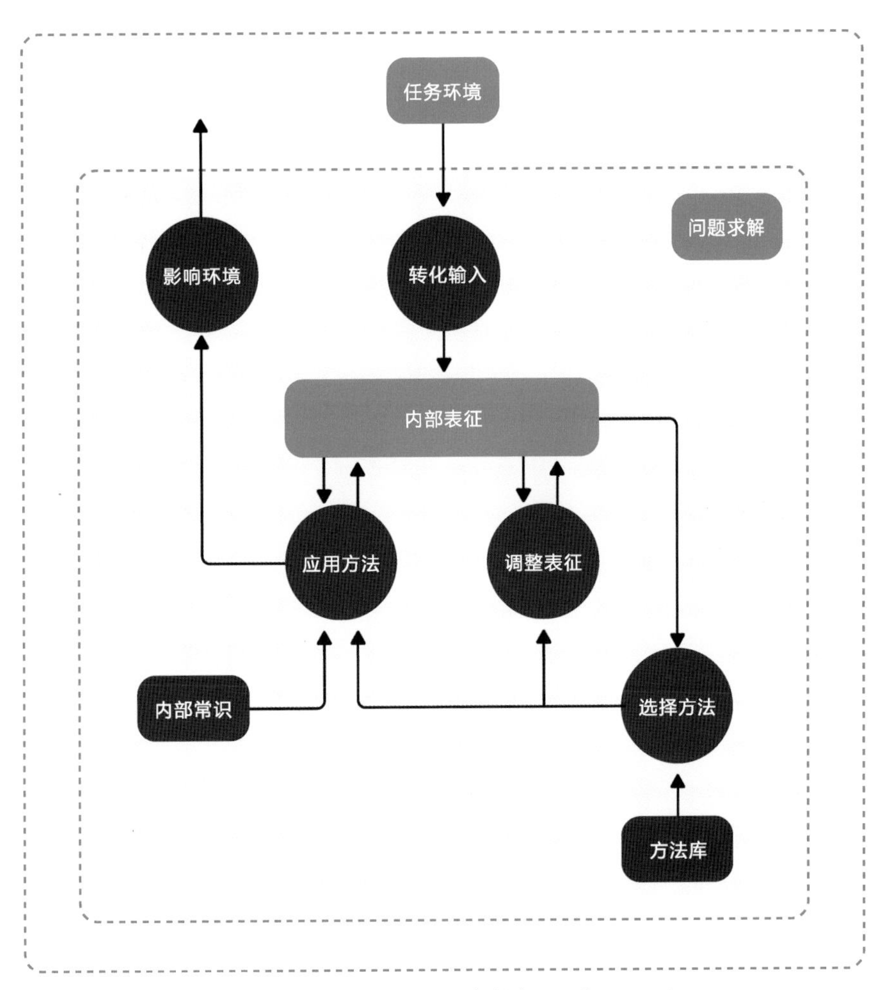


图 6.2 通用问题求解模型（纽维尔、西蒙，1972）

2．合理的机器内部认知行为

机器的认知过程可能与人的认知过程不同。从本质上看，机器认知过程基于逻辑学的推理法则进行。然而，逻辑方式本身存在一定的挑战：第一，从人工智能的角度获取非形式的知识并运用逻辑来表示并不容易，特别是当知识存在不确定性的时候。第二，原则上解决一个问题和实际解决一个问题有着本质的差别。因此，试图追求逻辑思维过程的合理性并不那么简单。一种可能的方式就是所谓的“结果导向”。从机器行为学的角度看，做出正确的行为有时属于合理的一部分，因为合理行动的一种方法是逻辑地推理出“给定行动将实现其目标”的结论，然后按照该结论开展行动。然而，单一、正确的推理并不是合理性的全部，因为“正确”很多时候并不意味着“合理”。

同时，合理的概念似乎要比人类行为本身更加具有“数学的特征”。合理性的标准在数学上定义明确且完全通用；同时，可以将机器行为和人类行为整合起来，更好地定义人类和机器混合行为。

## 6.2 机器认知行为过程

从机器行为本身的角度看，机器的内部认知行为和人的信息加工过程的差异主要来自机器和人的属性差异。智能科学领域通常把机器的内部认知行为定义为识别、求解和预测三个不同的阶段。

1．识别

识别是机器行为的基础。和人的行为一样，机器行为本质上是对外部刺激的反应。因此，以识别为基础的信息感知是机器行为的首要任务。所谓识别，是指人工智能算法或其他智能主体对机器的类别、属性及环境进行判断，以便决定后续的机器行为，这对机器行为具有决定性的意义。

目前，比较有代表性且比较成熟的识别行为是人脸识别技术，这种技术在身份认证、监控、娱乐领域有着广泛的应用。完整的人脸识别系统包含图像采集、人脸检测、图像预处理、特征提取和识别匹配等关键步骤。

在人工智能领域，一种常见的识别算法被称为懒惰学习（Lazy Learning）。在懒惰学习中，机器要识别一个样本，就要从历史数据中寻找最相似的示例，并将其共有的类别或属性作为识别结果，其识别过程本质上是寻找相似的样本。例如，$k$ 最近邻（$k$-Nearest Neighbor）算法就是一种典型的懒惰学习算法。

除了对后续的机器行为产生决定性作用，识别行为还涉及机器行为对人的隐私的影响，这也是机器识别行为在设计过程中需要考虑的问题。

2．求解

求解是机器算法在给定约束下找到特定问题的可能答案的过程。求解过程是机器的内部行为的核心。求解行为首先需要对问题、约束、变量、条件等进行形式化，然后按照一定的算法找到问题的答案。这是经典的求解过程。从机器行为的角度看，求解的核心是求解的结果需要考虑人与社会的因素，也就是说，求解的结果除了考虑计算机领域的最优解或最合理解，还要将其对人与社会的影响作为重要的要素考虑进去，或者说，要考虑对人与社会的“满意”解或“合理”解。

“满意解”与前面定义的“合理”类似，定义“满意”的概念对机器行为学本身也不容易。从行为科学的角度看，人可能在某个时候是满意的，但是过后可能又变得不满意。这在行为科学中被称为短期情绪与长期情绪。

在机器行为求解过程中，还会遇到一些所谓的结构不良（ill-structured）问题，这些问题的本质是，问题本身是不明确的，如设计、写作文等都属于这样的情况。因此，针对这些复杂问题的求解是机器行为学进一步深入发展的重要方向。

总体而言，从机器行为学的角度看，机器的求解过程是对人与社会产生最大影响的行为，因此，需要特别小心地处理机器行为产生的结果对人与社会的影响与作用，并将其作为智能机器求解的目标函数之一。

3．预测

预测是机器行为的高级阶段，一般指智能机器根据以往经验对未来状态给出事先估计。预测可以采用类比问题求解的策略，未来的状态如果和过去的某个样本接近，就以过去的例子作为参考。典型的预测机器是在线购物的推荐系统，这种系统可以根据人们过去的购买习惯和偏好来推荐相关的商品。从机器行为学的角度看，机器的预测行为可能对人类社会产生巨大的影响。例如，网上约会和在线择偶平台会根据每个人的基本信息，对人和人之间未来的伙伴关系进行预测，推荐合适的人选。

预测最大的挑战是未来的不确定性导致的概念边界的模糊性。一种常见的预测工具是模糊数学中的模糊集合论。模糊集合论的最大优点是，除了规定某个要素是否属于另外的要素，还允许使用某个规定元素的集合程度，且可在一个时间范围内开展预测。

一旦智能机器可以进行预测，就可以构建一个比较清晰的智能系统对人类带来的影响的模型，这也正是机器行为学关注的核心问题之一。

## 6.3 机器外部行为

机器的外部行为就是所谓的行动行为（Action Behaviour），是一种可以直接观察的机器行为。人类对机器行为的感知，特别是对认知行为的感知，除了内容层面，在形式层面上是通过机器的外部行为表达出来的。一般情况下，外部行为是内部认知活动的表现，但是这种表现并不是客观对应的。很多时候，内部算法和行为需要用外部行为增强表达才能被人们感知，这对机器行为学而言非常重要。

机器的外部行为在行为科学中一般与认知相对应。在动物行为学领域，这种观察外部动物行为的科学归纳方法取得了巨大的成功。机器的外部行为和动物行为学类似，侧重于研究内部算法机制等背景下的外在的机器行为的形式，研究对象与机器的动作、交互和界面有关。例如，自动驾驶汽车的驾驶风格（Driving Style）、机器人动作的拟人程度等，都是机器的外部行为设计研究的代表。与之相对应，机器的动作、表情、声音等，都是机器可能影响人与社会的重要要素。

1．任务、流程与动作

人们很容易感受到机器的外部行为。例如“如何让一辆自动驾驶汽车开起来像一名老司机”这样的命题本质上是一种典型机器外部行为的表达。很多要素会展现出机器行为属性，如反馈的延时等概念，并对机器行为产生影响。例如，设计一个智能银行开户识别系统时，从计算机技术的角度看，即使其识别时间只需要 0.03 秒，但是为了给人们安全的体验（因为金融机器行为的安全非常重要），在机器行为的设计上，设计师可能会特意将机器的反馈时间延长至 1～2 秒，使得用户感受到延时带来的安全感。

机器的外部行为可以在宏观和微观两个层次上展开：宏观的任务流程与微观的动作。

任务流程是机器行为的宏观过程。任务流程基于人的目标和动机，是人类行为目标的体现。机器也不例外。同样一个事件，不同的任务流程给人带来的影响或感受可能完全不同。1911 年，现代管理学之父泰勒（F. Taylor）等开始进行任务分析工作，当时任务分析被称为科学管理方法。任务分析认为，人和机器的工作或行为能够被分解为若干子任务，这样的分析可以改进设计，从而使工作或行为完成得更加有效。

动作是典型的微观行为。总体而言，动作可以分为两个层次：人的位置移动和动作本身，后者对机器行为的影响尤其巨大，其历史可以追溯到 19 世纪 90 年代吉尔伯瑞斯（F. Gilbreth）提出的时间动作研究（Time and Motion Study）方法，这种方法把人的动作分解为基本的动作元素，称为动素。动素显然也可以用于描述机器的动作，并开展研究。

宏观的任务流程和微观的动作共同组成了机器外部行动行为的基本框架，并发展出了一系列方法，第 11 章中将介绍这些方法。

2．多通道行为

通道（modality）的概念最早源于行为科学，主要用于讨论视觉、听觉、触觉、嗅觉、躯体感觉等的信息传递与加工“方式（非内容）”，以及这些方式的关系与整合问题，这也是典型的机器的外部行为。

多通道行为的最大特点是，通过多个通道的行为和动作，可以弥补单一通道信息传递、交互方面的局限性，让机器行为更加适应人类行为。同时，多通道行为一般是双向的：一方面，机器获取人类或周边环境的多通道信息；另一方面，机器也向人类传递多媒体的信息。图 6.3 中显示了一种多通道行为模型。

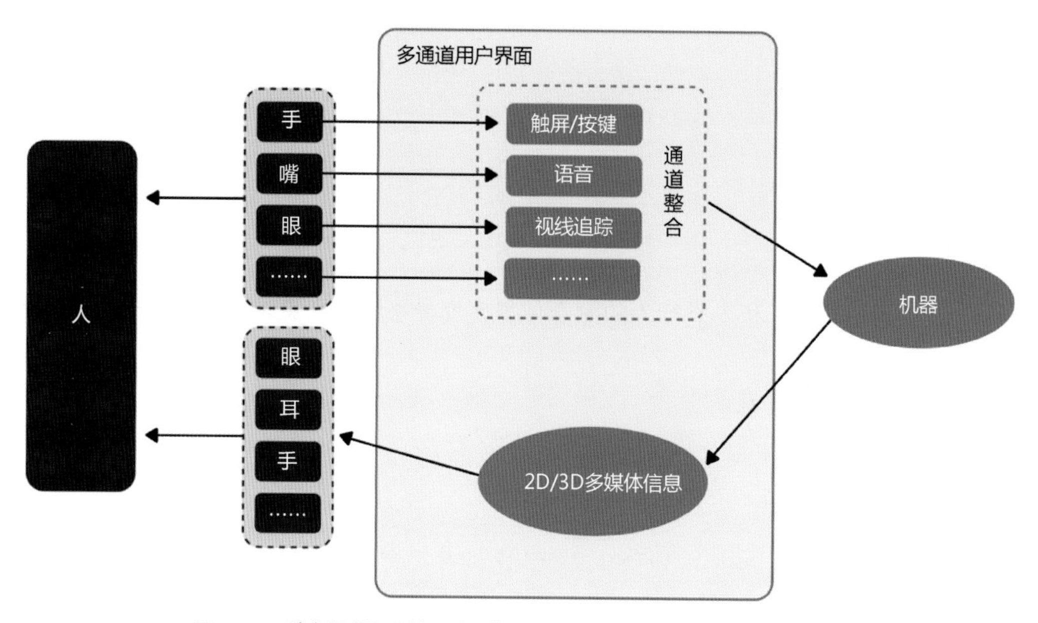


图 6.3　一种多通道行为模型（根据董士海和王衡的《人机交互》整理）

此外，多通道行为可以充分利用各种机器、通道和交互方式的优势来实现通道互补，并且更加灵活与自然。尤其是在人机交互过程中，机器的多通道行为可以大大增加人对智能机器及其行为的理解。

## 6.4 机器静态行为

在机器行为学中，有的机器是有造型的，这一般被称为形式（Style），是一种机器静态行为。“形式”是一个使用频率很高的词，其英文 Style 被译成中文时也是一个多义词，如式样、造型、风格、款式、时尚等。然而，不管如何定义，形式都是一个与艺术、文化密切相关的概念。形式是一种视觉语言，表达的是文化的诉求，为文化提供一种秩序，以便规范人的工作、生活和风俗。

机器形态也反映机器的内在行为的属性。形态作为静态的外部造型，不是随心所欲的艺术创作，而是包含了设计者对人与智能机器、人与人造物关系的深层次思考与看法。例如，德国的布劳恩（Braun）家用电器产品的设计原则就是所谓的简洁、功能、理性，也就是所谓的形副其实（Honest Design）或形式追随功能（Form follows functions）。形式追随功能是机器行为在产品形态上最重要的理念之一，也是智能产品设计的重要准则。

但是，从产品造型的趋势角度看，形态虽然遵循功能，但不一定完全遵循功能。很多时候，形式还会追随情感（Form follows emotion），其本质就是前面提到的“以人为中心的设计”。从历史发展趋势的角度看，设计潮流在个性与时尚风格中不断变化和发展。在这种情况下，造型不一定反映机器内部的认知过程，而是让位于人的体验和审美。个性设计为大众提供了识别和认同的目标，为时尚的形成和发展提供了源源不断的动力。时尚的真正意义是探索、追求和创新，满足人的生活品质的更高要求，这也是机器行为学的目标之一。

在智能机器的设计中，还有一类特别的机器静态行为——“拟人”，特别是在机器人设计领域，各种各样的人形或动物形态机器人的造型直接决定了人对智能机器的体验。从这个意义上说，作为机器静态行为的形态和机器内部、外部行为共同构成了人们所接触到的智能机器的感知与印象，也初步定义了未来人和智能机器的关系。

## 讨论

机器行为（算法）和人类行为的融合使得研究者必须重新思考数据、测量和社会行为之间的关系：从算法本身到算法解释，最后还包含智能系统的静态和动态的外部表现形式。从行为科学的角度看，目前的一个趋势就是要超越将人类的认知过程模拟为计算机运算过程的隐喻，讨论人类行为复杂性和逻辑性，行为的相互作用，以及学习、推理等更典型的行为模式。机器行为也是如此。而且对机器行为本身而言，更重要的是直接研究并开发面向不同行为的研究范式和环境，进而直接为设计者提供机器行为设计所需的工具。

1．机器内部行为、外部行为和静态行为之间是否存在某种映射关系？如果存在，请举例说明。

2．在智能机器的算法保持不变的情况下，如何通过机器内部行为、外部行为和静态行为设计来提升智能机器的效能与体验？

# 07 发展模型

## 产生、适应与进化

与行为模型所表达的机器行为不同，机器作为智能主体具有构建、适应、进化等与自身发展相关的行为。理解机器行为的发展模型（见图 7.1），有助于在设计和创造机器行为的活动中。从发展、进化的角度开展相关的机器行为学研究，是机器行为学研究的特色之一。

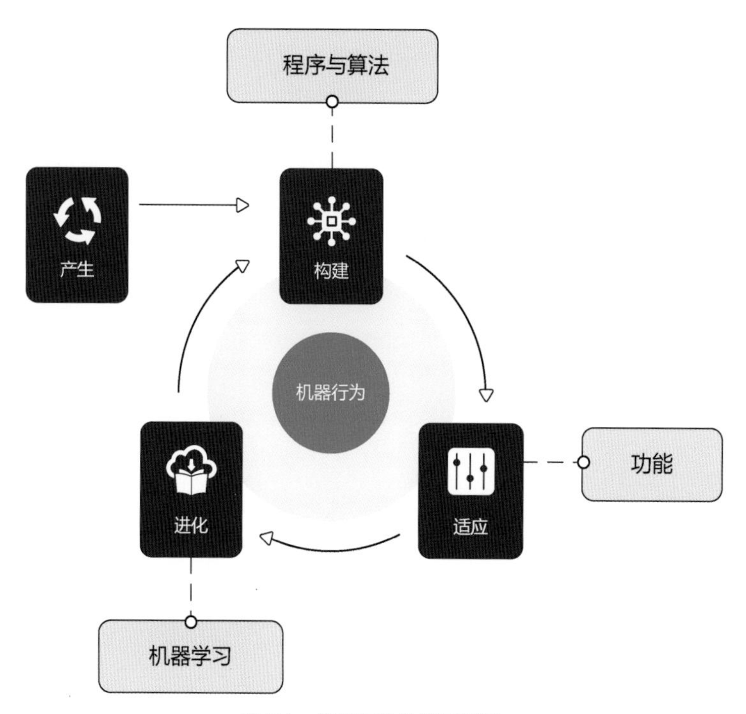


图 7.1　机器行为的发展模型

## 7.1　机器行为的产生

1．人和动物行为的产生机制

心理学和动物行为学都认为，人与动物行为的产生机制依赖于人与动物对环境的反应。例如，人类最基本的行为模式——反射（Reflex），本质上是通过一条反射弧（见图 7.2）实现对环境刺激的反应的，即人和动物的行为是对一个环境刺激产生的适应性活动。

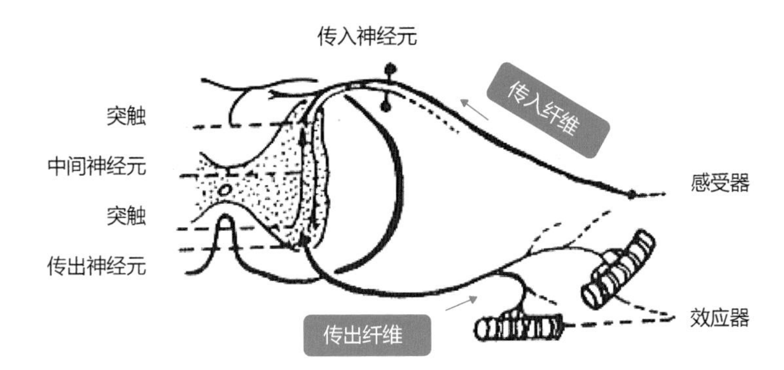


图 7.2 反射弧（林赛，诺曼，1977）

2．机器行为的产生机制

与人和动物面临的情况类似，产生机器行为的最重要的因素是，要满足人为事物设计的最基本原则，即设计的目标——使机器行为适应环境。因此，机器行为产生的原因是行为的激发条件及其环境。例如，电子商务平台的推荐行为是一种典型的智能行为，可以用语言来描述具体的场景："当用户购买洗发水时，智能系统要给用户推荐洗面奶，进而促进洗面奶的销售。"这里，机器行为的目标是促进洗面奶的销售，激发条件及产生的环境是购买洗发水的时候。于是，就产生了机器行为"推荐洗面奶"。

又如，下面的代码是关于非确定性领域中的感知模式（Percept Schema）的算法：

```
Percept(Colour(x, c),
PRECOND: Object(x)^InView(x))
Percept(Colour(box, c),
PRECOND: Object(box)^InView(box)^Open(box))
```

这段代码中包含两个模式。第一个模式（前两行）说，对于对象 x，智能机器将学习对所有 c 的 Colour(x, c) 的真值，通俗地说，只要对象在视线内，智能体就将感知到这个对象的颜色。第二个模式（后两行）说，当对象 box 在视线内时，智能体将打开 box，并学习 box 中的颜色，通俗地说，如果打开的盒子在视线内，智能体就直接感知盒子中的颜色。

在上例中，感知颜色是机器行为的目标。在代码中，Percept 是具体的机器行为，一旦执行了行为，目标即可实现。PRECOND 激发目标及其产生的环境，在不同环境下，机器行为是不同的，但是都可以实现目标。

由上例可以看到机器行为产生机制的一个重要属性：围绕目标的算法与环境的共同作用。这和人与动物行为产生的目标非常相似。于是，可以得出这样的结论：机器行为产生的机制由算法和环境共同决定。例如，在自动驾驶汽车领域的机器行为的产生过程中，算法和环境共同决定的机制如下：

（1）一辆自动驾驶汽车可能表现出变道、超车、等待红绿灯等行为，这些行为的产生会根据交通法规来制定。

（2）自动驾驶汽车的行为由机器的感知系统决定。例如，汽车识别物体的精度和分辨率、分类系统、控制精度等。

（3）自动驾驶汽车的行为还与环境模型直接相关，不同的环境（如气候、地形、道路状况等）决定自动驾驶汽车的不同行为属性。

3. 机器行为产生的内在机制

建立算法（一个机器行为）后，更复杂的机器行为的产生机制不仅依赖于激发条件与环境，而且依赖于算法本身及算法的优化机制。例如，通过搜索方式进行问题求解是基础的智能算法。搜索行为的基本模式是“形式化、请求、执行”。在这个过程中，对状态空间的描述将直接决定问题求解的方式，进而决定机器的行为。假设有一个关于“鸟”的概念的搜索。一方面，可以将鸟放到一个基于逻辑的状态空间中，在这个空间中，鸟的概念基于动物分类学的方法构建。在这种模式下，搜索鸟的行为就是一个按照分类树的结构化搜索（见图 7.3）。

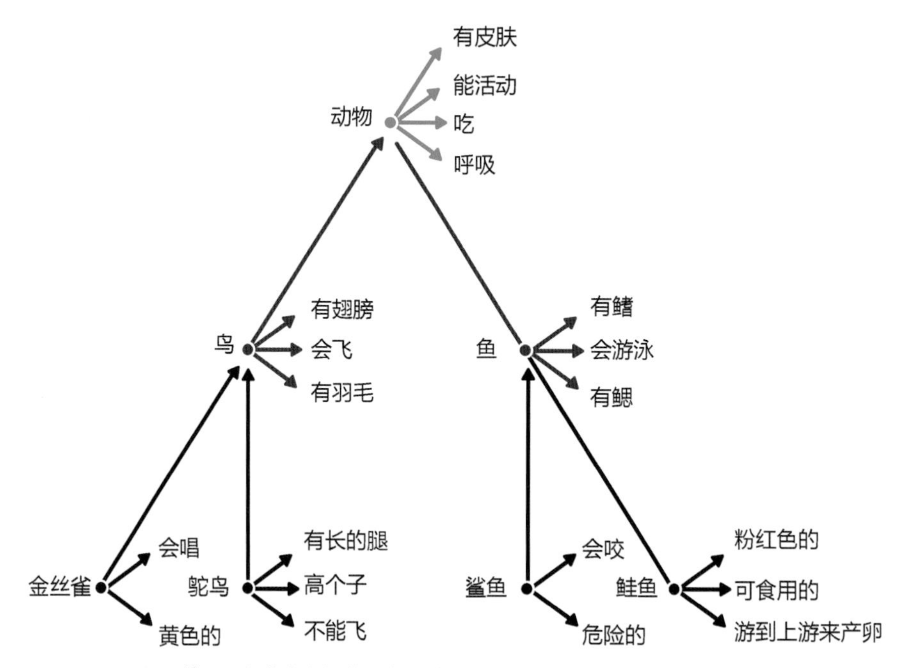


图 7.3 基于逻辑状态空间的“鸟”的概念的搜索（赵江洪、谭浩等，2006）

另一方面，也可以将搜索对象的一些非结构化属性放到一个激活模型的网状空间中，即所谓的激活模型。通俗地说，激活模型就像是黑暗房间中手电筒的照射，离光源近的地方首先看清（激活），再不断扩散到房间的其他区域。在这样的状态空间中，搜索算法的核心是概念之间的关联性（见图 7.4）。

从以上两方面的案例可以看出，设计师在选取不同的算法模式时，机器产生的行为是完全不同的。事实上，在认知心理学中，也采用类似的方法来描述人类记忆的产生和提取过程。

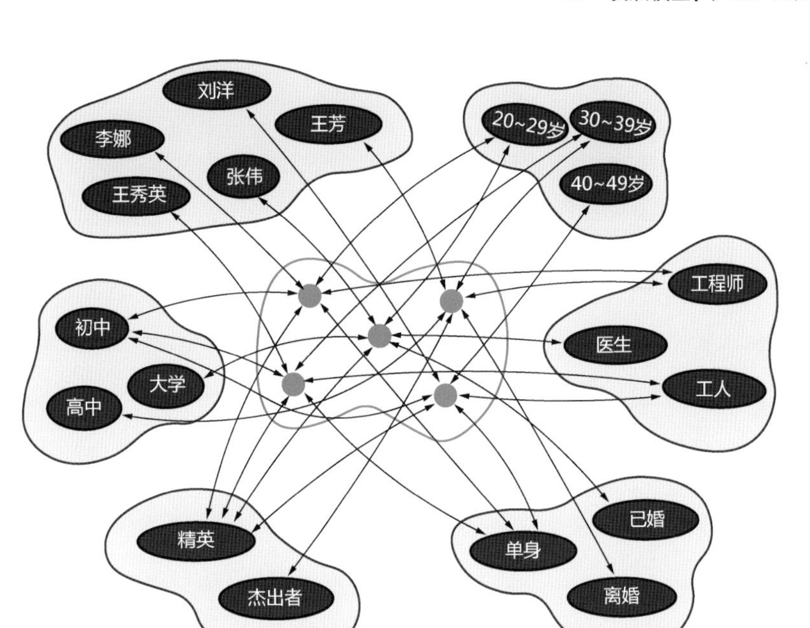


图 7.4 基于网状空间的“某人的生活形态”的激活模型（赵江洪、谭浩等，2006）

4．环境因素

环境在机器行为的产生中具有重要的作用。例如，钟表是用来报时的。当人们讨论一座传统钟表本身时，可以用齿轮配置和重力对摆锤的作用来描述它。同时，人们也可用钟表所处的环境来描述它。在晴天，日冕是钟表；但在阴天，日冕几乎没有作用。在月球上或水下等特殊环境中，钟表的很多精密功能会完全不同。

同时，在同一或类似的外在环境中，为达到同一或类似的目标而产生的机器行为，其内部结构可能是完全不同的，就好像飞机和鸟的差别一样。

基于这样的观点，从本质上看，机器行为就是外在环境的一个函数，机器行为主要由环境要素驱动。例如，对前面感知盒子中的颜色的例子来说，如果算法所处的环境不是感知盒子，而是调和白色颜料后感知颜色，那么原来的算法就变为

```
Percept(Colour(x, c),
PRECOND: Object(x)^InView(x))
Percept(Colour(drop(white), c),
PRECOND: Drop(white)^InView(drop(white))
```

由上面的算法可以看出，同一个感知颜色的功能在环境因素的作用下，其机器行为发生了本质的变化。

## 7.2 机器行为的构建：人类创造与自主学习

适应环境是机器行为产生的基础，但具体的机器行为作为一种人为事物的创造，则需要对机器行为进行构建。机器行为的构建方法包括人类创造和机器自主学习。

1．人类创造

目前，自然科学还无法解释人和动物行为的起源。无论是心理学、动物行为学，还是社会学，对这个问题的研究假设都是：从群体的角度看，人和动物的行为已是存在的。因此，除了在哲学层面上，几乎没有研究者会考虑人和动物行为来自哪里，就好像科学家很少去探寻“是先有鸡还是先有蛋”的问题那样。因此，人和动物的出生与发育本质上就是个体获得特定行为的过程，包含人和动物在遗传、发育和学习等方面的行为。

从人类创造机器行为的角度来说，“程序员撰写了一段代码，设计师设计了一个产品……”，机器行为就诞生了。机器行为获得的方式很大程度上依赖于人类设计师的直接设计和创造过程。在这种情况下，人类设计师扮演了“造物主”的角色，即人类创造了机器行为。

事实上，作为设计师的人类“造物主”并不是随心所欲的。因为行为的构建仍然需要遵循相关的自然规律或法则，同时要适用于不同的环境，否则机器就是无用的机器。即便如此，设计师在算法架构上做出的设计决策（如知识和状态的获取、卷积神经网络的特定连接方式等）也会直接影响机器所表现的行为。在此基础上，机器可能因为设计师将其置于特定运行环境和训练环境下而出现特定的行为。这种行为的产生和人与动物行为的产生非常相似。此外，数据库的选取和数据所包含的特征也会影响这些算法（机器）的行为。

2．自主学习

除了人类创造，机器可以在自己的经验学习中学习到某些行为，从而实现行为的构建与创造。例如，机器视觉的一种重要能力就是识别文字，这是一种代表性的机器行为。传统的文字识别模式是 OCR 模式，其出错率很高。例如，在图 7.5 中，字母 A 的很多变形是难以处理的。

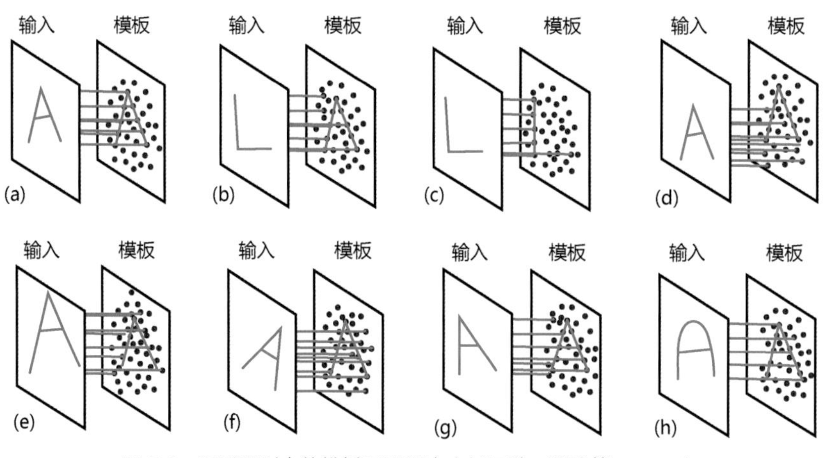


图 7.5 图形识别中的模板匹配理论（赵江洪、谭浩等，2006）

然而，智能机器不关注字母 A 的变形方式，只是将所有的输入像素化，然后利用其建立的人工神经网络对识别的字母进行训练，根据错误识别的数量和程度，逐步调整识别算法（行为），直到最后错误识别的程度无法继续缩小，机器就认为模型达到收敛极限（见图 7.6）。于是，通过机器的自主学习就实现了新的机器行为的生成。

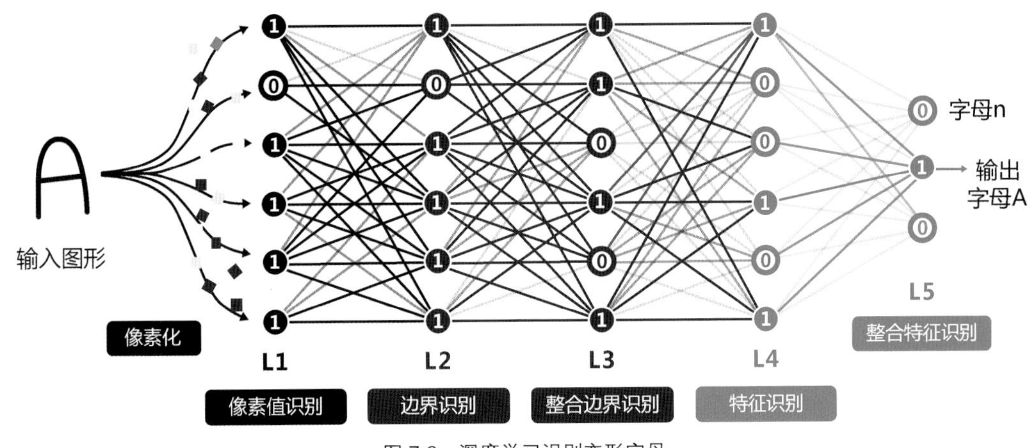


图 7.6 深度学习识别变形字母

这样的案例几乎发生在所有的深度学习过程中。通过深度学习，机器可以构建自身的行为。例如，智能在线交易系统通过长期的利润优化训练，根据系统过去的行为及市场随后的反馈来形成新的交易行为与策略。

## 7.3 机器行为的适应

随着机器行为的产生和构建，机器开始适应环境，或者说出现了机器和环境适应的初始值。然而，仅依赖于这个初始值而不根据具体环境进行适应，智能机器行为无法得到发展。智能机器的一个重要特点是，可以在机器行为产生后，继续进行迭代和优化，使机器适应不断变化的环境。

1. 机器的学习行为：机器内部的适应机制

机器的学习行为本质上是智能机器的一种内部机制，它使得机器适应环境，进而实现机器的功能。自 20 世纪 50 年代以来，人工智能的研究者在机器学习领域创造了多种机器学习行为，取得了重大的突破和进展。在人工智能发展史上，主要有基于符号主义的机器学习行为和基于连接主义的机器学习行为。

符号主义学派是最早的人工智能学派，它认为机器学习行为基于数理逻辑。这类机器的学习行为抛开了“模拟人的神经网络”等拟人的机器行为模式，而基于对数据的初步认识及学习目的的分析，选择合适的数学模型，拟定参数，并输入样本数据，依据一定的策略，运用合适的学习算法对模型进行训练，最后运用训练好的模型对数据进行分析预测。决策树、朴素贝叶斯算法、支持向量机算法、随机森林算法都是代表性的基于符号主义的机器学习行为。

连接主义则认为机器行为源于仿生，特别是对人脑行为的模拟。这种机器学习行为模拟人脑的微观生理学习过程，以脑和神经科学原理为基础，以人工神经网络为函数结构模型，以数值数据为输入，以数值运算为方法，用迭代过程在系数向量空间中搜索，学习的目标为函数。人工神经网络、深度学习都是代表性的基于连接主义的机器学习行为。

2．机器行为的外部适应机制：在人类环境中进行适应

除了机器学习，关于机器适应，还需要讨论行为如何为特定的利益相关群体提供服务。人类环境创造了选择压力，使得一些有适应性的智能体变得普遍。成功（提高适应性）的行为将获得增值的机会，如被其他类型的软件或硬件复制。这样的机器行为适应的推动力是一些使用和构架人工智能的机构获得成功，如企业、医院、政府和大学。最明显的例子是算法交易，在算法交易中，成功的自动交易策略可以在开发人员从一家公司离职到另一家公司时被复制，也可以简单地被竞争对手观察和逆向架构。

在人类环境中适应的机器行为，可能产生出人意料的效果。例如，最大化社交媒体网站参与度的适应目标可能导致信息茧房（Filter Bubbles），进而加剧政治两极分化，或者在缺少监管的条件下，助长假新闻的扩散。但是，那些未针对用户参与进行优化的网站也许要比做了这方面工作的网站冷清很多，或者可能会完全停止运营。同样，在没有外部监管的情况下，未优先考虑乘坐自己车辆乘客安全的自动驾驶汽车对消费者的吸引力可能较小，进而导致销量减少。

有时，机器的某些适应行为背后的功能是为了应对其他机器的行为。例如，对抗性攻击通过输入假信息来愚弄智能系统，产生不需要的输出。在智能系统和设计用来抵抗这些潜在攻击的反馈中，这些攻击会导致复杂的“捕食者－食物”动力学。这个过程很难仅依赖单独研究机器本身而被理解。

上述例子强调了人类的外部组织机构和经济力量所产生的对机器行为的直接且大量的影响，这些都是机器学习行为的外部适应机制。

3．适应的限度

机器的学习和适应行为是有限度的，否则机器行为的设计就会变成“愿望”和“幻想”的代名词。无论是在自然界中还是在实际的设计中，适应都是一个相对的概念。机器行为只能部分对应于任务环境，同时，与之相匹配地，对应于机器行为的内部属性。例如，自动驾驶汽车的避障行为需要自动驾驶汽车在不同的环境中实现对障碍物的准确识别。然而，场景是千差万别的，即使是最有效的机器视觉算法也不可能做到完全适应，这在自动驾驶汽车的机器学习中尤为典型。因此，适应的限度充分说明了适应和功能这一机器行为的重要特性。

适应的限度还反映了机器行为对设计目标的态度——行为的合理限度。这是一种实用主义思想，有时甚至是机会主义思想，但表明了机器行为适应能力有限的可能性。

## 7.4 机器行为的进化

1．基于生物进化思想的机器进化行为机制

机器进化行为的一种观点认为，机器行为的进化与基于“达尔文主义”的生物进化有相似之处，即机器行为的进化基于自然选择。一些机器行为可能会广泛传播，因为它是“可进化的”——容易修改并且相对于扰动信息而言表现得很稳健。机器行为的“可进化性”类似于动物的某些特征可能广泛存在于各种动物中，因为这些特征促进了动物（也包含机

器）行为的多样性和稳定性。

基于这样的观点，机器进化行为始于所谓试错学习（Trial-and-Error Learning）的适应行为，这一行为常被描述为“迷津”中的搜索行为。例如，针对某个机器学习算法，从公理和已被证明的定理出发，努力用数学体系允许的法则进行多种变化，发展成新的算法，在环境中进行验证，再反复改进，直到发现导向目标的新算法，实现机器行为的进化。

在机器试错学习过程中，包含许多试验和失败。但是，这样的试验和失败往往不是完全随机或盲目的，事实上有很强的选择性，一般基于线索启发，被称为选择性试误。在机器行为的进化过程中，这些线索启发的进程与生物进化过程中“稳定的中间形式”所扮演的角色是一致的。因此，机器行为的进化可以理解为试错与选择性的混合体。

在这样的背景下，当人们考察机器行为进化的选择性的可能根源时，选择性一般等价于环境信息的某种反馈。试错过程中的各种路径的试验及随后结果的驱动力，是环境的反馈。在生物进化中，情况也是类似的。那些稳定的中间形式为更高级的形态提供了基本要素，其信息也指导了进化过程，并提供了对进化至关重要的选择力。

同时，在进化的每个阶段中，算法从各个角度在新环境中被重新使用，它会成为未来可能行为的局限，又会使得在此基础上的其他创新成为可能。例如，微处理器的早期设计仍然在影响着现代计算机，算法设计中的传统方式（如神经网络和贝叶斯状态空间模型）构建了许多假设，并且通过“让一些新的算法相对更容易使用”来指导未来的算法革新。因此，某些算法可能会关注某些功能而忽略其他功能，因为这些功能在早期成功的某些程序中至关重要。

2．机器进化行为的特殊机制

关于机器进化行为的另一种观点认为，达尔文主义对机器行为不一定有效，也不可能覆盖机器行为进化的全局特征，因为这样的模型假设了两种或多种生物或算法的竞争。与此同时，现代生物学的机制基于生物基因，依靠基因自身再造的成果证明其适应性。但是，机器行为对应于生物体的基因，差别是非常明显的。

回顾西蒙关于经济行为进化的机制的描述，可以看出企业是通过标准的工作程序（可以理解为企业成员日常决策的算法）完成绝大部分工作的。进化发生器由这些算法的所有改进和变化的过程组成。进化的结果是随后企业的利润率和成长速度。优秀的企业依靠其利润的再投资或对新投资的吸引力而适应与进化。在经济行为进化中，算法可以在企业之间相互借鉴，特别是那些成功的算法。

与经济进化行为的机制类似，机器行为的进化与动物行为的进化不同，大多数动物的遗传是简单的，双亲一次性决定子代。与之相比，算法要灵活得多，且它们的背后通常有一个带着明确目标的设计者。

人类环境通过改变算法的继承体系，强烈地影响着算法的进化过程。机器行为复制可能被开源软件、网络架构的细节和潜在的训练数据集促进。例如，智能导航系统可能会共享用于目标检测或路径规划的开源数据库和这些算法的训练数据集，目的是增强软件的安全性并在整个行业内推广。

通过软件更新，某个导航系统的机器行为中的一个适应性的“突变”，有可能立刻传播到其他导航系统——手机或智能汽车中。然而，机器行为的突变也会受到限制。例如，软件专利可能会对特定机器行为的复制加以限制。又如，隐私和数据保护的法律可能会阻止机器在决策过程中访问、保存或以其他方式使用隐私相关的信息。不管怎样，可以看到机器呈现出非常不同的进化轨迹，机器进化的机制和有机体进化的机制呈现出完全不同的趋势。

## 讨论

虽然机器和动物有着物理本质的区别，但是智能机器行为很容易从动物行为角度进行映射。机器有产生行为的内在机制，这些行为在和环境的互动中获得信息并得到发展，进而产生功能，导致特定的机器变得或多或少出现在它们所对应的环境中。同时，环境的进化和人类的决策也在不断地影响着机器的行为。

1．举例说明机器行为的发展模式，并讨论机器行为的发展与动物行为的发展有什么差别。

2．与人类自身的进化不同，在机器行为的进化中，人的作用接近于神话中上帝创造人的作用。结合具体的案例，理解人（机器行为设计者）在机器进化和发展过程中的作用和地位。

# 08 交互模型
## 人、机器与社会

本质上说，交互模型属于“混合机器行为”，是机器与人、社会、自然环境整合系统的机器行为。但是，考虑到社会环境中人的因素是混合模型中最重要的核心要素，也是机器行为最复杂的行为，因此将其单独分离出来，建立机器行为学的交互模型。

从历史的角度看，人和机器的关系可以追溯到人类旧石器时代创造的原始工具（见图 8.1）。在石器时代，人类发展了初步的社会行为和使用工具的行为，直到后面的青铜时代和农耕时代。在这个时期，人机关系是一种“柔性”的关系，即机器对使用者而言是一种“器物”，其使用效率和成果基本上取决于人的技能和技巧，所以有“工欲善其事，必先利其器”的说法。

图 8.1 坦桑尼亚奥杜韦文化石器（图片来源：Google 艺术与文化网站）。奥杜韦文化石器是世界上最早的石器之一，距今 300 万年至 50 万年，现藏于伦敦大英博物馆

工业化时代使得“器物”这种工具演变为具有动力和计算能力的机器，形成了社会化的大工业生产方式和组织方式。机器对人具有强大的“约束力”，人必须适应机器，按照机器规定的技术、动作、节奏来工作（见图 8.2）。这时的人机关系演变为一种“刚性”的关系，人逐渐失去人机关系中的主导地位，在人与机器之间发生了具有对抗性的矛盾。

进入人工智能时代后，计算智能使得机器具有了“内部信息过程”。智能机器的“自主性”是人机关系的一次重大演变。如果机器的智能水平达到了一定程度的“自主性”，那么可以设想人机关系将成为一种相互适应的关系，或者说成为一种“弹性”的人机关系。这种关系包含“机器影响人类行为”“人类影响机器行为”和“人机协作行为”，而这正是机器行为学交互模型的三个领域与方向（见图 8.3）。

图 8.2　电影《摩登时代》中人和机器的刚性关系
（图片来源：电影《摩登时代》截图）

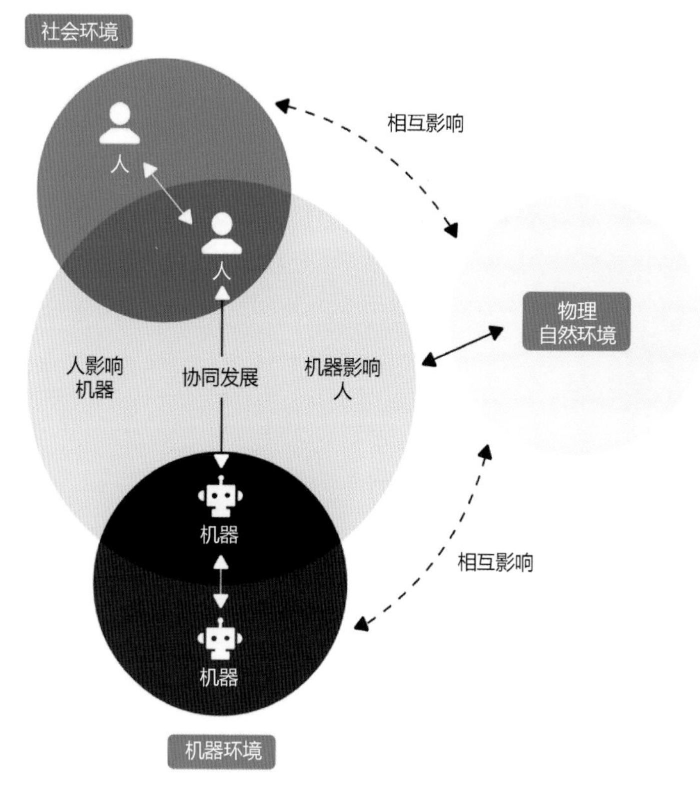


图 8.3　机器行为学交互模型的三个领域与方向

## 8.1　机器影响人类行为

智能机器引入社会系统的方式及其对人类信仰和行为的改变是机器行为学研究最重要的领域之一。人类社会引入智能机器的主要目标是改善现有的问题。例如，自动驾驶汽车可以减少约 90%因人为因素造成的致命交通事故，每年可以挽救大约 100 万人的生命。自动驾驶汽车的研发及推广具有非常重大的社会意义，即使人们不那么愿意将自己的生命托付给机器。

不可避免的是，智能机器在改善现有问题的过程中会产生新的社会问题。例如，用于在线约会的匹配算法可能改变约会过程的分布结果，新闻过滤算法可能改变公众意见的分布。在这个过程中，算法出现的小错误或使用的数据不当完全可能累积，产生巨大的社会性影响。此外，学校、医院和护理中心的智能机器人也会深刻地改变人类发展、生活的质量，或者潜在地影响残障人士的生活。更可能的是，智能机器可能用更基本的方式改变人类社会结构、生活形态，以及人类的伦理与价值观。一个代表性的案例是由美国麻省理工学院开展的道德机器实验（Moral Machine Experiment）研究（见图 8.4），该研究围绕自动驾驶汽车出现无法控制的事故时的道德困境（Social Dilemma）问题展开。简单地说，就是当一台自动驾驶汽车失控时，是牺牲行人还是牺牲乘客。这样的问题从人类的角度而言是无解的，但对智能机器而言，很可能需要一个具体的算法或技术解决方案，而这种解决方案很可能改变和影响人类的价值与道德判断，详细介绍见第 17 章。

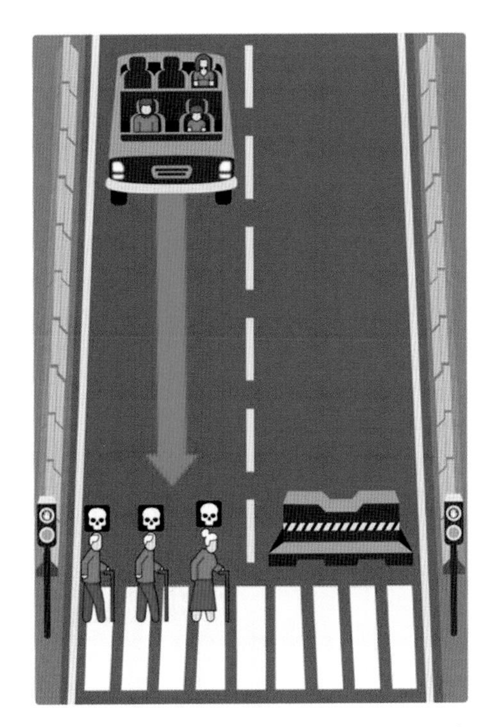

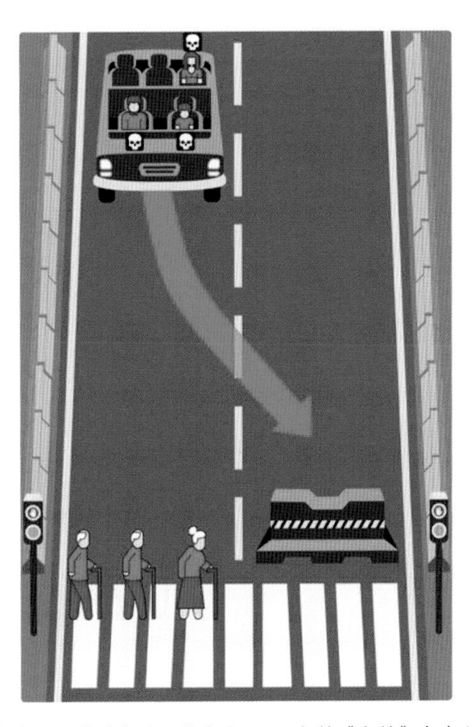

图 8.4 道德机器实验（拉万等，2018）。本实验由美国麻省理工学院完成，发表在 2018 年的《自然》杂志上。该研究在全球 233 个国家和地区收集了超过 4000 万个回答。在左图中，自动驾驶汽车将闯红灯的三位老人撞死；在右图中，车内的一家三口被撞死。实验通过在线问卷询问人们更倾向于哪种道德决策

在政治和军事领域，智能机器的影响也毋庸置疑。智能算法对政治的影响在 2016 年的美国总统大选中表现得淋漓尽致。智能武器也是一个值得关注的领域。近年来，已经可以看到人工智能直接运用于叙利亚和中东地区的真实战争中的案例，群集人工智能的快速发展使得智能武器用于实际战争成为现实，战争中群集智能机器的集体行为可能产生设计者难以想象的灾难性后果。

此外，人工智能目前运用得较多的领域是人类使用智能机器作为决策辅助工具，这在金融领域中非常广泛。因此，智能机器如何影响人类决策等复杂问题的求解，是机器行为学关注的重要话题之一。

## 8.2　人类影响机器行为

智能机器可以影响和改变人类行为，人类也可以创造、影响智能机器的行为。从表面上看，人类对机器行为的影响和改变似乎非常直接与粗暴。设计师通过直接操作智能系统，对这些系统进行主动训练，根据人类日常行为产生的数据来影响和改变机器行为。在这个过程中，算法和数据的选择源于人类的决策，即人类行为可以直接改变机器的行为。

从机器行为学的角度看，研究人类对机器行为的影响的本质是，理解机器行为设计的过程如何改变智能机器及其算法并影响其最终行为。对于设计可能产生的影响，无论是算法、训练数据及组合关系，还是行为的表达方式的人机界面和智能机器的造型等机器行为，目前智能机器的设计师仍知之甚少。这也是机器行为学需要解决的问题之一。

从设计领域本身看，目前对设计这一人类创新活动（如设计过程、设计认知等）的研究仍然处于初级阶段，距离形成科学理论还有较长的路要走。与此同时，智能机器的设计还带来了诸多全新的问题。因此，探讨改变设计过程的若干要素（如设计人员、设计环境、设计过程等）如何影响智能机器的后续行为，也是机器行为学关注的研究课题。

另外，智能机器本身也会介入设计过程，如目前大量的智能设计工具。这些智能机器和算法会影响设计过程，进而对设计结果产生影响。特别是当机器完成的设计过程的复杂度超过人类可以理解的极限的时候，这种影响和作用会对人类产生重大的影响。例如，表 8.1 中给出了湖南大学为华为研发的智能生成海报的图像滤镜预处理关键步骤与滤镜调节参数，这些滤镜调整参数直接影响了华为未来的自动化海报生成风格的总体方向，并且直接改变了华为自动化海报生成的结果。

**表 8.1　智能生成海报的图像滤镜预处理关键步骤与滤镜调节参数（谭浩、尤作、彭盛兰等，2017）**

| 调整步骤 | | | 滤镜调节参数 | | |
|---|---|---|---|---|---|
| 1 | 原画色调整体偏暗——自动色调调整 | 原始画面调整 | （旧版）亮度 | | −11 |
| 2 | 原画色调饱和度略低——自动饱和度调整 | | | | |
| 3 | 调整亮度，使亮度降低——部分降低 | 添加遮罩（四周） | （旧版）对比度 | | 13 |
| 4 | 调整对比度，增加变化——调高一些 | | 饱和度 | | 14 |
| 5 | 调整饱和度，丰富色彩——少量增加 | | 颜色 | 青色 | −8 |
| 6 | 调整画面暖色调——少量增加 | | | 洋红色 | −4 |
| 7 | 增加一些青色调，丰富画面——少量增加 | | | 黄色 | 7 |
| 8 | 适当地调整明度——调低一些 | | | | |
| 9 | 添加遮罩，四周暗角，渲染氛围，突出主体 | | 明度 | | −1 |

注：表中右侧的滤镜调节参数值是人为设置的初始值，初始值设置的差异会影响整个生成系统的结果。

## 8.3　人机协作行为

机器影响人类行为和人类影响机器行为是一种理想的情况。大多数人工智能系统在与人类共存的复杂混合系统中发挥作用，很可能出现的情况是在人机混合系统中，人类和机器都可能表现出完全不同的行为。因此，从人机系统的角度研究人与智能机器协同、交互的行为具有重大的意义和作用。大量自动驾驶汽车和人工驾驶汽车在混合道路上混行几乎肯定会改变人类的交通与出行模式，这显然与封闭道路上的自动驾驶汽车行为有着根本性的差异。

目前，大量智能人机协作系统已应用于人类的生产和生活中。在人和智能体协作的过程中，哪些因素会促进人与机器之间的信任与合作显然是一个值得研究的话题。目前，在机器行为学领域可以看到两种不同类型的人机交互。一种是机器可以提高人的效率，例如美国卡内基梅隆大学卡根（J. Cagan）团队针对人工智能算法对设计团队的设计能力影响开展了研究，研究结果表明智能系统对低效能团队的帮助可能更大（见图 8.5）。

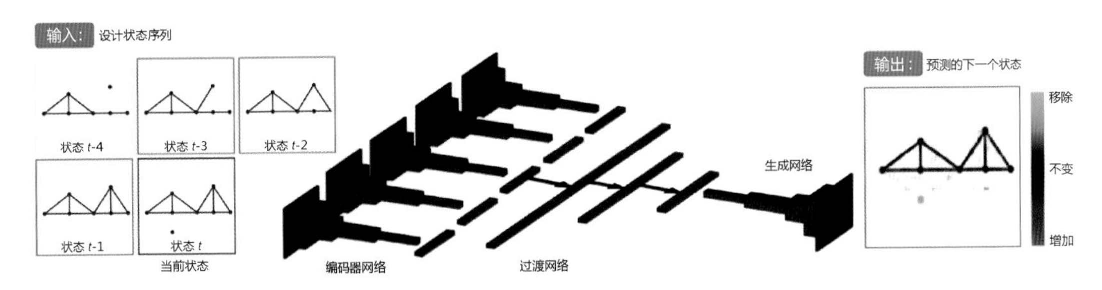


图 8.5　卡内基梅隆大学的研究使用的机器学习算法示意图（卡根等，2021）

另一种是机器可以取代人类，例如自动驾驶运输和包裹递送等。智能机器取代人类的某些行为会引出一个新的疑问——最终机器是否会在更长的时间内进行迭代或增强？人机共同行为是否将因此而演变？这些问题必须同时研究人类对机器行为的影响与机器对人类行为的影响之间的迭代、反馈、交互与循环。在实验室条件下，研究者已经观察到与简单机器人的交互可以增加人类的协调性，机器人可以直接与人类合作，达到人与人合作相媲美的水平。从生态学的角度看，还应该关注人机混合交互方式是如何长期被智能机器影响的，即人机混合系统的长期发展相关问题。

## 8.4　人机环境与社会、物理、信息环境

除了传统的人机交互，还需要进一步理解人机协同行为在人类社会和自然环境中的反馈回路，因为人机混合系统本身构成了一个主体，并与人类社会和物理自然系统发生关系。这样的研究，除了需要前面提及的工程科学、智能科学、行为科学的介入，还需要物理学、生物学、生理学、环境科学等的介入。这样的研究范式目前还处于初级阶段，但是似乎可以看到一些超越自然科学与行为科学的基础研究的探索。例如，湖南大学应急团队开展的智能管道清洁机器人概念设计（见图 8.6），可以广泛用于某些自然和工作条件出现变化的

特殊场景中，如电站的管道等。当然，机器和机器本身也许会建立一个基于机器的“社会”环境。当这个环境真的存在时，也需要考虑机器和机器所构成的环境回路的相互影响，并从前面的系统模型的群集机器行为中得到一些启示。

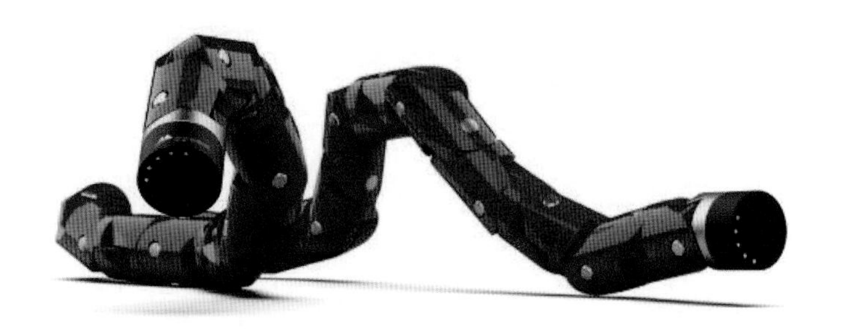

图 8.6 用于电站管道清洁的智能机器人概念假想图（湖南大学，2020）

在交互模型中，还有一个非常重要的要素——信息。信息从内容的层面对机器交互行为产生直接影响。因此，也可以将智能体的交互行为视为人－信息系统－物理系统（HCPS）的三层结构模型（见图 8.7），该模型根据物理属性来研究机器的人机交互行为，目前在工程科学领域已有广泛的讨论。

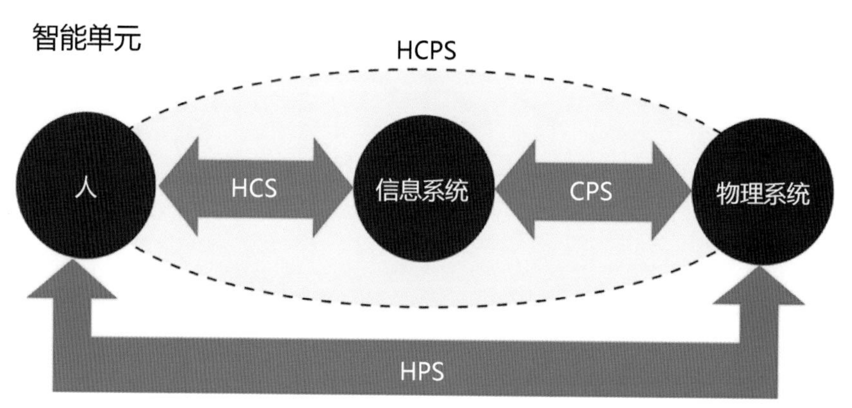


图 8.7 智能制造的“人－信息系统－物理系统”（周济等，2019）。图中，HCPS 表示“人－信息系统－物理系统”，HCS 表示“人－信息系统”，CPS 表示“信息－物理系统”，HPS 表示“人－物理系统”

## 讨论

人工智能发展非常迅速，从实时语言翻译到预测蛋白质的三维结构等。然而人工智能对人类最大的挑战从根本上看是人类、社会、经济、文化甚至政治的挑战。例如，人工智能如何扩大权力的不对称和财富的不平等，造成需要优先考虑、补救和监管的影响与后果。

1. 举例说明机器行为对人类社会造成的正面和负面的影响与作用，思考如何通过机器行为研究与设计来缓解并消除负面影响和作用。

2. 人类是如何正向影响和改善机器行为的？试举例说明。

# 第三部分

# 方法

无论是自然科学还是社会科学，一般的科学研究框架都包括三部分：可观察的对象、精心设计的研究方法、基于统计或定性的结果。为了研究机器行为，需要整合跨学科的知识与方法。但是，目前机器行为学的方法体系还在建立过程中。一方面，设计师、工程师、数据科学家和智能科学家正在开展机器行为设计与研究，但是他们缺少行为科学的研究基础，对实验方法、样本选取、因果推理、社会理论等相关知识的认知不深入。另一方面，行为科学和社会科学的研究者正在开展机器行为设计和研究，但是他们不具备设计能力及特定算法所必需的专业知识，难以创建和衡量所设计的机器行为的质量。

本部分基于科学的方法论基础，从分析（研究）和综合（设计）两个角度出发，分别讨论机器行为的研究与设计方法。本部分内容涉及机器行为学相关多个学科的研究方法，并且进行整合。目前，行为科学在学术领域中已成为具有广泛影响的基础科学研究范式，设计科学、智能科学虽然在各自领域取得了巨大进展，但能否成为一门科学，仍然面临着传统科学领域的质疑。虽然面临很多不足与争议，但并不妨碍基于科学研究的基本范式与方法论开展机器行为学研究，并在不远的未来建立系统的机器行为学方法体系。

# 09 基础

## 科学方法论

### 9.1 研究

机器行为学的研究方法是一种典型的科学研究方法。如西蒙指出的那样，研究让人们可以系统分析、组织研究的发现，提出设计问题，并通过设计的方法回答和解决问题，创造出适用于不同文化社会环境和不同人群的人为事物。和经验相比，科学研究的最大特点之一是其外显性特征，即“可表达”“可交流”和“可重复”，而不是经验主义的“只可意会不可言传”。简单地说，机器行为学的研究就是系统地收集经验性证据，以支持或挑战某种理论观点。

由于研究的问题和研究目的不同，机器行为学的研究主要包括三个层次：描述、解释、预测。

1．描述

描述也称现象描述，主要针对研究对象的现状做出描述和说明。机器行为学的研究课题通常是某个机器行为的用户感知处于什么状态、人机系统的作业效能水平如何等。对事实或研究对象的分类和概念化归纳，是最基本的描述性研究。这类研究的层次虽然一般较低，但却是所有研究的基础，其重要性不可忽视。

2．解释

解释主要是指说明研究对象的活动过程与特点。解释是关于研究对象各要素之间的关系，或者说是关于一个事实与另一个事实之间的关系。例如，机器人甲比机器人乙更容易让人们接受，丙车的智能数据可视化比丁车的智能数据可视化更容易让人们理解等。显然，解释比描述前进了一步，能对事物发展的关系（特别是因果关系）做出进一步的说明与分析。

3．预测

预测基于某些条件或参数，推测或估计对象可能发生的变化或对象一定时间间隔后的发展。例如，算法的迭代速度对算法的用户喜好度的影响等。预测的根据是描述和解释的结果。通常，多个解释形成某种理论，而理论具有预测能力。例如，只有研究了算法的迭代速度对算法的用户喜好度的影响，形成了理论规律，才能预测算法迭代速度变化对人与社会的影响和作用。

基于上述三个层次，机器行为学的典型研究过程如下：由事实归纳出理论，将理论演绎为假设，通过实验对假设进行验证，获取新的事实，这样周而复始，形成科学理论构建的循环，即从事实到进一步事实的过程（见图 9.1）。

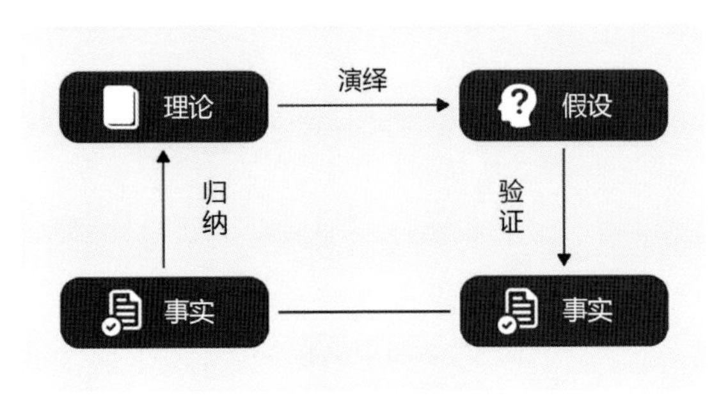


图 9.1　科学研究的典型过程

## 9.2　寻求真实的研究

1．科学的信念

科学追求真理或者真实。然而，真实（Truth）是一个“难以完全被理解”的概念。“何为真实”及“如何知道何为真实”的问题，事实上已困扰了人类数千年。著名物理学家霍金（S. W. Hawking）在其著作《大设计》（*Grand Design*）中针对弯曲鱼缸中的金鱼和人类对世界的观察做了精辟的比喻。霍金指出，金鱼在弧形或弯曲鱼缸中会看到与所谓的“真实”环境相比扭曲的景色，而人类如何得知自己拥有真正的未被歪曲的“真实”景色？科学史上知名的日心说和地心说已被认为是真理和神话的斗争。但是，哥白尼一定是正确的吗？显然，哥白尼证明了亚里士多德等人是错误的，但不能说他自己的理论是真实的。后来的物理学家也证明了哥白尼理论的一些错误。因此，关于“真实”的关键观点是科学不等同于真实。

“科学”一词的英文 Science 源于拉丁文 Scientia，原意是“具有系统的知识的全部”。从历史的观点看，科学是哲学的衍生物。根据康德（I. Kant）的说法，科学是可以被证明为“真理”的综合判断。这个说法在当时阐明了科学与哲学的差别。从现代意义上看，科学是人类从周围世界获取知识的有效途径，而不是一种真理；或者说，科学只是一种手段，而不是结果。显然，人类获取知识的来源很多。19 世纪美国著名科学家皮尔斯（C. S. Pierce）认为，科学是一种认识世界的方法。他提出了四种基本的认识世界的方法：自身感觉、相信权威、自我信念和科学方法。皮尔斯认为，前三种方法本质上是自我中心的非客观方法，它们往往只通过怀疑者自己的行为、意愿来选择信念，缺乏足够的证据。科学的方法才将信念建立在经验的基础上，而非来自权威和信条——这与“实事求是”的思想是完全一致的。无论是自然科学还是社会科学，科学研究的经验都来自对现实世界的系统观察，进而获取资料来确立某种信念。

基于这样的观点，虽然有被大众接受的框架，但不意味着科学研究的结果就是真理。科学研究可以解释若干事件和现象，但是绝不等同于真理。牛顿第一运动定律可以解释物体为什么会运动和静止，这是强有力的科学解释，但不能说是一个“真理”的结论，因为它无法解释某些特定的物理现象。科学不能直接证明“真理”，但是可以支持或不支持某种“真理”。

同样，科学研究也是有局限性的，科学可以解释物体运动的原因，但不能证明神仙是否存在。科学只能在自身有效的地方发挥作用。当然，这里并不是说科学未涉及的地方就不能形成信念和知识，事实上，存在采用很多非科学手段获取知识的领域，如理想、信念、伦理、道德等。

2．寻求真实的科学程序

虽然科学不能证明真实，但是科学的目标毋庸置疑是寻求真实，或者说，科学是在寻求真实的过程中发展出来的关于真实的一种答案。对科学而言，更为关键的是科学建立的一套大众所能接受的判断信念正确（或优劣）与否的程序。一般来说，持不同信念的人的观点很难调和。但是，科学方法正好解决了这个问题。本质上说，现代科学是在培根的归纳法和笛卡儿的演绎法的基础上，以观察、实验和数学为基础，获取关于世界的系统知识的研究。哥白尼、伽利略和牛顿都是现代科学方法确立的重要实践者。

科学研究既可以对约定俗成的真实进行验证，又可以对经验进行科学研究，还可以对那些未经历的事件（如火星上是否存在水）进行判断。在科学程序的基础上，科学研发了一套系统的研究体系，即形成了完整的关于认识论和方法论的知识体系。一般认为，一个论点需要有逻辑（Logical）和实证（Empirical）两个方面的支持，即言之成理，符合观察。

基于这套体系，经典的科学研究过程如前面的图 9.1 所示。这种可以公开的、可以反复验证的流程和方法正是科学研究的基石。

## 9.3 机器的真实

不同于经典物理科学和生命科学追求的真实，机器行为学的“真实”是一个具有挑战意义的话题。关于人为事物本身及创造人为事物的研究，显然与关于自然规律的研究不同。第 1 章中说明过，自然现象和自然规律具有“必然性”，而人为事物对环境的适应性特征似乎具有“偶然性”。在经典科幻电影《黑客帝国》（*The Matrix*）中，智能系统制造了一个新的人为事物——虚拟现实。在电影中，人们在智能系统制造的虚拟现实中生活，已分不清楚真实和虚拟。这部电影虽然有一定的夸张成分，但揭示了深刻的道理：至少到目前为止，人们会认为以“机器行为”为代表的人为事物及其产生的事件也许不具有真实性和客观实在性。人为事物与人为现象能否被研究甚至进入科学领域一直受到质疑，这也是研究“机器行为”所面临的困境之一。

从表面上看，机器行为似乎具有强烈的人类自由意志（Free Will）的特点，即人们设计的机器似乎具有非常强烈的偶然因素。这就像问：“如果没有乔布斯，iPhone 是否还是设计成目前的样子？”因此，机器行为学研究的一个重要假设就是，以机器为代表的“人为事物”存在类似于自然法则的规律。这样的观点看起来很复杂，但不是没有先例可循。从人为事物的角度看，除了机器，还有一些人为事物成了科学，如经济学就是典型的人为事物的科学，诺贝尔奖设立经济学奖就是一个明证。

同时，将所有的人为事物全部归结于“偶然事件”也面临着挑战。虽然看似偶然，人为事物的发展总体还是遵循某种规律的。事实上，人们对自然科学领域偶然事件中的必然规律研究取得了重大进展。例如，动物行为学针对蚂蚁搬家现象进行过深入研究。一群蚂蚁在搬家时，每只蚂蚁理论上都可以随机地朝平面上的任意方向行进。然而，在实际情况下，大多数蚂蚁会朝着同一方向行进。从动物行为学的角度看，这也许是由“从众”造成的，但也可以视为一个客观规律。动物行为学研究领域的这种偶然中的必然，正是“机器行为的真实”在行为科学领域的反映。

因此，对“求真”的研究而言，透过各种纷繁的机器行为，在诸多偶然事件中发现机器行为对人类社会影响的一般性规律，建立机器行为的理论基础，是“机器的真实”的本质和核心。

## 9.4 追求实用的研究——面向设计与创新过程

机器行为学除了针对机器行为本体的“求真”探索，还有一部分是关于“如何创造机器行为”的研究，即“求用”研究。机器行为学的实用性研究包括支持机器行为设计的研究，以及在实践中建立方法提升设计的效率。

### 1．支持机器行为设计的研究

支持机器行为设计的研究概念广泛。通常情况下，支持机器行为设计的研究是在机器行为设计过程中帮助智能机器和系统的概念、设计、评估，以提升设计的机器行为的质量、价值等。因为机器行为设计的核心是机器行为对人类社会的影响作用，因此，与人和社会相关的研究就是支持机器行为设计研究的核心，如人因研究、可用性研究等。与前面的寻求真实的研究相比，支持设计的相关研究目标更明确，更注重人作为机器行为使用者的属性，应用性也更强。

支持机器行为设计研究的一个关键要点是研究结果如何很好运用到设计中。如果支持机器行为设计的研究的成果不能应用到设计中，那么这样的研究价值和意义就存在一定的问题。然而，支持机器行为设计研究最大的风险也在于设计和研究之间的鸿沟。大量设计实践显示，这样的鸿沟是很难弥合的。

### 2．实践中建立方法

实践中建立方法是一种典型的自下而上的研究方法，其核心是通过研究促进机器行为的设计和创新过程，推动设计的发展和深化。

实践中建立方法的一个重要领域源于计算机的沙箱文化（Sandbox Culture）传统。这类研究的基本过程如下：首先创造人为事物（机器行为），然后观察这些事物对人类社会的影响。在这样的背景下，研究解决问题的方式是通过工程的图示化而非科学化。最成功的案例来自美国麻省理工学院的媒体实验室（Media Lab）。在媒体实验室中，动手实践对设计师、程序员和研究者而言是最重要的，而算法原型与物理原型的设计、开发与制作在整个过程中扮演着重要作用。机器行为学的研究也需要在原型的基础上进行。在这个过程中，设计创新的本质也是研究，是一种在实践中设计、研究和探索的新设计模式与框架。

上述的实践中建立方法还有一个重要特点，即其对整个设计流程的推进。在这样的观点下，设计师更像是调和者（Moderator），利用设计工具和方法，推进设计的进展。因此，在这些实践中建立方法上，可以看到很多关于设计管理方面的工具。例如，流程图在使用情境中，可以使得团队内不同专业背景的人员对机器行为中的“流程”达成一致。

## 讨论

心理学家贝弗里奇说：“除了假设的提出者，没有人相信假设；除了实验的操纵者，每个人都相信实验。”所有科学研究都建立在假设之上，所有科学研究都是有前提的，就如数学家无法证明“两点确定一条直线”一样，因为这是“公理”。公理，也正是科学研究无法证明的地方。

1．如何理解科学研究的前提？

2．机器行为研究的假设从何而来？科学研究支持或者不支持某个假设对研究来说意味着什么？

3．思考“求真”与“求用”的机器行为设计研究的异同，并思考如何将机器行为学的研究运用于机器行为设计中。

# 10 研究<br>探索与发现

研究与发现是“寻求真实”的机器行为学的研究方法体系。行为科学是机器行为学研究方法的基础，涉及心理学、社会学和动物行为学等相关方法。本章基于行为科学的研究范式，以及经典的观察法、实验法和相关分析法，结合智能科学、数据科学、计量经济学等相关领域的方法，全面讨论机器行为学的研究方法。

## 10.1 观察

观察是最常见的研究方法。对机器行为学的研究来说，观察是指在特定时间内或者某个事件发生时，仔细查看（Observe）对象的行为、机制等。机器行为学研究的观察对象可以是人，也可以是机器，还可以是人和机器所在的自然环境与社会环境等。

1．超越常识

观察与日常生活中的看（See）不同，观察的首要前提是能够超越常识，获得具有一定效度和普遍意义的资料或结果。所谓超越常识，是指在保证观察的客观性的基础上，发现对机器行为学研究有意义的现象。从某种意义上说，超越常识就是让观察研究能够深入下去，如果观察研究的结果是常识，就意味着该研究失去了价值，对机器行为学不会有实质帮助。

2．观察的情境

进行观察研究时，观察的情境包括自然情境和实验情境两种。自然情境下的观察基于一种自然主义的观点，主要是在不干扰观察对象的情况下，观察对象的自然和客观行为。和自然情境下的观察完全不同，实验情境下的观察注重对观察对象及外部干扰因素进行控制，以获得更加“纯粹”的结论。

3．观察者的角色

当观察情境中的观察者介入时，其角色显得十分微妙。在观察过程中，观察者一般可以扮演不同的角色：旁观者和参与者。

就旁观者角色而言，观察者在任何情况下都不是观察对象及其情境的一部分。例如，通过架设在路口的摄像头观察自动驾驶汽车的礼让行人的行为，就是典型的旁观者观察。旁观者的最大优势是其对研究对象的影响最小，能最好地保持自然状态，但也存在研究深度不足的问题。

就参与者角色而言，机器行为研究者会直接介入对象所在的情境。例如，观察者装作行人，和其他行人一起过马路，观察其他行人面对自动驾驶汽车礼让时的行为。参与者观察的优势是，由于研究人员的参与，可以深层次地获得对象的信息，并对研究者关心的问题进行全面考察和探究。但是，其问题是研究人员的参与本身会影响到研究的对象，而不管参与者是采取行动还是不采取任何行动。参与者对研究对象的影响会导致研究结果的客观性受到影响。另外，并非所有研究者都能够很好地进行“扮演”。这种假装的真正参与对研究者挑战很大。

事实上，在多数情况下，机器行为研究者既是参与者又是观察者。在这种情况下，如何平衡研究深度与客观性的矛盾，是观察研究需要仔细考虑的问题。

4．数据获取

观察研究需要对数据进行获取以进行后续分析，这一般被称为数据记录。数据记录一般分为定量记录和定性记录。定量记录一般出现在人为构建或者借助机器开展的自动化观察情境中，而数据则记录在预先设计好的记录表格中，是一种结构化的数据获取方法。对机器行为研究的观察而言，定性研究相对较多。定性的观察研究过程一般保持开放，以便收集到更广泛的数据。这种开放的策略对数据获取提出了较高的要求。详尽的数据可能会因数据量太大而难以记录，精确的数据可能会丧失情境信息。因此，从某种意义上说，定性观察数据获取对机器行为的研究的要求更高。数据获取的方法对数据分析的结果的影响巨大，尤其是不准确的观察数据可能会对研究结果产生负面影响。

5．观察的客观性

眼见不一定为实。视错觉的出现充分说明了这一点（见图 10.1）。因此，观察的客观性一直是科学研究关心的问题。事实上，做到完全客观在哲学意义上是不可能的。但是，机器行为研究可以借助一些工具和方法来增强观察的客观性。例如，在机器行为研究开展之前，对观察的机器行为和人的行为的内容进行分类，对可能观察到的现象提前编码等。但是，提高观察客观性最有效的方法是，提升观察者自身的观察方式和观察技巧。观察的客观性的关键是区分事实（Factor）与观点（Opinion）：事实是客观存在的事物，观点则经过了研究者的加工。

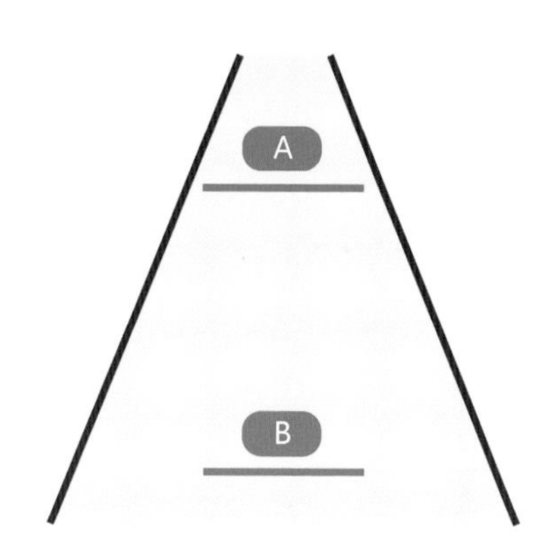


图 10.1 视错觉

6．观察与描述研究

观察研究在开始阶段一般都是描述性的研究。描述研究一般陈述、报告某个现象或事实，是一种客观的研究手段。描述研究优于常识的地方是，其可以表达依靠常识不能获得的信息。然而，描述研究由于基于观察，对事物的了解一般停留在相对表面的层次上，主要针对现象进行加工。因此，描述研究很难评估事件之间的关系，这也是观察法的挑战之一。

## 10.2 实验

1．实验变量

实验法是科学研究中应用最广且成效最大的方法，机器行为学也不例外。如图 10.2 所示，实验法的基本框架如下：在其他变量 $Z$ 被妥善控制的情况下，实验者系统地改变某个变量 $X$，然后观察 $X$ 的系统变化对另一个变量 $Y$ 的影响。变量 $X$ 被称为自变量（Independent Variable），变量 $Y$ 被称为因变量（Dependent Variable），变量 $Z$ 被称为控制变量（Controlled Variable）。

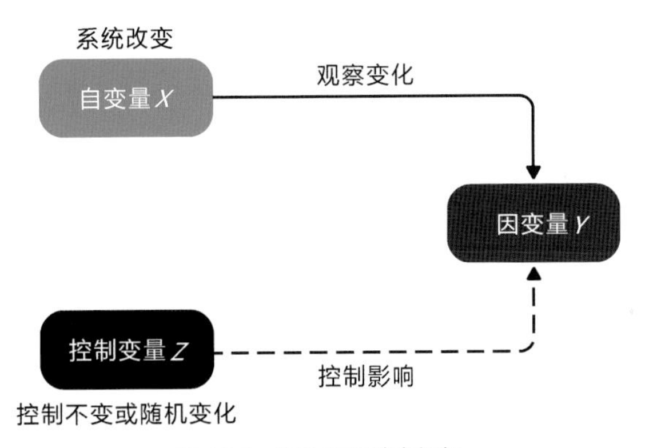


图 10.2 实验法的基本框架

自变量是机器行为学研究考虑的主要变量，一般就是机器的行为。自变量是因变量变化的原因，因变量是自变量作用的结果。在机器行为学中，因变量通常包括人的心理、生理、效能以及社会变化等相关变量。实验中除了自变量和因变量，其他被实验者设法保持恒定的、可能对因变量产生作用的变量是控制变量。实验中通常只有一个或数个自变量做系统变化，但是，可能影响因变量的潜在自变量很多，因此对这些变量的唯一处理方法就是设法“控制”它们，所以称这些变量为控制变量。因此，控制是实验法的主要特征之一。对变量加以控制通常遵循两个原则：一是，系统改变实验变量时，使其他潜在的、可能影响因变量的自变量保持恒定；二是，尽量消除被试个体之间的差异对实验结果的影响。

实验法可以通过引入如下表达式来描述：

$$Y = f(X_i), \quad i = 1, 2, \cdots, n$$

式中，$Y$ 是因变量，$X_i$ 是自变量。实验者的任务是设法确定 $f$ 表达的关系。当然，并非所有关系都可以使用数学函数来描述，因此 $f$ 只是广义地表示一种关系，其中只有几个变量

$X_t$ 被选为自变量，其余变量则为控制变量。

采用实验法进行科学研究的最大优势是，实验表达的是自变量与因变量之间的一种因果关系（Casual Relationship），而因果关系可以清楚地描述、解释和预测各种现象，并获得支持或反对某一理论的事实证据。当然，实验法需要在有控制的条件下完成，实验结果是有条件的，这与事物的自然状态和复杂性不可同日而语。

2．抽样与分布

实验不可能对研究对象群体的所有对象逐一进行，所以必须抽样（Sampling）。抽样是指从所研究对象的总体中合理地抽取一小部分，进而对总体做出估计的一种统计方法。虽然总体是未知的，但是只要能够保证抽样的无偏性、一致性和有效性，就能获得对总体的优良估计。一种最常见的抽样方法是随机抽样。随机抽样可以最大限度地减少选择性偏误，使实验研究的结果可信、可靠。

随机抽样的样本特征及实验研究的测量值都可用分布（Distribution）来表达。分布是一个统计概念，它表示测量项目的各个值以一定的频数出现，可以说一组测量值确定一个分布。图 10.3 所示为一种常见的分布——正态分布，可以看出，越靠近正态分布曲线的中间，测量值分布的次数就越多，而越靠近正态分布曲线的两端，测量值分布的次数就越少，因此曲线呈“两头低，中间高”的钟形状态。

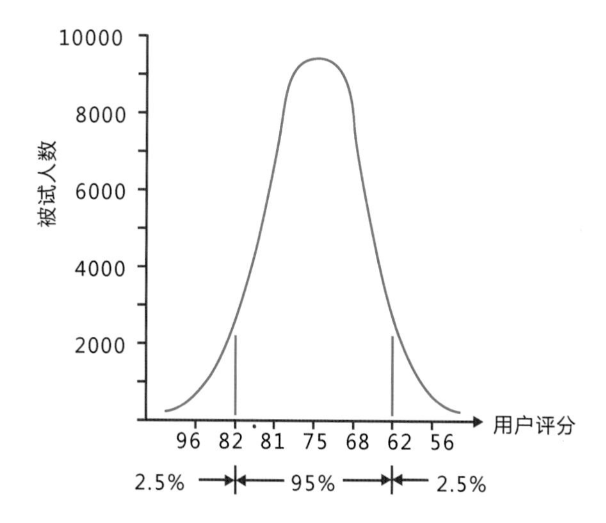


图 10.3　正态分布

符合正态分布的测量项目，其分布特征可用均值 $M$ 和标准差 SD 来描述：

$$M=\frac{1}{n}\sum_{i=1}^{k}x_i f_i\ ,\qquad \mathrm{SD}=\sqrt{\frac{1}{n}\sum_{i=1}^{k}f_i x_i^2-M^2}$$

式中，$x_i$ 是第 $i$ 组的中值，$n$ 是样本量，$f_i$ 是第 $i$ 组的频数。对照图 10.4 可知：均值表示分布的集中趋势，即测量值聚集于均值的趋势；标准差表示分布的离中趋势，即测量值沿均值扩散的趋势，标准差越大，分布曲线就越平缓。

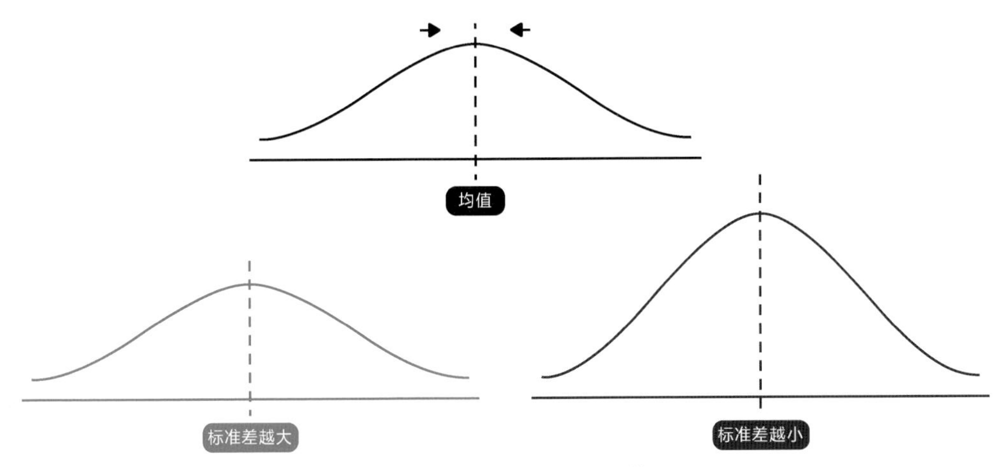


图 10.4 均值与标准差（赵江洪、谭浩等，2006）

3．假设检验

理想的实验（Ideal Experiment）是假设出来的。由于抽样等方面的原因，实验可能存在偏差，因此需要基于数据对实验假设进行检验。假设检验（Hypothesis Testing）用于判断样本和样本的差异、样本和总体的差异是由抽样误差引起的还是由研究的“本质差别”造成的。显著性检验是假设检验中最常用的一种方法，也是最基本的统计推断形式，常用在机器行为学的相关研究中。

假设检验的基本思想是所谓的“小概率事件”，通过样本观察，如果小概率事件成立，就要拒绝原假设 $H_0$，反之则接受原假设 $H_0$。一般小概率事件的概率值用 $a$（$0 < a < 1$）表示，称为假设的显著性水平。显著性水平 $a$ 越低，假设就越有显著性。一般情况下，显著性检验水平设为 0.05、0.01 和 0.001。通过各种假设检验方法（如 $z$ 检验、$t$ 检验、卡方检验等），如果小概率事件出现的频数 $P$ 小于上述三个检验水平，就可认为在上述三个不同的检验水平下研究假设具有显著性。

4．回归分析

基于实验法，现代统计学还发展了一系列统计方法，用以预测变量之间的关系。在这些方法中，与机器行为学最相关的是回归分析（Regression Analysis）。回归分析是一种预测性建模技术，其研究目标是两个或多个变量之间相互依赖的定量关系。在流程上，回归分析通过从变量中选取的因变量和自变量来确定变量间的关系，建立回归模型，并根据实验数据来求解模型的各个参数及其关系，然后评价回归模型是否能够拟合实验数据；如果能够很好地拟合实验数据，那么可以根据自变量做进一步的预测。回归分析的核心是对变量关系的预测，虽然不能从逻辑上直接证明因果关系，但是可以通过对条件期望函数的近似因果关系的预测（最佳线性逼近），获得接近因果关系的结论。如果运用于实验研究中，回归分析可以作为因变量和自变量的关系的实验结果的进一步预测，提升实验研究的有效性。

在回归分析中，一个比较重要的参数是方程的确定性系数（Coefficient of Determination）$R^2$，它表示方程中自变量 $X$ 对因变量 $Y$ 的解释程度。$R^2$ 的取值范围是从 0 到 1，越接近 1，表明方程中 $X$ 对 $Y$ 的解释能力就越强。另外，在回归分析中，如果需要对类似实验法的自变量进行所谓的统计“控制”，就需要使用协变量（Covariate）。协变量是指与因变量线性相关并在探讨自变量与因变量的关系时通过统计技术加以控制的变量。

## 10.3 相关分析

相关是度量两个变量之间的关系的一种统计测度，是一种基于数据和统计的研究。相关研究的基本原则是，在尽可能自然的状态下，确定两个以上的变量之间的统计关系。相关研究的基础是相关分析的数学和统计方法。相关研究广泛运用于自然科学和社会科学的研究中，尤其是“心理和社会测量理论”领域，因此对机器行为学非常适合。与实验法不同的是，相关研究中不需要系统地改变某个变量，而尽可能地使所有变量保持其“自然状态”，避免人为因素的干扰。

相关系数是相关分析最常用的统计变量，知名的相关系数有皮尔逊相关系数等。皮尔逊相关系数的取值范围是 $-1.00 \leqslant r \leqslant +1.00$，表示两个变量数列之间相关关系的方向与强弱，$r=+1.00$ 表示完全正相关，$r=-1.00$ 表示完全负相关，$r=0$ 表示无任何线性相关（见图 10.5）。

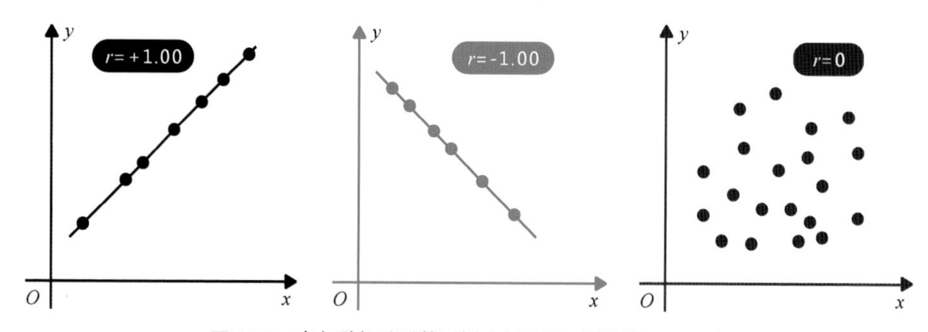


图 10.5　皮尔逊相关系数示例（赵江洪、谭浩等，2006）

通常情况下，相关只说明变量之间存在某种联系，而不能充分说明变量之间的因果关系，这是相关研究法与实验法的差异。相关关系虽然不能说明变量之间的因果关系，但仍然具有描述和预测的能力，这一点在涉及人的心理和社会测量的研究中非常重要。例如，研究者可以考察人工智能系统散布的假新闻与人们对政府感受的相关关系，以确定二者是否相关。这样的相关研究显然无法从因果关系的层面说明究竟是假新闻影响了人们对政府的感受还是反之。但是，了解这种相关性，也是描述和预测智能机器产生的所谓“新闻”传播对政府治理影响的重要科学依据。

## 10.4 超越经典行为科学

观察、实验和相关分析构成了经典行为科学的基本方法体系。针对机器行为学的特点，特别是与人工智能相关的特点，机器行为学的研究范式在传统行为科学研究的基础上已经发生了重大变革。虽然这种变革伴随着机器行为学的发展，还未形成系统的方法体系，但是已经可以看到很多的研究案例。本节重点讨论三种基本方法：自然实验方法、计算社会学方法和进化行为学方法。

1．自然实验方法

实验法是证明机器行为因果关系的最有效方法。然而，在很多情境下，存在无法用实验开展研究的问题，这些问题一般被称为根本无法识别的问题（Fundamentally Unidentified Questions，FUQ）。例如，在不同性别或种族对智能机器的态度的因果效应研究中，研究人员是无法改变被试的性别或种族的，因此要考察这样的因果效应，一般情况下只能使用观察数据（即不通过随机实验产生的数据）。这样的实验一般称为自然实验或准实验（Quasi-experiment）。自然实验的最大特点是，对所研究的各种因素几乎无法施加控制。也就是说，自然实验无法将个体随机分配，因此观察得到的结果可能与个体的某些不可观察的因素有关，即不能保证得到的结果是观测个体的平均值。

自然实验方法与前面提到的“回归分析”密切相关，但又有所不同。在实验法和相关分析法中，回归分析的前提是样本是随机分配的，所以可对得到的估计量赋予一个因果解释。然而，自然实验法中的大多数研究针对的是观察到的数据，而不是实验控制条件下随机分配得到的数据，于是研究者提出了条件期望函数（Conditional Expectation Function）来对回归进行度量，以确定其是否可以近似因果关系。

另外，当因果变量的取值超过 2 个并且有一系列控制变量需要给定更复杂情况的时候，自然实验法还会使用条件独立假设（Conditional Independence Assumption）。条件独立假设认为选择偏误（非随机分配）来自可观察的变量，即所有的协变量都是已知的和可被观察的。在这样的情况下，可为每个协变量的取值构造一个因果效应。对这些因果效应应用回归方式“汇总”，就可将条件独立假设转换为需要估计的因果效应。完成这种转换的方法通常有两种：一种是假设估计 $f_i(s)$关于变量 $s$ 是线性的，这种方法除了相加的误差项不同，可以直接获得近似的因果效应。另一种是非线性，它可使用回归中的加权平均工具，并将回归值视为特殊的匹配估计结果。在此基础上，研究者还开发了工具变量方法（Instrumental Variables Method）和双重差分方法（Difference-in-Difference Strategies）等工具，并在经济学等相关领域中得到了广泛应用。2021 年，计量经济学家安格里斯特（J. D. Angrist）和因本斯（G. W. Imbens）因为“自然状态下的因果关系分析方面的方法论贡献”而获得诺贝尔经济学奖。

考虑到机器行为学的研究很多时候难以在实验环境中进行，因此自然实验法将是机器行为学研究的主要方法之一。

2．计算社会学方法

从严格意义上说，计算社会学（Computational Social Science）不是一种方法，而是一种基于大数据的研究工具，其核心在于采用计算机大数据的获取与分析能力构建模型来模拟、分析社会现象。

计算社会学方法可从“实验室研究－实地研究”和“实证研究－模拟研究”两个维度来理解，如图 10.6 所示。

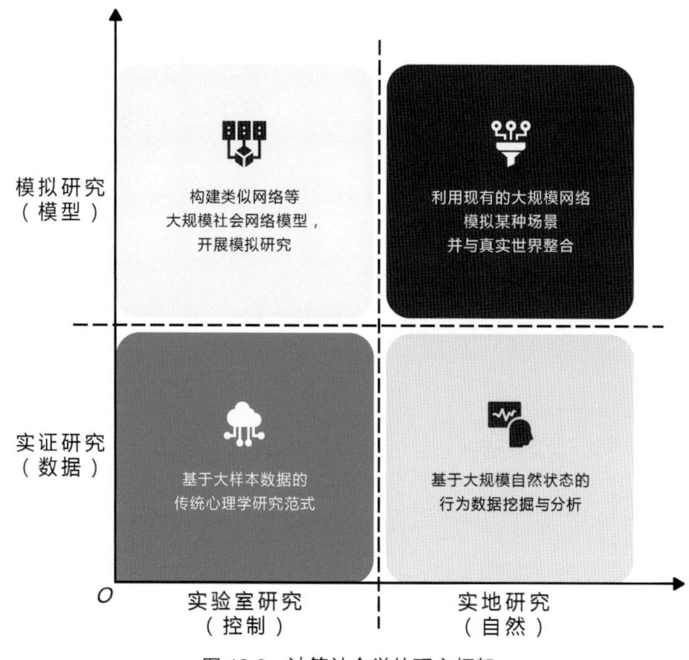


图 10.6　计算社会学的研究框架

在实验室研究－实地研究的维度上，计算社会学的研究既可以在实验室构建虚拟环境来进行，又可以直接在真实的社会网络（如微信的朋友圈）中获取大规模数据来进行，因此可以视为前面提到的自然实验方法的一种具体形式。在实证研究和模拟研究的维度上，实证研究基于数据，模拟研究则需要构建一个虚拟的社会网络或某个理论模型来开展相关的研究。

不管采用上述何种方法，对大规模数据的获取与分析都是计算社会学方法的重要内容。大数据具有“4V”特征：体量（Volume）能够对行为数据进行全量分析；种类（Variety）支持多维度、非结构化数据源，使行为描述更全面；速率（Velocity）通过快速计算，实现对机器和人的行为问题进行快速跟踪甚至实时跟踪；价值（Value）是指数据结果准确且全面，分析结果更有价值。

由于数据类别的不同，大数据分析的方法也不尽相同。例如，文本数据分析一般采用自然语言理解的方法来进行，对图形和动态视频数据则需要采用机器视觉的方法进行。这些方法都是人工智能领域的重要技术，虽然本书中不一一赘述，但是可以说明机器行为学研究方法的跨学科跨领域整合的特点。

对实地研究（自然状态）获得的数据一般需要进行清洗。对互联网上存在的大量虚假信息、机器生成信息，要求研究者对其进行检测，识别出不完整、不准确和不相关的数据，并对其进行替换、修改和删除。数据清理一般使用一定的算法和程序来批量处理，使用数据统计或数据挖掘的方法对数据清洗的结果进行评估。针对不同的数据形式，要采取不同的处理方式。例如，针对重复的数据内容，要做删除处理；针对数据的异常值，要制定规则进行修改或删除处理。修改可能会带来一定的误差，而删除会减少数据的样本量，因此需要根据实际研究需要，遵循科学的程序来开展数据清洗。

3．进化行为学方法

进化行为学是近年来行为科学发展的热点之一，它整合了动物行为学和近年来在心理学领域逐步发展起来的进化心理学等相关内容，因此，进化行为学的理论来源除心理学、社会学等经典行为科学外，还包含达尔文进化理论等。本书第 7 章中讨论的发展模型也基于这样的思想。从方法的角度看，进化行为学的最大特点是整合了来自各种方法和数据来源的研究，如表 10.1 所示。

表 10.1 进化行为学的研究方法与数据来源

| 研究方法 | 数据来源 |
|---|---|
| 1. 物种比较 | 1. 人类学（考古学记录） |
| 2. 跨文化方法 | 2. 采集社会数据 |
| 3. 生理学方法（如磁共振） | 3. 观察 |
| 4. 遗传学与基因检测 | 4. 自我报告（日志） |
| 5. 物种内个体比较 | 5. 生活史数据 |
| 6. 不同情境下的同一个体研究 | 6. 公共记录数据 |
| 7. 经典行为学实验 | 7. 生理数据 |
| | 8. 人造物数据 |

针对机器行为学，进化行为学最有效的研究方法之一是行为的“个体比较”——无论是不同机器还是不同情境的机器行为的比较研究。通常情况下，在开展这样的比较研究时，需要针对不同机器和不同情境的特征，对机器行为的差异进行分析。在分析过程中，需要以一系列理论为指导，如现代进化论、传统社会学、考古学与人类学、人类心理机制、行为分析（包含逻辑、任务、动作等）、适应性问题的组织等。进化行为学方法为机器行为的发展研究奠定了良好的基础。目前，使用进化行为学来开展机器行为的研究还处于探索阶段，在具体方法的理论和应用层面还有不少工作需要完善。

## 讨论

机器行为学研究体系是一个多学科交叉融合的方法体系。前文提到，从机器行为的发展看，开始研究机器行为的人一般是设计这些机器的计算机科学家和工程师，他们可以是优秀的数学家、架构师和工程师，但是他们基本上不具备行为科学的研究基础。相反，行为学家具有上述方法基础，很难对某个领域中智能机器的质量和可靠性等进行评估，因为他们缺少算法所必要的专业知识。

1．结合自己的专业背景，思考如何发挥自身专业背景的特点开展机器行为学研究。

2．从人为事物的科学角度，思考机器行为学与经典科学中的物理学和生理学有何异同。

3．因果关系是科学研究最重要也最有效的关系。智能科学家、行为科学家和设计研究者都会尝试获得变量之间的因果关系。思考不同研究背景与研究方法对因果关系的支持情况的差异。

# 11 设计

## 创新与创造

除了来自行为科学及相关领域的研究方法，机器行为学在设计和计算机领域的相关方法也非常重要，特别是作为“人为事物”的设计（Designing）方法本身的机器行为设计（Machine Behaviour Design，MBD），既是机器行为学的重要组成部分，又是机器行为学“追求实用”研究的核心。本章从行为设计创造的角度，讨论机器行为的设计方法。机器行为设计的出发点是智能机器对人与社会的影响和作用，因此，以人为中心的设计（Human-Centered Design，HCD）和以人为本的人工智能（Human-centered AI，HAI）是机器行为设计的核心。本章首先介绍总体的设计流程与评估方法，然后在此基础上基于机器行为模型（内部、外部、静态）的设计方法展开讨论。

### 11.1 以人为中心的机器行为设计流程

传统的算法和系统设计以性能为目标，进而实现工程技术指标。以人为中心的设计提出将“人”作为设计开发的目标，并以此为基础建立不同的设计流程模型，这与机器行为学的思想不谋而合。在传统的以人为中心的设计流程的基础上，基于机器行为设计的特点，本书提出了“探索（Explore）－定义（Define）－设计（Design）－评估（Evaluate）－成长（Grow）”的以人为中心的机器行为设计流程（见图 11.1），这个流程的核心是将机器行为对人与社会的影响作为设计的核心要素，而不仅仅考虑性能本身的问题。

图 11.1 以人为中心的机器行为设计流程

1．探索

“探索”是以人为中心设计的核心。从智能科学与信息工程的角度看，所有智能系统的开发都是为了实现某种功能，满足人类的某种需求。从设计学和行为科学的层面看，人类的需求、情感、体验是复杂的，仅仅满足需求是不够的，需要通过设计去创造需求。因此，机器行为学在探索阶段，需要在了解系统算法可以解决的问题的基础上，开展人的因素和社会因素的相关研究，形成类似于需求清单（Feature List）等探索结果的输出物。

2．定义

定义阶段是机器行为（算法）设计的核心阶段，这个阶段主要构建机器行为的模型，最终定义机器行为相关算法的输入/输出，以及相关的人的因素方面的要求。本阶段的核心是从人的角度出发，定义系统使用的流程，以及机器行为对人类和社会的影响作用模型。这些定义决定了智能机器算法和系统的基本功能与框架，因此比较接近类似的算法架构、软件架构，只是其目标是人与社会的需求，而不是技术性能。

3．设计

设计阶段分为两个方面。从外部行为和静态行为的角度看，设计就是构建概念原型或工作原型（Prototype）；从内部行为的角度看，设计就是建立小样本数据，应用和分析模型与相关的算法。总体而言，机器行为的设计是小样本的和实验性质的，是对未来最终产品设计的预想。然而，在很多时候，机器行为的设计在真实的用户环境下进行，如测试版系统，这就使得设计过程可能直接作用于人与社会，因此需要小心地评估机器行为设计对人与社会的影响，并在此基础上开展设计工作。

4．评估

评估阶段基于设计所构建的原型、数据、模型、算法等，通过监控或实验的方法，对其运行和使用情况进行分析，重点是其对人类和社会的影响与作用，并在此基础上优化、调整算法模型和原型等。

5．成长

机器行为具有智能系统与算法自我迭代和进化的特征，因此机器行为的成长是机器行为设计不可避免的环节。很多时候，机器行为学在真实的环境下开展设计与研究，观察运行的结果对人与社会的影响和作用，并据此调整样本、算法、训练策略等，使之更好地适应和进化。成长过程中的一个难点是，对不可预测的机器行为的预先判断和应对。

## 11.2　设计－评估的迭代方法

基于以人为中心的机器行为设计流程，以人为中心的机器行为设计方法的核心是，采用“设计－评估－再设计－再评估”作为推进设计的方法（见图 11.2）。这样的传统可以追溯到 20 世纪七八十年代的图形用户界面（GUI）设计。至今，基于可用性的这种评估技术仍然在互联网、软件等行业被广泛使用。“机器行为学”在构建全新的智能算法或智能交互的过程中，也经常采用类似的方法，以便快速迭代设计的机器、算法等。

机器行为学的评估集中于人与社会因素，其方法具有多样性，包括专家评估、用户可用性测试、人因研究等。在上述方法中，除了专家评估，其他方法一般需要用户参与。因此，建立用户可感知或可操作的评估原型是这种迭代方法的前提。

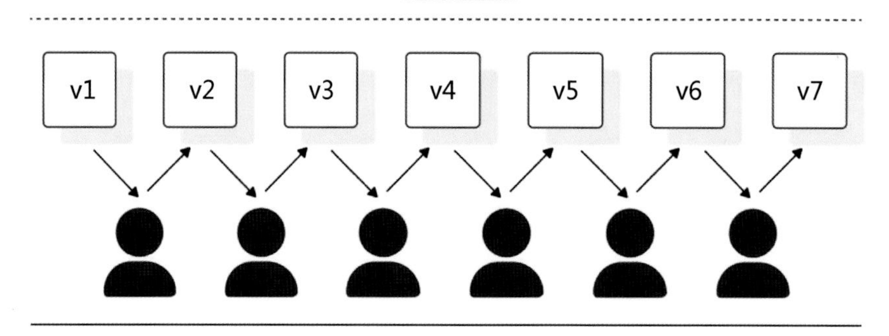


图 11.2 “设计－评估－再设计－再评估”迭代框架

1．专家评估

专家评估是评估技术中最有效的方法之一，其成本低、效率高，不仅适用于机器算法已经设计完成之后，而且适用于机器设计的前期，特别是初始阶段。最常用的专家评估方法是 1990 年由尼尔森（J. Nilson）等提出的启发式评估（Heuristic Evaluation），其基本原理是，评估专家根据一些通用的原则和自己的经验来发现问题，改进设计方案。例如，针对软件类机器行为，常用的启发式评估原则包括“人为系统应该符合用户的真实世界”“一致性与标准性”“防止错误”“识别而非回忆”等，并在此基础上建立机器行为设计的准则，作为评估的标准。关于标准和指标的问题，详见第 12 章。

在发现问题方面，专家评估一般具有较高的效率，1 名评估专家可以发现 35%的问题，5 名评估专家则可以发现 75%的问题，高于后面将要介绍的可用性测试。然而，专家评估也存在一些不足，其中最突出的问题是专家评估可能出现“过评估”问题，即提出的问题太多，很多问题从真实用户的角度看其实不是问题。

2．可用性测试

目前，可用性测试是以人为中心设计运用广泛的方法之一，其核心是通过真实的人（用户）对机器的使用进行观察，发现出现的各类错误或问题，并针对问题提出改进建议，进而快速推进机器和系统的设计与开发。目前，可用性测试一般采用的方法是快速迭代测试评估（Rapid Iterative Testing Evaluation，RITE）。可用性测试最大的优点是快速、低成本。根据尼尔森等的经验数据，6～10 名用户就可以发现超过 70%的可用性问题。

可用性测试关注的是用户的行为与心理活动。用户行为可以通过观察方法获得。例如，一名用户在完成某个操作时，暂停在某个任务节点，任务中断，说明这里用户有无法解决的问题。用户心理活动一般采用口语分析（Protocol Analysis）方法进行。口语分析基于用户的有声思考（Think Aloud），即一边执行任务，一边大声说出心理活动。当然，完成任务后的满意度和体验问卷也是比较有效的方法。

上述“设计－评估”的迭代方法的突出特点是，即使没有掌握具体的以人为中心的设计的知识，通过标准化的评估方法也可直接从结果导向的角度获得设计的改进建议，因此对快速的机器行为设计非常有效。当然，可用性测试的缺陷也非常突出：设计师在整个设计过程中处于被动地位，只能根据评估结果进行改进，缺少设计师的直觉和创新因素，且出现问题的原因也可能无法探查，因此对设计具有突破性的机器行为存在较大的局限性。

3．人因研究

与专家评估和可用性测试相比，人因研究更注重研究人的作业和人的能力等方面的内容。在方法层面，人因研究与第 10 章的研究方法有诸多重叠之处，主要采用观察、实验和相关分析，只是人因研究属于支持设计的研究（Research for Design）。中国载人航天工程副总设计师陈善广研究员总结了人因研究的关键科学问题，包括人的作业能力特性、人因可靠性与安全性、人因设计指标和评测方法、人机系统建模与仿真等。在这些科学问题中，建立人因的设计指标，建立设计与评估方法是机器行为设计的关键，深刻反映了人因研究支持设计的特点。

同时，在研究层次（见第 12 章）上，人因研究更多地侧重于安全和效能领域，对机器行为设计关于情感、体验和伦理等层面的研究相对较少。

## 11.3 内部行为设计

1．以人为中心的效用模型

从经典人工智能的观点看，智能主体的核心是其“合理性”，这是一种基于效用（Utility）的模型。然而，合理性的概念不完全等同于人类与社会的价值和目标。因此，机器行为学需要围绕人与社会要素，解决不同情境下的人与社会问题，并结合人为事物的外部环境的适应性属性，构建以人为中心的效用模型。从方法的角度看，机器内部行为的设计和智能算法与模型设计是一致的，最大的不同是将“人与社会因素作为设计目标”。从人工智能或深度学习设计过程看，机器行为设计采用的“以人为中心的策略”，从探索与定义、数据收集与清洗、模型算法构建与训练、反馈与控制几个不同的设计阶段，提出了 17 种设计策略与方法（见表 11.1）。

表 11.1 机器行为设计策略与方法（基于设计阶段）

| 设计阶段 | 设计策略和方法 |
|---|---|
| 探索与定义 | 1. 从人与社会的角度提出问题，分析机器行为满足人类需求的独特价值<br>2. 人机任务分配，判断与评估任务类型<br>3. 设置人因函数，在功能和性能满足的基础上，定义人与社会价值的目标函数 |
| 数据收集与清洗 | 4. 从人的因素的角度，确定训练模型所需的数据<br>5. 数据收集与标注对人的隐私及社会规范造成的影响分析<br>6. 数据运行和处理期间的解释<br>7. 确保数据运行结果与人和社会目标一致 |

（续表）

| 设计阶段 | 设计策略和方法 |
|---|---|
| 模型算法构建与训练 | 8. 帮助人理解算法，对算法运行机制进行基于人的因素的适配与优化<br>9. 分析机器行为对人类决策的影响，判断系统需要向人类提供的可信阈限<br>10. 机器行为算法符合人的心理模型<br>11. 机器行为的结果满足人类的心理预期及人类社会发展的需要<br>12. 训练过程是否需要人的参与及人如何参与 |
| 反馈与控制 | 13. 构建人类反馈与算法改进的循环，将反馈与模型迭代结合<br>14. 在合适的时机将机器反馈的结果提供给人类<br>15. 机器行为适应人类的行为<br>16. 针对用户错误和失败，调整模型、算法等<br>17. 分析出人意料的结果对人类的影响和作用 |

上述策略与方法总体会因人与社会因素的复杂性而带来较为复杂的情境。例如，经典的人类赌博行为中涉及金钱的效用问题，即经济学中的期望货币价值（EMV）。最经典的案例是在常见的电视节目中，主持人为参与者提供两种选择：①直接拿走 10000 元；②选择赌一把，有 50%的机会拿走 30000 元。从行为科学的角度看，大多数人会选择“直接拿走 10000 元”。于是，参加和拒绝赌博的效用算法就可表示为

$$\text{接受 } \mathrm{EU}(A) = 1/2(U(S_k)) + 1/2(U(S_{k+30000}))$$

$$\text{拒绝 } \mathrm{EU}(D) = U(S_{k+10000})$$

从经济学的角度看，金钱的效用几乎正好与金钱数量的对数成正比，于是构建了经济学的金钱效用模型。然而，人类的行为存在大量的非理性因素，按照西蒙的观点，这些因素被称为有限理性，或者被称为有先兆的非理性。经典的案例是在期望货币价值基础上的阿莱悖论（Allais Paradox），其核心也是人们在两次抽奖中进行选择的情境，如下所示。

抽奖 1：(a)10%的机会获得 500 万元；(b)89%的机会获得 100 万元；(c)1%的机会什么也得不到。

抽奖 2：(d)100%的机会获得 100 万元。

在实际情况下，大多数人会选择“抽奖 2”。这种偏好很难用数学方法来解释。但是，行为科学角度的解释即所谓的确定效应问题。上述两个相关的案例反映了将人与社会作为效用函数时可能面临的复杂情境。

2．功能与服务设计

如果超越算法本身，在宏观层面对机器行为进行设计，那么就是机器的功能与服务设计。

功能设计主要从技术角度出发开展机器内部设计，核心是机器行为与环境适应的相关问题。功能设计在方法层面的核心是建立某个机器或系统的功能清单，如湖南大学完成的华为电影海报自动生成智能系统的功能清单（见表 11.2）。功能清单提供了关于某个机器或系统的基本内容，为后续的机器行为设计奠定了基础。

表 11.2 华为电影海报自动生成智能系统功能清单（湖南大学，2018）

| 功能模块 | 子模块 | 名 称 | 描 述 | 优先级 |
|---|---|---|---|---|
| 智能图像生成 | 图像生成 | 智能生成 | 利用素材一键智能生成图像 | 高 |
| | 图像生成结果筛选 | 筛选 | 生成多幅图像并提供筛选功能 | 高 |
| | 图像生成元素设置与添加 | 图像设置 | 设定生成素材的选取等其他条件 | 中 |
| | 修改生成图像 | 编辑 | 人为调整生成的图像 | 中 |
| 生成作品 | 生成图像标记 | 图像标记 | 对生成图像进行标记，如喜欢、不喜欢 | 中 |
| | 标记图像集合 | 文件夹 | 对标记的图像以文件夹等形式呈现 | 低 |
| 提交作品 | 已提交生成图像记录 | 我的提交 | 查看已提交的生成图像 | 低 |
| 需求生成 | 自动生成 | 需求生成 | 识别需求形成规范需求文档 | 高 |
| | 需求版本记录 | 历史需求 | 查看历史需求记录 | 高 |
| | 需求完成记录 | 需求统计 | 需求完成情况的可视化呈现 | 中 |

服务设计是功能设计的另一种形式。机器行为学中的服务设计基于服务中的人与社会的因素和需求，充分考虑整个（服务）过程乃至全生命周期中的所有相关方（Stakeholders），并将机器与相关方的触点（Touch Point）作为服务设计的核心。图 11.3 中显示了湖南大学完成的百度自动驾驶出租车的服务设计触点图。

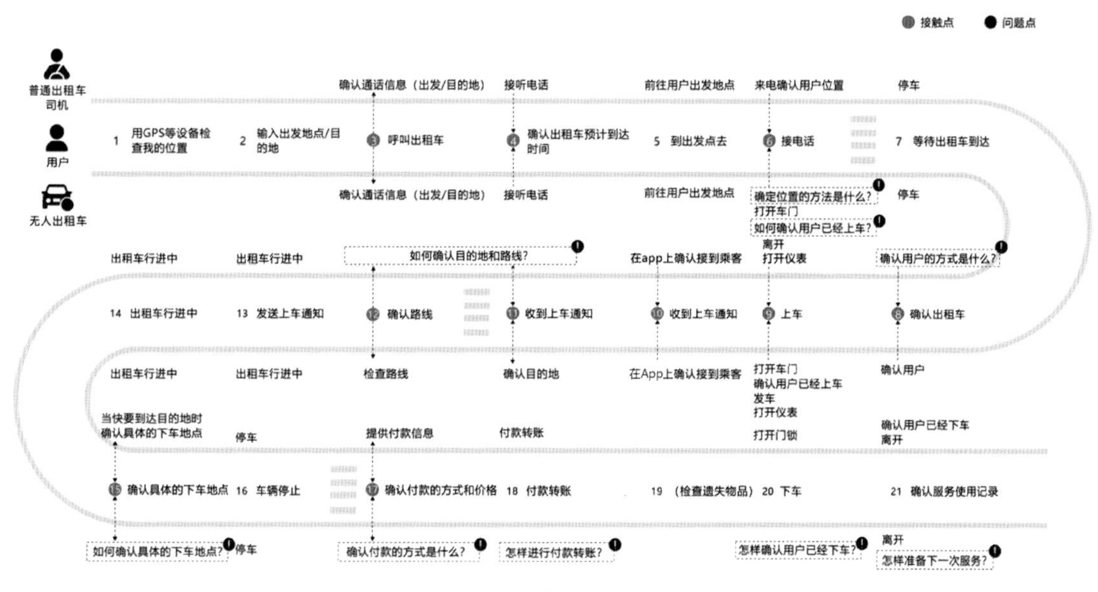


图 11.3 百度自动驾驶出租车的服务设计触点图（湖南大学，2019）

当前，服务设计基本形成了一套完整的设计理论与方法，其中的方法除了触点图，还包含服务路径走查、角色分析、服务设计蓝图、故事板等。部分方法与后续的交互行为设计有关联之处。

## 11.4 交互行为设计

1．任务分析

在宏观的机器交互行为流程设计中，最基本的方法是任务分析法（Task Analysis）。根据任务的情境差异，任务分析法分为面向流程的层次化任务分析和面向对象的情景任务分析。面向流程的层次化任务分析是应用最广泛的任务分析方法，其核心是首先将任务分解为若干子任务，然后将子任务进一步分解为更细的任务，再后将它们组织成一个执行序列（即“面向过程”），以说明实际情况下人和机器的行为情况。一般来说，面向流程的层次化任务分析分为三个步骤：确定任务、描述任务和建立工作模型（见图 11.4）。面向对象的情景任务分析和面向流程的层次化任务分析的最大区别是，前者直接对人交互的对象（智能机器）进行任务分析，关注设计对象，后者强调人的任务的分解。面向对象的情景任务分析认为，产品是由一系列对象组成的，这些对象组合起来达到某些特定的功能，智能机器的任务就是完成或实现这些特定的功能。面向对象的情景任务分析不将任务构建成工作模型，而建立某种机器行为的情景。面向对象的情景任务分析与交互设计中的“用例”概念密切相关。

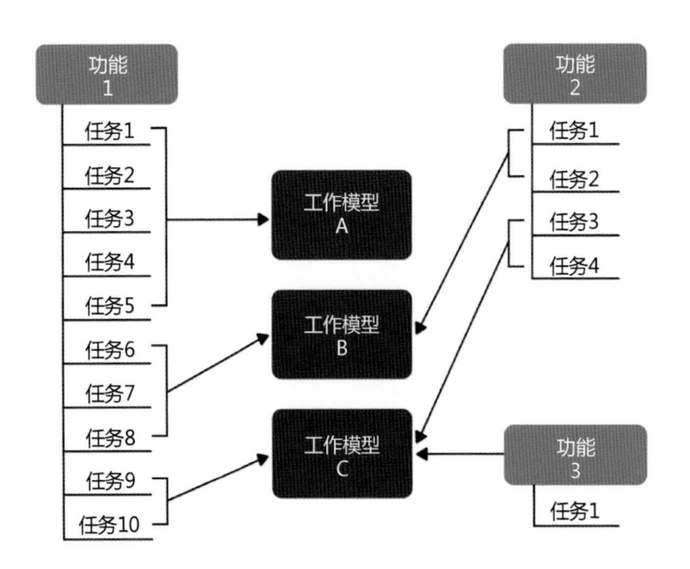


图 11.4 任务分析（赵江洪、谭浩等，2006）

2．用例

用例（Use Case）是交互行为流程设计的重要工具，主要是对系统如何反应外界请求的描述。每个用例都提供一个或多个情景，情景说明智能机器是如何和人或其他智能机器互动的，也就是谁可以用智能机器做什么，进而获得一个明确的功能目标。用例的核心是描述机器行为的目标、动作和结果，将机器行为描述为对一名演员（Actor）的反应，这对机器行为设计是非常明确的。特别需要说明的是，关于机器行为的用例，一般还是以人作为主语来描述的，因为这种方式更利于用例的使用。

用例可以表示为叙述的格式（见表 11.3），也可以用图表的方式表现（见图 11.5），一般包含三个要素：参与者、用例和连接组件。

表 11.3 叙述格式的用例

| 用户故事 | |
|---|---|
| 上个周末，张翠雯在江边拍摄了一张漂亮的照片。使用智能相片处理软件 XPhotoeditor 处理照片后，她将照片上传到了 Photoshare 照片分享平台。当她的朋友评论这张照片时，她很开心，因为有一种得到认可的感觉。回到办公室后，她收到了一封来自王小满的邮件，这封邮件触动了她有关这张照片的记忆，因为王小满那天与她在一起。张翠雯想知道是否有人看过或评论过这张照片。通过使用自己添加到浏览器上的书签导航，她发现照片已有一个“新评论”的标记。张翠雯点击照片后，进入详细页面，看到一个称为“美丽心情”的人写道：“这真是有趣的照片。”张翠雯笑了，喝着咖啡并继续检查她的电子邮件。 | |
| **暗示用户故事通过本例引发** | |
| 照片拥有者运用智能相片处理软件 XPhotoeditor 进行了修图 | |
| 照片拥有者在他人的评论上评论 | |
| 浏览者收到照片拥有者已共享照片的通知 | |
| 建议有一个捕获最近已评论照片的“信息服务” | |
| 这类活动将显示在 Photoshare 照片分享平台的首页，以“你有一封新邮件”的方式提醒浏览者 | |
| **照片拥有者的行为** | **照片浏览者的行为** |
| 智能照片处理 | 查看照片 |
| 朋友的分享邀请 | 查看幻灯 |
| 查看他人的邮件 | 限时查看 |
| 查看评论 | 浏览照片 |
| 评论他人的评论 | 搜索照片 |
| | 浏览搜索结果 |
| | 阅读描述 |
| | 留言与评论 |

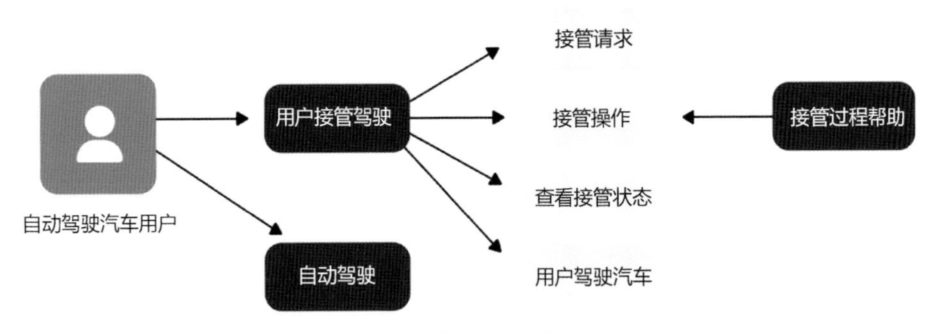


图 11.5 图表方式表达的用例

3．流程图

流程图是经典的流程设计方法。在设计过程中，流程图能够清楚地展示机器的各种任务操作的过程，直观地描述某一机器行为所需的步骤和顺序，有助于设计师梳理人与机器行为的细节，观察人使用智能机器的行为、体验等，对智能机器的流程与逻辑设计具有直接的支持作用（见图 11.6）。同时，流程图能够当作“检查清单”并挽救智能系统发布后可能的“设计陷阱”。

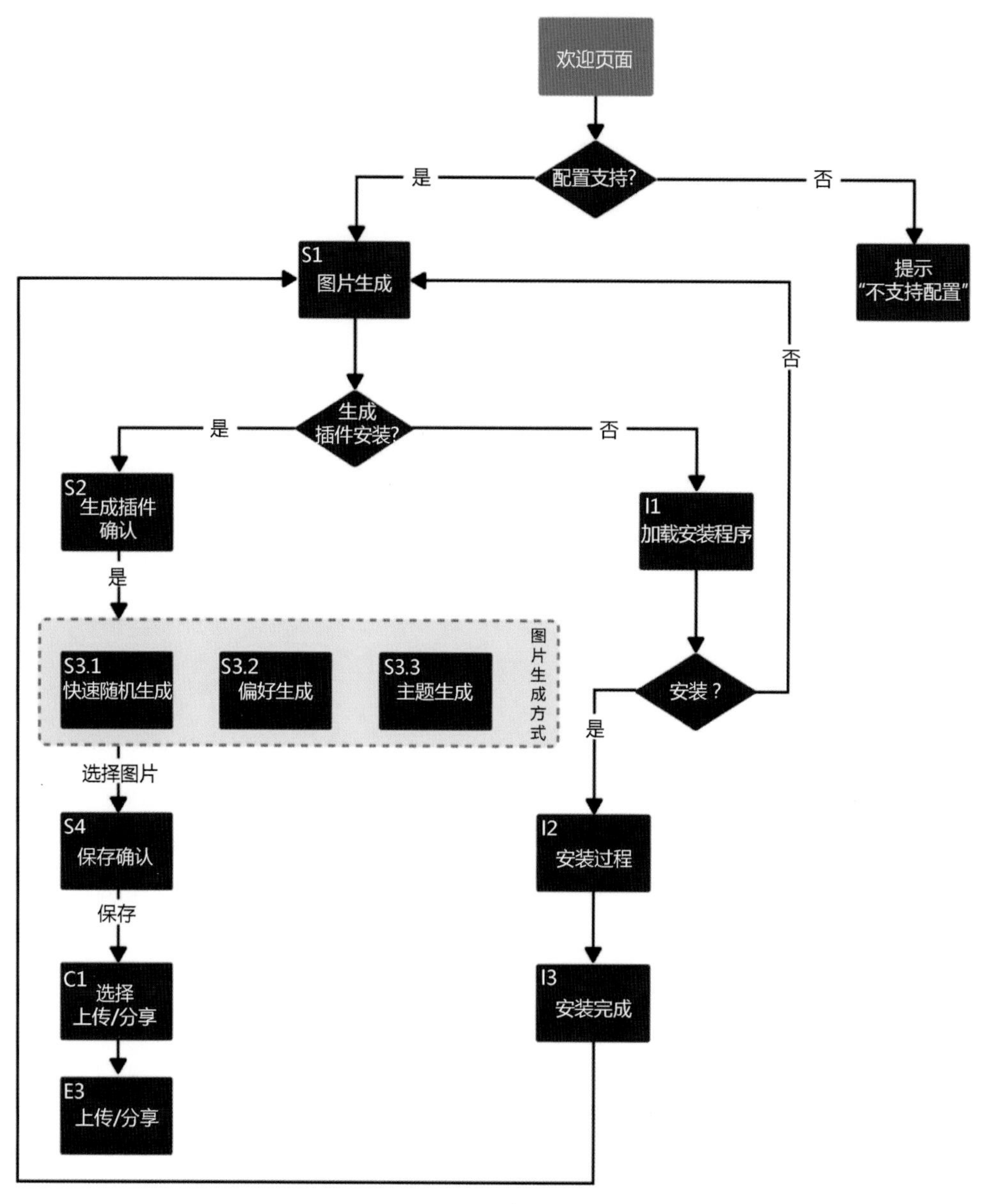


图 11.6　流程图

4．动素分析

机器行为中的微观动作设计一般以“动素”的方式进行，动素是构成人或机器操作活动的最小动作单元。美国机械工程师学会（ASME）将人的动作分为 18 种（见表 11.4)。这种方法也适用于机器。从操作的作用说，人或机器的动作可以分为三类：必需动作（第 1～8 项)、准备动作（第 9～14 项）和无效动作（第 15～18 项)。

表 11.4 动素分类表（基于 ASME 整理）

| 类 别 | 动素名称 | 形象符号 | 代 号 | 定 义 |
|---|---|---|---|---|
| 第一类 | 伸手 | | RE | 接近或远离目的物的动作 |
| | 抓握 | | G | 握住目的物的动作 |
| | 移物 | | TL | 保持目的物由某一位置移至另一位置的动作 |
| | 装配 | | A | 使两个目的物相结合的动作 |
| | 使用 | | U | 借用器具或设备改变目的物的动作 |
| | 拆卸 | | DA | 将一个目的物变为两个以上目的物的动作 |
| | 放开 | | RL | 放下目的物的动作 |
| | 检查 | | I | 将目的物与规定标准相比较的动作 |
| 第二类 | 寻找 | | SH | 为确定目的物的位置而进行的动作 |
| | 选择 | | ST | 选定目的物的动作 |
| | 计划 | | PN | 考虑作业方法而延迟的动作 |
| | 对准 | | P | 便于使用目的物而校正位置的动作 |
| | 预置 | | PP | 调整对象物使之与某一轴线或方向相适合 |
| | 发现 | | F | 寻找到目的物的状态 |
| 第四类 | 拿住 | | H | 保持目的物的状态 |
| | 休息 | | R | 不含有用动作而以休息为目的的动作 |
| | 不可避免的延迟 | | UD | 不含有用动作但作业本身不可以控制的延迟 |
| | 可以避免的延迟 | | AD | 不含有用动作但作业本身可以控制的延迟 |

## 11.5 信息与界面设计

1．卡片分类

信息与界面设计的首要任务是对信息进行层次和聚类分析，以便将信息有效传递给人们。卡片分类是帮助设计师理解和组织信息的有效手段，其方法是：将信息写到卡片上，要求参与者不断地对卡片进行分组并描述分组，进而组织信息（见图 11.7)。这是信息内容与层次的设计方法。

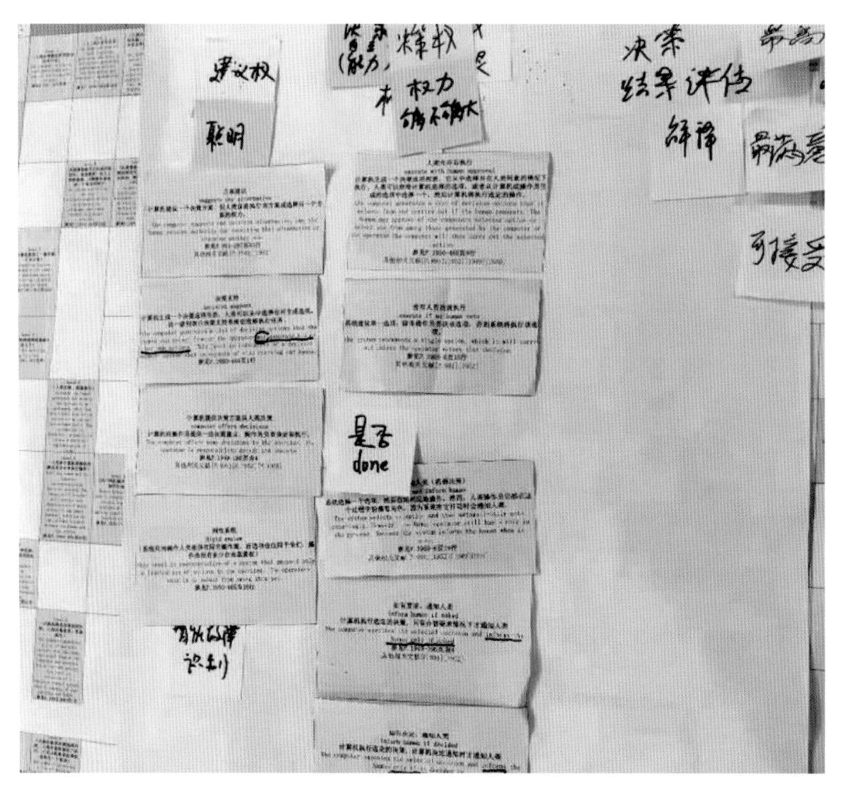


图 11.7　湖南大学－华为联合设计工作坊卡片分类现场图（基于保密因素做了适当处理）

2．格式塔方法

基于信息层次和组织，格式塔方法在视觉层面进行信息架构（Information Architecture）的设计，通过形状、颜色、方向、尺寸等建立视觉元素的差异（见图 11.8）。这是信息在传达层次上的设计方法。

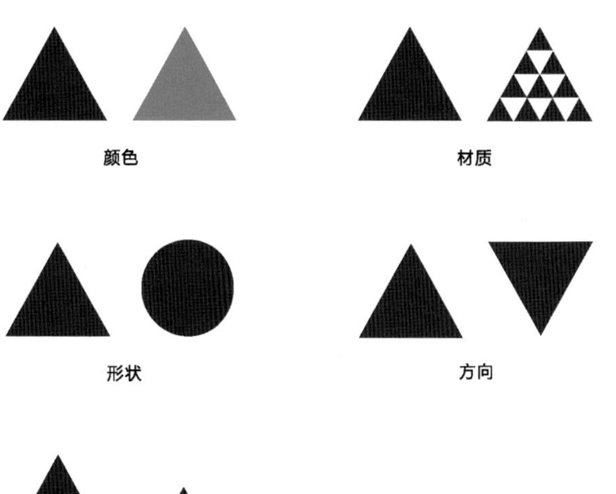


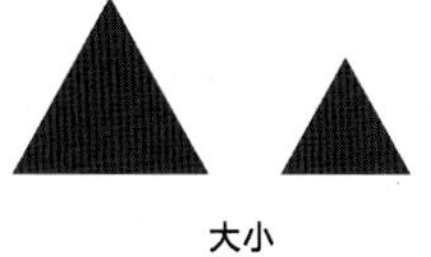


图 11.8　格式塔方法建立视觉层次

（图片来源：Yahoo UED，2006）

3．线框图

线框图是特定用户界面的大致规划，是信息设计的重要环节，主要用于信息位置、类别、排序、层次等方面的设计。根据精细程度的差异，线框图分为四个不同的层次——草图、信息块、有限细节、高精度界面（见图 11.9）。线框图提供了关于机器行为界面外观的过程解决方案。

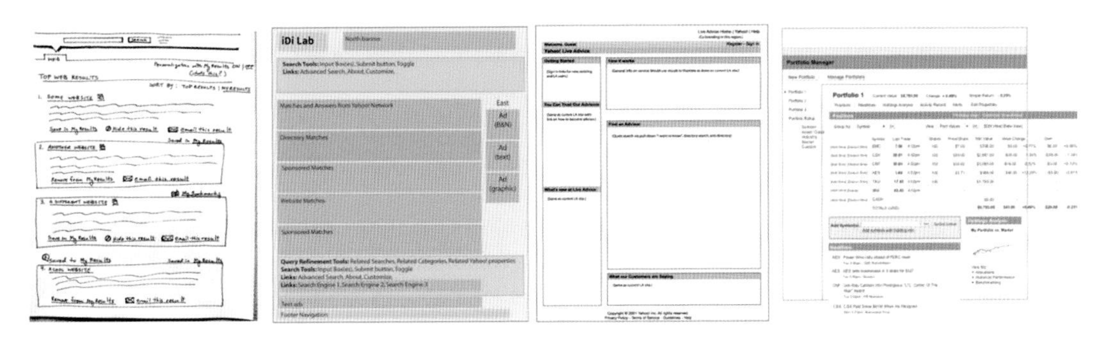


图 11.9 线框图（图片来源：Yahoo UED，2006）。从左到右分别为草图、信息块、有限细节、高精度界面

4．情绪板与界面设计

在高精度线框图的基础上，最终的界面设计主要设计视觉风格，一般先建立情绪板，然后完成界面设计，反映了机器行为设计的艺术属性。

情绪板是颜色、照片、数字资源或其他引起情绪响应的材料收集，帮助设计师探索和定义视觉风格。图 11.10、图 11.11 和图 11.12 就是微软智能广告发布平台的评估工具的情绪版、视觉风格定义与界面设计。

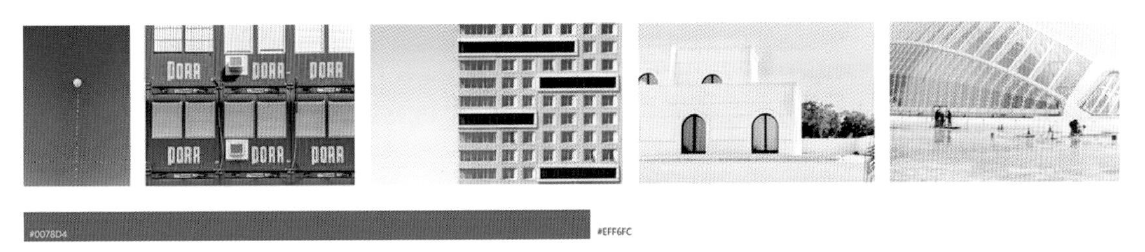


图 11.10 微软智能广告发布平台的评估工具的情绪版（陈聪，2021）

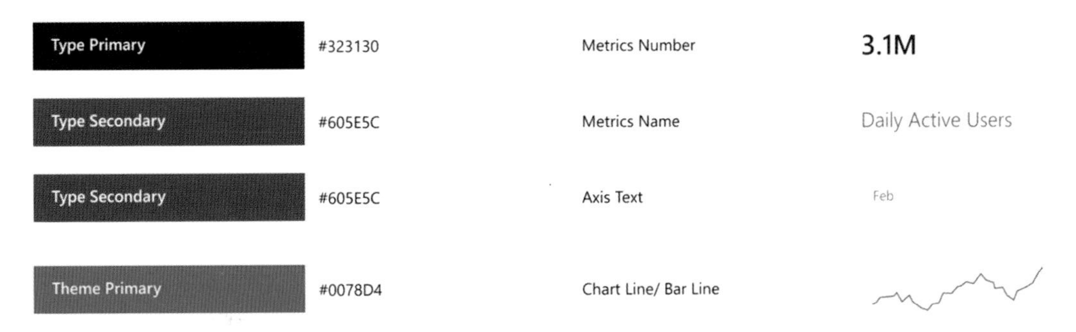


图 11.11 微软智能广告发布平台的评估工具的视觉风格定义（陈聪，2021）

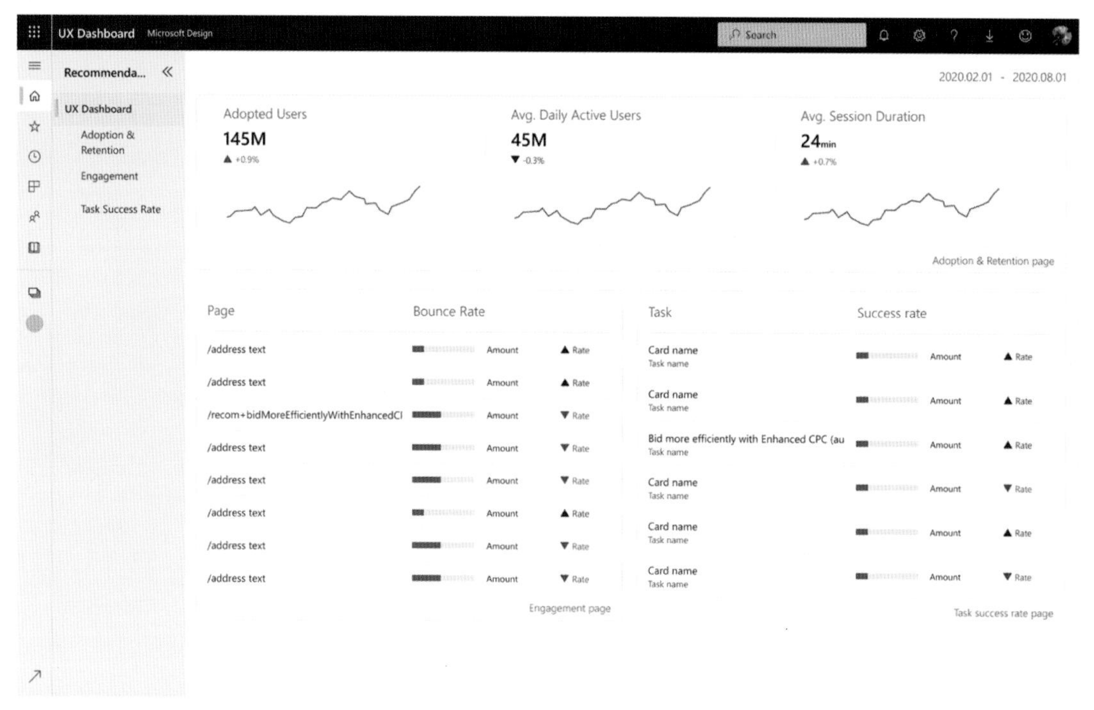


图 11.12　微软智能广告发布平台的评估工具的界面设计（陈聪，2021）

## 11.6　静态行为设计

智能机器的静态行为——形态（Styling）设计也非常重要。例如，不同的拟人程度的智能机器人给人的感觉完全不同。通过造型等外在要素来表达机器的品质、性能、使用等内在要求，一般被称为工业设计。需要说明的是，造型仅是工业设计的一个方面，当代工业设计的内涵已经远远超出造型设计的范畴。

工业设计方法的核心是设计表现方法，根据设计表达方式的差异，可分为草图、效果图、模型、色材料工艺（CMF）等范畴。

草图主要用于设计前期，通过草图可以快速地表现设计概念与理念，一般以手绘的方式进行（见图 11.13）。

效果图的核心是表达效果（Expression），主要用于设计中期，通过平面设计软件（如 Photoshop 等）或三维设计软件（如 Alias 等）来绘制，主要表达设计的主题、风格等（见图 11.14）。

模型属于细节设计阶段，用于详细设计造型与结构（见图 11.15）。模型设计包括数字模型和物理模型的设计，主要表现设计的细节，直到造型冻结为止。

造型冻结后，即进入工程设计阶段。在这个阶段，机器的工业设计主要涉及产品色彩、材料与工艺的设计（见图 11.16）。

工业设计是一个完整的系统流程，很多时候，工业设计通过流程全面控制机器形态设计的质量。图 11.17 所示为东风汽车数字化工业设计流程。

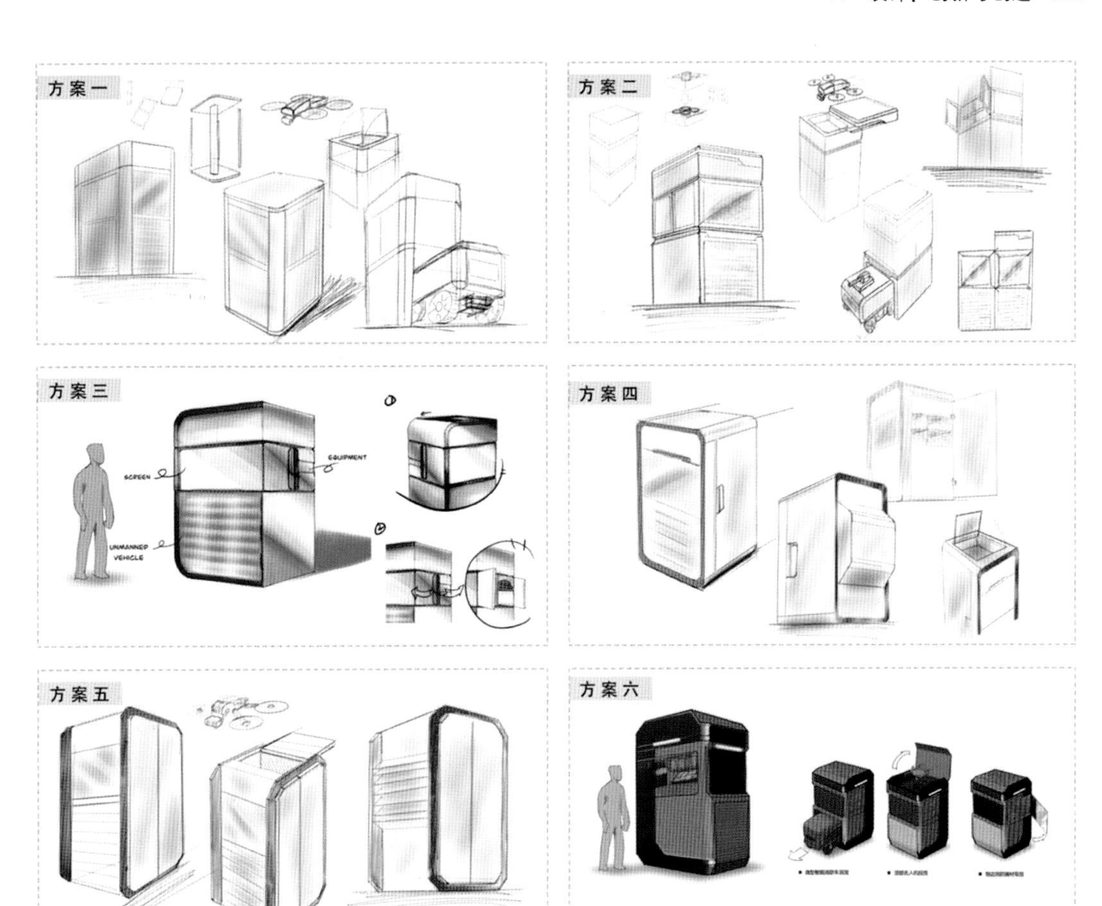


图 11.13 智慧应急消防站草图（马超民、郭栋栋、乔志等，2022）

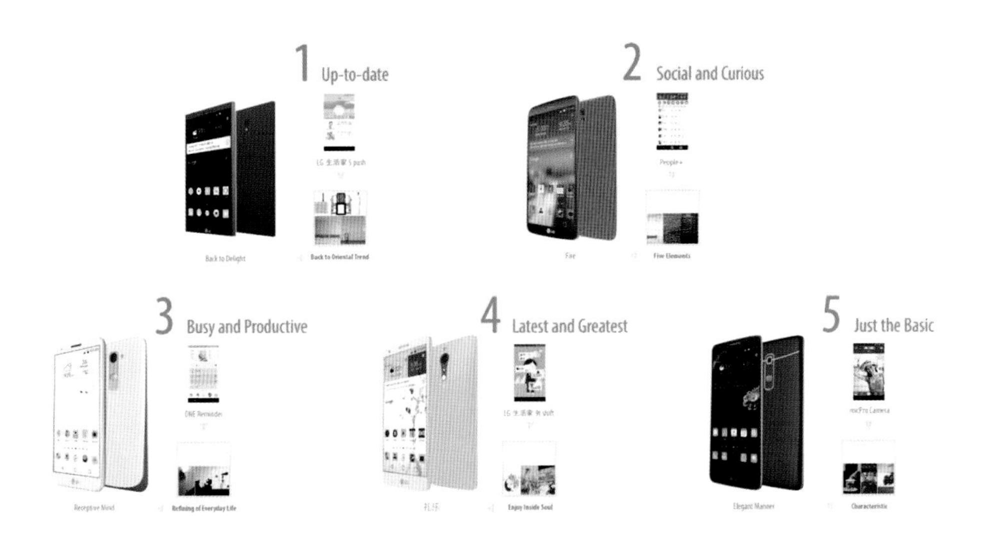


图 11.14 LG 智能手机设计主题及产品效果图（王肖苑等，2015）

图 11.15　汽车油泥模型（图片来源：赵丹华）

图 11.16　某品牌汽车色彩材料设计（赵丹华等，2010）

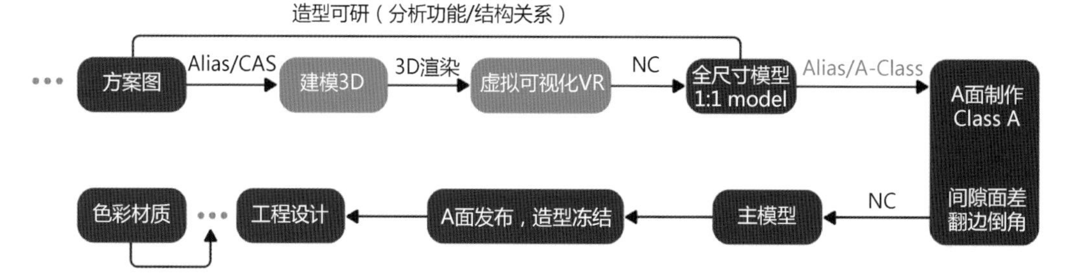


图 11.17　东风汽车数字化工业设计流程（东风汽车，2017）

在具体的设计研究方法上，机器形态设计主要包含设计符号、设计形态等研究方法。

设计符号（Semiotics）以符号的形式对设计要素进行研究与分析，与之对应的有设计符号的二元模型（形式与意义）或三元模型（媒介、对象、解释）等。设计符号的核心是将设计者表达的意义与人的理解匹配起来，近似于一个编解码过程。因此，在研究方法上，主要考察意义理解和传播的正确性、有效性、感受性等。机器外部行为设计中的拟人设计就是典型的设计符号方法，比较经典的方法包括概念混淆矩阵、语义差异法等。另外，感性工学（Kansei Engineering）——也称感性设计（Affective Design），也是常用的工业设计符号相关的方法。

设计形态（Morphology）的核心是将一个机器的总体形态分解为若干组成部分后，分别开展研究。设计形态的原则包括统一与多样、平衡与节奏、比例与尺度等。总体而言，设计形态的方法是一种定性方法，它根据形态间的关系来开展外部机器设计与创新。前面提到的格式塔方法的很多原则在设计形态中也有广泛的应用，如连续、相似、重复、图底关系等。

## 讨论

李斯威克说：“设计是从无到有的创造，创造新的、有用的事物。”设计关心事物应当怎样，创造新的东西。对于科学与设计的关系，有两种截然相反的观点。一种观点认为知识是科学，任何设计若要获得成功，就必须应用到科学。机器行为学的研究也就是为了创造机器行为服务的。另一种观点认为，设计虽然要用到一些科学知识，但它很大程度上是一种基于人的洞察和直觉的创造，是一种艺术。

1. 针对上面的两种观点，谈谈你的看法。

2. 创新是设计的灵魂。思考本章的方法是如何对设计师创造机器行为的创新活动提供支持的。

3. 机器内部行为、机器外部行为和机器静态行为在设计上有何异同？机器行为的设计是否可能存在一种通用的设计方法？

# 12 原则
## 问题、指标与情境

### 12.1 定义问题

定义问题是指用假设形式提出某个问题。基本的假设形式有两种：第一种是，如果 $A$，那么 $B$。例如，如果要人们接受自动驾驶汽车，那么事故率需要低于百万分之一。第二种是，$B=f(A)$，即 $A$ 与 $B$ 之间的某种关系。例如，人的知识水平及其对社交机器人接受程度间的函数关系。

具体而言，机器行为学的研究问题分为五个方面（见图 12.1）。

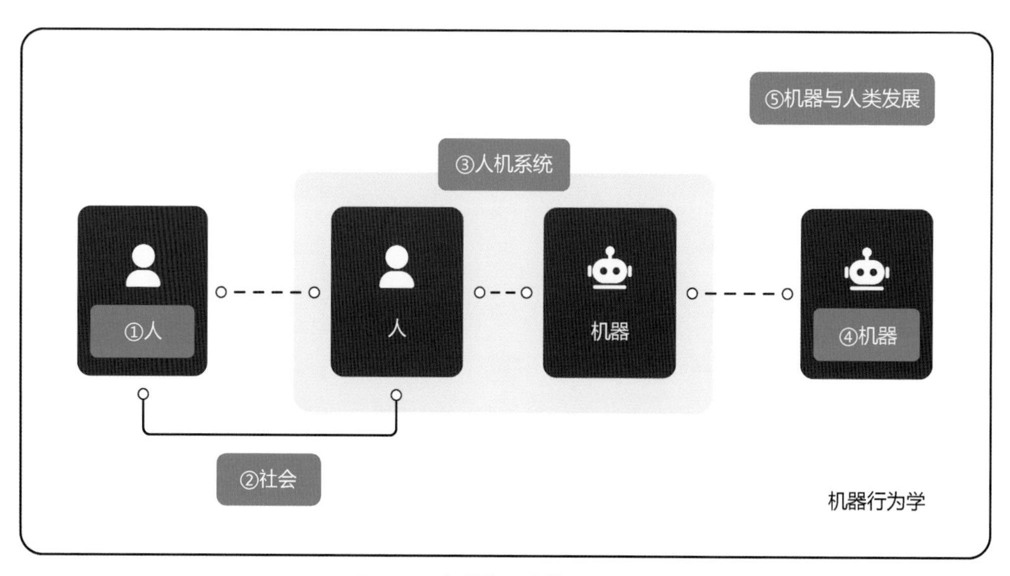


图 12.1 机器行为学的研究问题

1．人

人的因素总体而言属于经典行为科学范畴，也是机器行为学研究问题的基础。人的因素基于心理学特别是工程心理学的研究体系，研究问题包含人的尺寸、人的感知与动作（视觉、听觉、运动）、人的认知（记忆、决策等）、生理心理状态（疲劳、觉醒等）、行为与心理（有限理性等）、人的感性因素（情感、体验等）、人的发展（学习、个性等）等，每个问题都在行为科学领域形成一个完整的研究体系，都有着相应的理论模型。

2．社会

社会因素基于社会学的研究体系，包括社会（群体）组织、社会过程（如合作、竞争、影响等）、社会角色、文化等很多不同的领域。很多社会学的细节问题往往受到机器行为学的关注，如人工智能的伦理问题、道德困境问题等。

3．人机系统

从机器行为学的角度看，人机系统的机器是智能机器，可以开展独立的行为。然而，人机系统的核心要素仍然是系统中的人。因此，机器行为学的人机系统问题都是围绕人的因素展开的。一方面，机器行为学关注人机系统能否完成目标和任务，以及系统可能出错的情况，因为人的错误可能影响人机系统；另一方面，人机系统的效率有多高，很大程度上取决于人机配合的情况。

4．机器

机器行为学将智能机器视为具有生物属性的主体，因此，机器本身的价值属性也许会成为机器行为学的一个可能的研究问题。这个问题涉及众多的哲学伦理层面，如机器是否应该在人机社会中有自己的行为特征、价值与意识等。上述内容的研究涉及多个层次，表明机器本身可以成为一个机器行为学的研究问题。

5．机器与人类发展——整体系统与机器发展层面

机器行为不是静态的行为，而是自身发展和进化的行为。因此，需要在整体混合的维度上讨论机器行为，研究随时间发展的机器行为的特点。

同时，从人类发展的角度看，机器行为学的设计与研究需要考虑人类的永续繁荣和可持续发展目标。2015 年 9 月 25 日，在美国纽约召开的联合国可持续发展峰会正式通过 17 个可持续发展目标（见表 12.1）。基于机器行为学，在智能机器与人组合的生态中，机器行为设计与研究可以围绕联合国的可持续目标努力。例如，算法的公平性和非歧视性，就与第 4 条、第 5 条、第 7 条、第 8 条、第 10 条等多条可持续发展目标有关。

**表 12.1 联合国人类可持续发展目标（数据来源：联合国官方网站）**

| 序号 | 可持续发展目标 |
|---|---|
| 1 | 在世界各地消除一切形式的贫困（No Poverty） |
| 2 | 消除饥饿，实现粮食安全，改善营养和促进可持续农业（Zero Hunger） |
| 3 | 确保健康的生活方式，促进各年龄段人群的福祉（Good Health and Wellbeing） |
| 4 | 确保包容、公平的优质教育，促进全民享有终身学习机会（Quality Education） |
| 5 | 实现性别平等，为所有妇女、女童赋权（Gender Equality） |
| 6 | 人人享有清洁饮水及用水是我们所希望生活的世界的一个重要组成部分（Clean Water and Sanitation） |
| 7 | 确保人人获得可负担、可靠和可持续的现代能源（Affordable and Clean Energy） |
| 8 | 促进持久、包容、可持续的经济增长，实现充分和生产性就业，确保人人有体面工作（Decent Work and Economic Growth） |

（续表）

| 序号 | 可持续发展目标 |
| --- | --- |
| 9 | 建设有风险抵御能力的基础设施，促进包容的可持续工业，并推动创新（Industry, Innovation and Infrastructure） |
| 10 | 减少国家内部和国家之间的不平等（Reduced Inequalities） |
| 11 | 建设包容、安全、有风险抵御能力和可持续的城市及人类社区（Sustainable Cities and Communities） |
| 12 | 确保可持续消费和生产模式（Sustainable Consumption and Production） |
| 13 | 采取紧急行动应对气候变化及其影响（Climate Action） |
| 14 | 保护和可持续利用海洋及海洋资源以促进可持续发展（Life Under Water） |
| 15 | 保护、恢复和促进可持续利用陆地生态系统，可持续森林管理，防治荒漠化，制止和扭转土地退化现象，遏制生物多样性的丧失（Life on Land） |
| 16 | 促进有利于可持续发展的和平和包容社会，为所有人提供诉诸司法的机会，在各层级建立有效、负责和包容的机构（Institutions, Good Governance） |
| 17 | 加强执行手段、重振可持续发展全球伙伴关系（Partnerships for the Goals） |

## 12.2 研究层次

从行为科学的角度看，机器行为学的研究层次就是关于人与社会的研究层次，按照经典的系统优化模型并结合马斯洛需求层次模型，机器行为学的研究层次可以分为安全、效能、情感与体验、伦理与道德（见图 12.2）。原则上说，低一级的层次达到后，就向高一级的层次发展。这个研究层次指标体系适用于个人，也适用于群体（社会）。

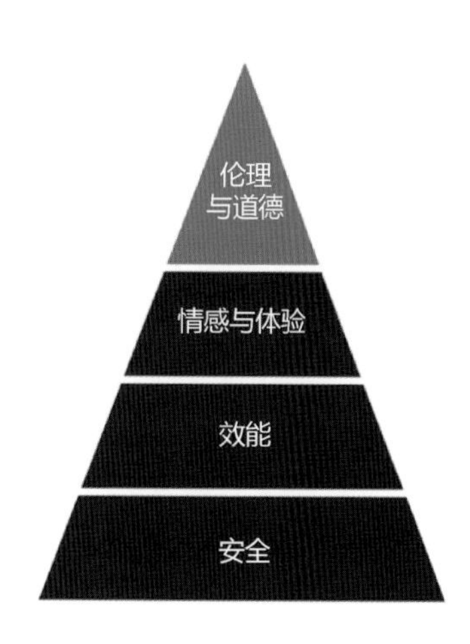


图 12.2 机器行为学基本指标框架

安全是人的最基本的需要。安全的概念不仅仅是人的身体不受机器伤害，更重要的是人的心理健康不受影响。安全指标一般分为两种：机器行为本身对人和社会的安全，以及人的安全感知。

效能主要是人完成某项任务的速度和质量，它在很大程度上取决于人和机器之间的匹配。本质上说，效能的概念是一种核心的功能概念，一般分为人的效能、机器的效能及人机系统的整体效能。

情感与体验虽然不是行为科学研究的经典问题，但却是机器行为研究的核心问题，例如人们对自动驾驶汽车的感受与体验是人们接受和购买它们的核心因素。体验对人的身心健康和工作效率有着极大的影响，体现出了一种很高的人性价值。

伦理与道德是指在处理人与人、人与社会的相互关系时，应该遵循的道理和准则，是一系列指导行为的观念。伦理研究一般与哲学密切相关，但是机器行为学的伦理研究需要从实证而非哲学思辨的角度采用社会科学研究方法进行。目前，道德偏好是机器行为学中的伦理问题，是研究层次中讨论较多的领域。

## 12.3 效标体系

效标是科学研究的操作性定义。机器行为学的效标分为系统效标与实验效标。这些效标体系的概念主要来自系统论，反映了从问题到具体研究操作的逻辑框架。

1．系统效标

系统效标是指系统设计所要求的综合性指标，可以理解为研究问题通常以指标的方式表达。例如，人们对机器替代人的接受度（Acceptance），这里的“接受度”就是系统效标。

同时，系统效标也是一个和系统本身及其所处情境密切相关的概念。研究者可以根据具体的实际情况，针对研究问题，提出若干不同的系统效标，构成一个完整的理论/应用框架模型，进而全面开展研究。例如，研究空气污染对人类情绪的影响时，其系统效标可以用结构方程式表达如下：

$$\text{Happiness}_{it} = \alpha_0 + \alpha_1 \text{Pollution}_{it} + \alpha_2 X_{it} + T_t + \gamma_i + \varepsilon_{it}$$

在用结构方程式构建的研究中，人的情绪（高兴，$\text{Happiness}_{it}$）受空气污染（$\text{Pollution}_{it}$）、所在城市的天气（$X_{it}$）等因素的影响，这些都是系统校标。

2．实验效标

与系统效标不同，机器行为的实验效标是一种可以度量的指标，是机器行为学研究的工具性指标，反映了研究者对研究问题的看法、态度和水平。例如，可以使用心理学量表（Scale）这一实验效标来研究偏好（Preference），也可以采用行为动作指标（是否购买某个产品）这一实验效标来研究。机器行为学研究需要建立在某种特定的可控制、有操作意义的实验效标的基础上。因此，必须仔细分析实验效标与系统效标的关系。

在机器行为学研究中，对实验效标（研究变量）必须要有严格的技术定义，具体而言，就是对变量做出操作定义，即有关变量的可观察指标的具体陈述。通常，研究根据测量变量的操作方法来定义该变量。物体的“长度”可以用“米”来度量，物体的“质量”可以用“千克”来表征。因此，机器行为学研究的对象必须有一个可以用于“度量”的标尺。“接受度”可以用一个从“完全接受”到“完全不接受”的标尺（量表）来测量，即用一个类似物理的长度标尺来表征一个心理的连续量。

## 12.4 研究指标

机器行为学研究的核心是智能机器和系统对人与社会的影响，其研究指标通常是对人和社会等的影响，因此可以根据研究指标的属性将其分为行为指标、生理心理指标、系统绩效指标、社会经济指标四大类。

1．行为指标

行为指标一般是研究者观察到的人的行为的指标，例如人对智能机器的操作的反应时间、人们接管自动驾驶汽车的操作的次数等。行为指标涉及的范围非常广泛，因此需要研究者根据具体的研究情境来定义。例如，自动驾驶汽车道德困境的研究，就可由用户选择是购买“牺牲行人”算法的自动驾驶汽车还是购买“牺牲乘员”的自动驾驶汽车。又如，可以使用身体的不安宁的移动次数来表明人们的舒适度，即越不舒服，移动次数就越多。

在行为指标中，一个比较特殊的指标是人的错误（详见第 14 章），它常用在前面提及的可用性测试中，可以作为改进机器行为设计的直接指标。

行为指标的一个突出优点是其指标非常直接，不需要在行为科学、智能科学等领域进行解释，可以获得更加有效的研究结论。

2．生理心理指标

与行为指标不同，生理和心理指标一般难以通过观察获得，需要采用介入的方法获得智能机器对人的影响。最有代表性的生理心理指标是使用生理仪器（如生理仪、脑电仪、磁共振等）来获得人们的生理指标，进而推断出智能机器对人的影响。例如，可以使用视线追踪设备的视线聚焦热度图来分析人们关注的焦点。

除了直接使用生理设备，传统问卷、访谈、心理量表等也是度量人的心理的常用研究指标。例如，使用情绪量表可以获得人们对智能机器的体验等。

生理心理指标可以更加精确地测量人的行为与心理状况，具有标准的研究范式和研究方法，便于规范使用。但由于其研究结论需要进行解释，因此其有效性与行为指标相比略差一些。

3．系统绩效指标

虽然智能机器本身的性能不是机器行为学关注的重点，但由智能机器、人和社会组成的系统的效能仍然是机器行为学研究的关注点。因此，系统绩效不可避免成为机器行为学研究的指标，如任务绩效就是代表性的系统绩效，可以包含任务完成的时间、正确率、收益等。针对不同的机器行为，系统绩效具有较大的差别，因此需要针对特定的任务制定系统绩效的指标体系。

4．社会经济指标

社会经济指标主要反映智能机器行为对社会的影响，涉及经济和文化的影响，内容比较广泛。例如，既可以有社会对个人造成的影响的指标，如社会规范和社会偏见相关的人类行为的改变等，又可以有社会经济本身的指标，如社会不平等建立的社会学模型所产生的指标等。需要说明的是，由于社会、经济和文化问题的复杂性，在社会科学和经济学研究领域建立了多个社会经济模型，并以此构建了相关的指标。这些指标主要基于相关的数学模型，并通过实验等研究来得到指标的参数，进而开展数据分析。

从机器行为学的指标体系可以看出，机器行为学的方法主要以行为科学的研究指标为基础，兼顾智能科学和设计科学的要求。随机实验、观察、统计、数据挖掘等方法经常在机器行为学中使用，并与人工智能与设计科学领域的方法性工具、研究工具甚至概念框架进行整合，最终形成机器行为对经济、社会、政治和人的影响的方法论体系。

## 12.5 研究情境

研究总是存在局限性。研究的局限性一方面来自假设，另一方面来自情境。因此，围绕实验校标和操作定义讨论研究情境，对机器行为学研究方法具有较大的意义。

自然状态通常被认为是最“真实”的环境，在这样的情境下，人和机器的关系是在真实的场景中进行的。无论是描述性观察还是自然实验，都可在自然状态下进行。

控制实验是机器行为学常用的研究情境，一般在实验室中进行。控制实验情境的核心是实验原型的开发。实验原型一般用于实验环境，一般是机器、代码等的中间过程等。实验原型的环境在行为科学研究中非常普遍，也适用于机器行为学。因为原型的设计与开发完全可以基于实验的需求来构建，所以可以很好地进行实验和研究控制。

考虑到在很多实验环境中并未开发原型，研究可以采用绿野仙踪（The Wizard of Oz）研究情境。绿野仙踪与图灵测试的环境接近，是指幕后操作计算机系统，使其拥有自主性和智能性，进而与被试实现交互的实验方式。在绿野仙踪实验中，智能机器的行为由实验人员操作的方法来模拟，成本低，效果好。从流畅性和真实性的角度看，通过模拟方式将创新技术与其赖以生存的社会环境紧密相连，塑造了良好的机器行为体验，是机器行为学中的常用方法。

在智能机器的绿野仙踪实验中，最具代表性的方法是在自动驾驶汽车领域使用的所谓幽灵驾驶（Ghost Driving）实验方法。幽灵驾驶实验方法在外部真实环境中，通过将真人驾驶员隐藏在黑色的座椅垫中，人为地塑造“驾驶座上无驾驶员”的情景。幽灵驾驶实验工具搭建时，采用了“座椅套装”的思路，即将遮挡物分别安装在中小型轿车驾驶座椅的前后，构建能容纳驾驶员身体和肢体活动的空间，而黑色透明织物材质面罩通过磁吸的方式覆盖驾驶员头部的周围。可拆卸的分体式黑色座椅套装，在遮挡隐藏驾驶员的同时，能够更大程度地隐藏驾驶员在车内的肢体动作，进而高度模拟无驾驶员的自动驾驶状态。从视觉效果看，在汽车行驶或停驻时，行人的角色从车旁或车前方经过，无法感知到车内司机的存在（见图 12.3）。

图 12.3 湖南大学绿野仙踪座椅套装安装效果（谭浩、冯雨顺、周雅琪等，2021）

## 12.6 设计与研究道德

科学研究和设计通常会让科学家和设计师陷入两难的境地。科学创造可以为人类谋福利，也可能被别有用心地操纵与利用。因此，机器行为学的设计与研究道德是所有相关研究的前提。

1. 伦理与规范

行为科学，特别是心理学，对以人为被试的研究提出了明确的准则。美国心理学会（APA）列出了以人作为被试的研究的十条一般性原则。目前，这十条原则是全球开展行为科学研究的基本准则，也是机器行为开展"以人为被试研究"的基本原则。

（1）研究者在计划一项研究时，有责任认真评估该研究适合的道德准则。

（2）研究者首先需要按照公认的标准，考察是否存在"被试处于危险"或"被试处于最低限度的危险"等情境。

（3）研究者在研究过程中有责任自始至终地遵守并执行道德准则。

（4）研究者应与被试在研究前达成明确清晰的责任划分，澄清每个人的义务和责任，并获得被试的知情同意。如果研究涉及未成年人或不具备民事行为能力的人士，就需要与其监护人进行确认。

（5）由于方法学的要求，研究者如果必须在研究中采用隐瞒或欺骗的技术，那么研究者需要做到：第一，确定并评估是否必须使用这种技术；第二，确定是否存在不进行隐瞒或欺骗的技术；第三，尽可能给被试提供充分的解释。

（6）研究者应尊重被试在任何时候有终止研究和退出研究的权利。

（7）研究者要保护被试避免受到因研究引起的身体、精神上的不适、伤害与危险。

（8）研究完成后，研究者要向被试解释和说明研究真相，特别是那些进行过隐瞒的研究，以消除误解和可能的伤害。

（9）如果研究过程给被试造成了未曾预料的后果，研究者有责任查明、排除或纠正这些后果。

（10）研究过程中被试的所有信息都是秘密的，除非事先得到了被试的同意。

除了行为科学的相关准则，在人工智能领域也提出了相关的伦理规范。例如，中国国家新一代人工智能治理专业委员会在 2021 年 9 月 25 日发布《新一代人工智能伦理规范》，提出了增进人类福祉、促进公平公正、保护隐私安全、确保可控可信、强化责任担当、提升伦理素养六项基本伦理要求。该规范将伦理道德融入人工智能设计、开发、研究、使用的全生命周期，为从事人工智能相关活动的研究者和设计师提供伦理指引。

2．道德实践的监督

如果机器行为学研究涉及研究道德的相关问题，那么一般不会只由研究者一人进行处理，因为研究者身处研究过程中，很难完全公正、客观地判断研究中的伦理和道德问题。因此，很多高校和研究机构设有伦理与道德委员会，以评判提交的研究是否符合道德准则，对研究涉及的伦理问题进行审批。机器行为学的相关研究也应该遵循这样的流程，并在研究过程中接受相关机构的监督。

同时，相关的伦理道德审批机构也要定期或不定期地对相关的条例进行检查，必要时还要和法律人士沟通，确保被试的基本权利得到充分保障。

3．机器行为学设计和研究道德的延伸

机器行为学研究的道德问题不仅仅涉及行为科学中的人，还可能涉及数据、社会和动物等多个因素。

很多时候，机器行为学的设计和研究会使用大量的用户数据，或者通过技术手段获取大规模的用户数据。在获得和使用这些数据时，需要遵循数据保护的相关法律、规范和准则，如欧盟于 2019 年颁布的《通用数据保护条例》（General Data Protection Regulation，GDPR）和我国于 2021 年颁布的《中华人民共和国数据安全法》等。获取大规模数据完成研究后，研究者更应该严格按照数据保护的相关规定，对研究数据进行妥善处理。

机器行为学的部分设计和研究可能会在真实的社会环境中进行，研究过程本身会对社会造成影响。因此，研究者应该遵循基于个人的道德准则，将社会可能受到的影响作为其道德准则和研究的重点考虑内容，确保研究不会对社会造成损害。

在某些特殊情况下，机器行为学研究可能涉及动物。涉及动物的研究，一般要求研究者做到人道和道德地对待动物，始终坚持研究的基本准则是为提高人类的健康和幸福。同时，研究者还应注意使用动物作为研究对象时，需要遵循动物保护的相关法律规定。

## 讨论

算法性能最大化是智能科学的核心指标。相比利用基准数据集来评价算法性能的优化，机器行为学更关注算法在不同环境下如何行动、人类和算法的互动会不会影响社会结果之类的问题。同时，智能科学家和设计师整合其他学科，提出多种可选的实验原型，进而形成机器行为学研究概念框架，对机器行为学研究具有重要的意义和作用。

1．在机器行为学中，基于随机实验、观察推断和基于群体的统计学描述方法的定量行为研究指标非常重要。请结合自己的研究项目讨论如何在研究中设计可信、可靠的研究指标。

2. 在机器行为学研究中，一方面可以研究机器本身的安全，另一方面可以研究机器的安全感知和体验。讨论这两种不同的研究方法在问题定义、研究层次、指标体系等方面的异同。

3. 机器行为的设计与研究在数据安全、研究伦理上都面临挑战。思考如何在确保研究质量的基础上，使其在数据和伦理等方面满足相关的标准。

# 第四部分

# 研究

机器行为学的重要特征是其实践性与行动性，即基于实用主义的态度，通过研究或设计实践来支持或反对某个观点，创造全新的人为事物，进而推动人类社会的进步。

本部分将在前面的理论、模型和方法的基础上，介绍具体的设计研究问题，并通过实际案例，深入探讨机器行为的设计与研究。机器行为学尚处于理论构建的初级阶段，这些研究案例尚未形成完整的体系，因此初步从以下三个角度开展讨论：

第一，从系统优化的角度探讨机器行为给人类带来的总体认知、安全、效能、体验和道德挑战。

第二，从机器行为本体的角度探讨不同的机器行为类别，如基于可解释的内部行为、基于显示和交互的外部行为、基于机器造型的静态行为和基于人机交互的人机融合行为等。

第三，从群体、社会和发展的角度探讨工作、社会文化及机器自身进化发展中的机器行为。

# 13 总体认知
## 对智能机器的感知与态度

人类很难完全将智能机器等同于人类自身来看待，即使机器未来可能有多么像人。因此，人类如何看待其周围越来越多的智能算法、系统和机器，就成了机器行为学首先要解决的问题。

### 13.1 人的概念模型

感知是一个复杂的行为科学概念，涉及人类的经验、知识、认知、理解、记忆等多个因素。人们对事物的感知、认知、态度等一般与“人的概念模型”密切相关。概念模型是人类心理模型的一种表现形式，反映了人们对事物的认知与看法。人们对事物的认识充满了各种各样的错误观念。例如，古希腊哲学家亚里士多德认为，重物体要比轻物体下落得快。虽然现代物理学证明这样的说法是错误的：下落速度与重量无关，所有物体的下落速度都相同；但是，在很多情况下，人们看到的现象更像亚里士多德的描述：树叶下落明显慢于石头下落，而树叶要比石头轻很多。亚里士多德的观点固然是错误的，但它“合理”地描述了我们在真实世界中观察和体验到的情形。

人的概念模型是外部世界的某些因素在人脑中的反映，是一组集成的构思和概念，可用来解释和描述事物的作用方式、事件发生的过程和人类的行为方式。人的概念模型通常是根据零碎的现象构建而成的，对事实的来龙去脉只有一个肤浅的认识，对事物的起因、机制和相互关系等方面的因素并不清楚。例如，人们对“鸡蛋”的概念和感知是基于人们吃了多个鸡蛋形成的，而不像中学生物课中描述的那样：鸡蛋是“脊索动物门－鸟纲－鸡形目－雉科－雉族－原鸡属－红原鸡种”的卵。

人的概念模型建立了关于周围世界的模型，进而可以预测事件的出现和确立基于经验的期望。在这个过程中，“原型”显得十分重要。当人们经历两件相似的事情并对相似事物进行认知的时候，两件事情或两个事物都会和相似的内容联结在一起，当相似的内容被激活时，两件事情或事物的记忆和知识就被激活，某些相似的知识在人的记忆里往往结合在一起，形成一般化的“原型”。原型意味着一个类别的全部实例，彼此之间大致以相同的方式构建。譬如，鸟的原型可能是由大量鸟的例子和映像构成的，或者是被认为属于鸟的共同特征的清单。这些特征有两种类型：定义特征和特有特征。定义特征对全部实例来说都为真，特有特征区分不同的种类。对鸟来说，定义特征可能包括：鸟有翅膀，有羽毛，会下蛋而且要筑巢。特有特征包括鸟的颜色、大小等。人的概念模型通常是不精确的。对大多数人来说，“鸟”的概念使人们想起类似于麻雀一样的东西，“动物”的概念使人想起一种差不多和狼一样大的有四条腿和一根尾巴的东西。对于图 13.1 所示的水果，大多数人心目中的原型更接近苹果而非葡萄。

图 13.1 水果原型（根据网络图片整理）

原型构成了人类知识的重要组成部分。当人运用知识的时候，通常会采取一种类比（也称“启发式”）的方式，类比现在的信息和记忆里的原型，如果新的信息和原型相似，人就会迅速做出判断，如果差别较大，花费的时间也许就会较长。研究发现，对“金丝雀是鸟”这样的命题，要比对“企鹅是鸟”的命题做出判断的时间短很多。人的概念模型与原型的一个直接后果是会造成人类的偏见（Bias），这种偏见会深刻地影响人与智能机器的相互关系。这部分内容将在第 24 章中详细讨论。

概念模型是人类了解世界、认识世界的重要手段。然而，对智能机器来说，人类的感知难以找到直接的原型，因为大多数智能机器都是全新的人为事物，先前没有相应的直接经验，需要从相关事物中创造或产生一种关于智能机器的全新观念。另外，大量的智能机器（如算法）是不可见的，人们很难直接感知，难以形成概念模型。因此，人们对智能机器的感知需要一个构建原型的过程。因此，需要小心地对不同智能机器及其多样化的属性进行仔细研究，分析人们对这些智能机器的感知。

## 13.2 态度

1．态度与行为

态度是人们对某个客体的一般且稳定的倾向。人的态度和人的行为密切相关。人们常说“什么样的态度就产生什么样的行为”就是这个道理。在一个团队中，成员的态度会在很大程度上影响团队的效能。从某种意义上说，群体要比组织更有凝聚力的原因，很大程度上是成员对不同类型的团体的态度是不同的。同时，态度和行为之间的关系也是复杂的。皮耶尔（L. Piere）针对 20 世纪 30 年代美国流行反亚洲的态度进行了研究。在媒体上，92% 的饭店都声明不接待亚洲人；然而，出乎意料的是，皮耶尔和一对中国夫妇环游美国时，在 251 家饭店中，只有一家饭店拒绝接待他们。这也说明在某些情况下，态度和行为之间只有微弱的联系。事实上，态度和行为的关系受到态度特征、人格因素和环境因素等多方面因素的影响。

2．态度转变

人的态度会发生转变。人的态度转变可能有两种途径：内在途径和外界途径。内在途径主要是指人通过观察分析等手段，对信息进行分析后，态度发生转变；外界途径主要是指人在接收信息的过程中，更关注自己的自信、信息的吸引力及传播者的魅力等因素，如图 13.2 所示。这两种途径在人的态度转变过程中发挥着不同的作用。

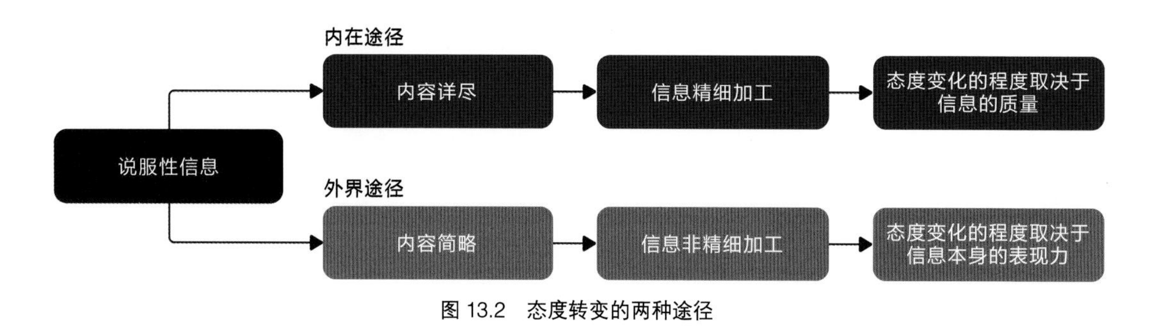


图 13.2　态度转变的两种途径

## 13.3　技术知觉

本质上说，人们对智能机器的感知属于人类对科学、技术等新兴事物的感知、认知和态度。与人的概念模型相似，人们对科学技术的认知更依赖于经验，存在着偏见。特别是自 20 世纪 80 年代以来，随着新兴科学技术在人们生活中的广泛运用，人们对科学技术的感知机会越来越多。但如前所述，人们对包含智能机器等科学技术的感知历史上是没有“原型”的。因此，人们对科学技术的感知一般会进入两个误区：一个是神话科学技术，它将科学技术等同于真理（见第 9 章）；二是对科学技术这种人为事物持谨慎和反对态度，总觉得“自然的”是好的，“人造的”是不好的。

1989 年，戴维斯（F. D. Davis）等人提出了技术可接受模型（Technology Acceptance Model，TAM）。该模型虽然在学术研究方面有着很多挑战甚至批评，但不可否认的是，它为后面不断涌现的新兴技术的人类认知提出了一个理论基础，并且一直应用至今。2016 年，斯坦福大学和微软公司的法斯特（E. Fast）等人在该模型的基础上，对过去 30 年关于人工智能的新闻的文本进行了分析，提出了人们对人工智能的若干关注点，包括失控（Loss of Control）、影响就业（Impact on Work）、军事应用（Military Applications）、缺少合理的伦理（Absence of Appropriate Ethics）、人机融合（Merging of Human and AI）等，反映了人们对智能机器谨慎而又充满期望的态度。

事实上，很多智能机器对人类是有益的，但人们不总是这么看。一个代表性的例子是，人们对自动驾驶汽车的感知非常微妙。例如，人们总是觉得自动驾驶汽车不够安全（事实上要安全得多）。因此，有必要针对人们对智能机器的总体感知进行研究，促使公众理解并接受更多的智能系统，进而造福人类社会。

## 13.4　案例：具有更多知识的人支持自动驾驶汽车吗？

1．简介

公众对科学技术的态度基于人们对科学认知的概念模型。过去的研究常将人们对科学技术的态度总体归咎于“缺少知识”。知识问题是否影响人们对自动驾驶汽车的支持态度就成为人类对智能机器的感知的重要研究内容之一。

下面的研究案例基于湖南大学汽车车身先进设计制造国家重点实验室的自主研究课题，围绕人类对自动驾驶汽车的接受（支持）展开，通过一系列实验研究，探寻知识水平与人类接受自动驾驶汽车的关系。

2．定义与方法

知识水平一般分为主观知识水平和客观知识水平，前者是人们自己认为的知识水平，后者是人们的实际知识水平。研究包含两个紧密关联的研究任务，即研究任务 1 和研究任务 2。

研究任务 1 旨在探讨公众的主观和客观知识与对自动驾驶汽车的支持之间的关系。首先，研究要求被试用 5 分李克特量表来评估他们对自动驾驶汽车的支持程度（“1＝ 完全不支持”和“5＝ 非常支持”）和理解程度（“1＝ 完全不理解”和“5＝ 非常理解”）。完成评估后，使用 15 个判断题来测量被试的通用客观知识得分（正确答案得 1 分，错误答案或不知道得 0 分）。这些问题来自之前对公众知识的研究，包括一个关于自动驾驶汽车的问题。这些问题为后续实验进一步研究公众对自动驾驶汽车的客观认识奠定了基础。最后，研究询问了被试的基本个人信息，包括性别、年龄、收入、教育程度、购买情况和驾驶经历。

研究任务 2 的目的是在研究任务 1 的基础上，探索公众是否愿意乘坐或购买自动驾驶汽车。除了问卷的“对自动驾驶汽车的支持”及主观知识水平测量部分，在研究任务 1 的基础上增加了乘坐意愿和购买意愿的问题（“1＝ 肯定不会”和“7＝ 肯定会”）。研究还将原来关于客观知识的 15 个问题改为与自动驾驶汽车相关的 10 个问题，这些问题是根据以前自动驾驶汽车领域的相关研究改编而成的。

3．结果与分析

研究任务 1 调研了代表性的中国成年人（总样本数 1037，其中女性占 49.6%）。研究结果显示，无论人们是“认为”自己知道还是“真的”知道，都存在一种现象，即“知道得越多，就越支持自动驾驶汽车”，如图 13.3 所示。也就是说，随着客观知识的增加，支持程度也在增加［支持程度回归系数 $\beta = 0.046$，$t = 3.538$，$P < 0.0001$，95%置信区间为(0.020, 0.071)］。此外，随着主观知识的增加，支持程度也增加［$\beta = 0.247$，$t = 7.759$，$P < 0.0001$，95%置信区间为(0.185, 0.310)］。

研究任务 2（总样本数为 915，女性占 52.1%）有三个直接的结果：第一是自动驾驶汽车的支持水平（63.5%支持，15.4%不支持），第二是乘坐意愿（58.3%愿意，22.5%不愿意），第三是购买意愿（50.9%愿意，29.7%不愿意）。这三个项目的克朗巴哈系数为 0.781。研究任务 2 通过回归分析得出了与研究任务 1 相同的结论，即被试的主观知识得分越高，就越支持自动驾驶汽车［$\beta = 0.277$，$t = 9.922$，$P < 0.0001$，95%置信区间为(0.222, 0.331)］。但是，就客观知识而言，这一趋势仍然存在，但显著性降低［$\beta = 0.073$，$t = 2.886$，$P = 0.004$，95%置信区间为(0.023, 0.123)］。

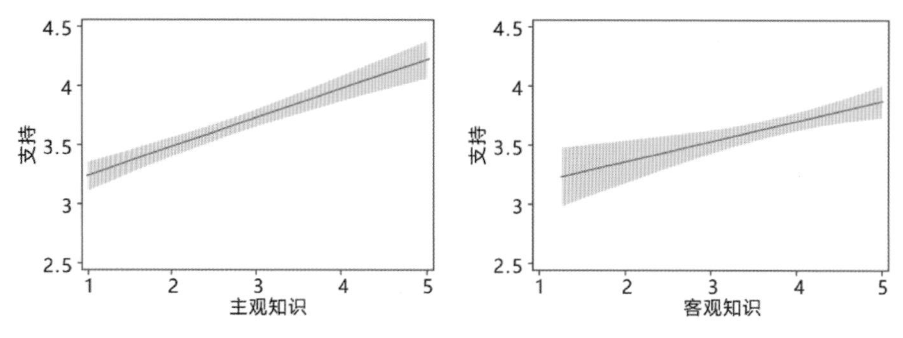


图 13.3　对自动驾驶汽车的支持和知识之间的预测关系。

基于线性回归分析的效应被应用于 1037 个个体的研究任务 1 中；阴影部分代表 95%置信区间

基于这一发现，研究对客观知识水平与支持的关系做了进一步分析。不同支持程度（支持、不支持或中立）的被试的平均客观知识得分比较表明，支持自动驾驶汽车的被试的客观知识得分高于中立的被试（$P < 0.01$），但与不支持自动驾驶汽车的被试无显著差异（$P = 0.059$），如表 13.1 所示。因此可以推论，客观知识水平较高的被试表现出了极端支持或不支持。

表 13.1　客观知识水平与支持的关系分析表

| | 支　持 | 都　不 | 不支持 |
|---|---|---|---|
| 平均值 | 5.39（1.852） | 5.03（1.848） | 5.04（1.736） |
| 支持 | / | 0.360**（0.133） | 0.348（0.184） |
| 中立 | 0.360**（0.133） | / | / |
| 不支持 | 0.348（0.184） | / | / |

**表示 $P < 0.01$。

4．结论

总体来看，研究结果与以往其他领域（如转基因食品等）的相关研究的结果一致，即随着主观知识的增加，公众对自动驾驶汽车的支持也增加。然而，随着被试客观知识的提高，公众对自动驾驶汽车的支持呈现出极端趋势：原来支持的更支持，原来不支持的更不支持。

研究还存在一些局限性。例如，研究未深入探讨客观知识的提高带来的对自动驾驶汽车支持方面的极端变化的原因，也未讨论如何利用这些改变来改善公众对自动驾驶汽车的支持。研究只是表明：人们知道得越多，就越支持自动驾驶汽车。

总体而言，人仍然担心智能机器的安全性等，从而不愿意使用智能机器。这是一个较为普遍的问题。这个方面的问题除了感知，还涉及人类情绪体验等方面，详见本书后续章节中的讨论。

## 讨论

人类对机器行为的总体态度与人类对各个领域科学技术的态度有着紧密的关系。从案例可以看出，知识水平的提升可以改善人们对智能机器的支持程度。

1．除了自动驾驶汽车，还可看到人们对气候变化、转基因食品、疫苗等科技命题存在的偏见。这些对科学技术的偏见产生的根源是什么？

2．如何通过机器行为的设计来增加公众对智能机器的知识水平，进而提升公众对智能机器的接受程度？

# 14 面向安全的机器行为
## 人的极限与错误

安全（Safety）问题是所有机器设计的基本问题。为了让自动驾驶汽车更安全，大量科学家、工程师和设计师正在日复一日地进行着算法迭代实验和大规模实验。但是，从机器行为学的角度看，确保一台自动驾驶汽车的基本安全，不是让传感器或机器视觉系统正确且高效地对周边情况进行识别，并做出安全的自动驾驶行为——这属于智能技术的范畴。机器行为学关注的安全问题是，假设机器行为（算法）在技术层面上没有问题，重点考察人和机器（算法）共同协作时，人的感知和执行能力极限，以及人类本身的错误可能对智能机器与人机系统的总体安全造成的影响。

### 14.1 人的生理心理极限

前面说过，人因工程诞生于高性能武器（如战斗机）事故。人因研究表明，产生安全事故的原因是人的认知和操作极限影响了机器性能的发挥。目前，机器行为面临的问题与20世纪中叶的问题非常接近，只是更加关注与人工智能密切相关的人的认知、推理、决策等人类行为、认知与心理极限。因此，进行机器行为设计时，只有充分考虑了人的各个层次（特别是认知与心理）极限，才能最大限度地提升由智能机器和人所构成的人机系统的总体安全。

1．人的运动极限

人类的运动极限是最基本的生理极限。人的个体尺寸及操作和活动范围的限制，决定了人操控机器的范围是有限的。图14.1所示为人的关节活动范围。这些尺寸和动作限制使得设计者在设计机器行为时，要使相关设计符合由人的运动极限导致的限制条件，这对机器外部行为和机器静态行为的设计尤为重要。

除了基本的尺寸和运动范围，还有其他一些人类生理属性，如人的运动时间、精度和力量等，也存在能力局限，特别是面临一些复杂的人机配合时。例如，人体运动的精度是一个和机器行为设计密切相关的生理属性，即司机在驾驶时是踩油门还是踩刹车对汽车驾驶安全是十分重要的。

视觉反馈与运动精度密切相关。具有视觉反馈的运动精度主要与运动时间有关。如果给予足够的时间，运动精度就会提高。没有视觉反馈的控制可能是因为当时环境过于黑暗，也可能是因为主要任务由智能机器完成，人的关注点不是人的动作。还有一种情况是，由于运动速度过快，无法通过视觉反馈来进行控制。没有视觉反馈的运动精度受到目标位置、运动距离和运动速度等因素的共同影响。图14.2说明了人的朝向和距离对运动精度的影响。

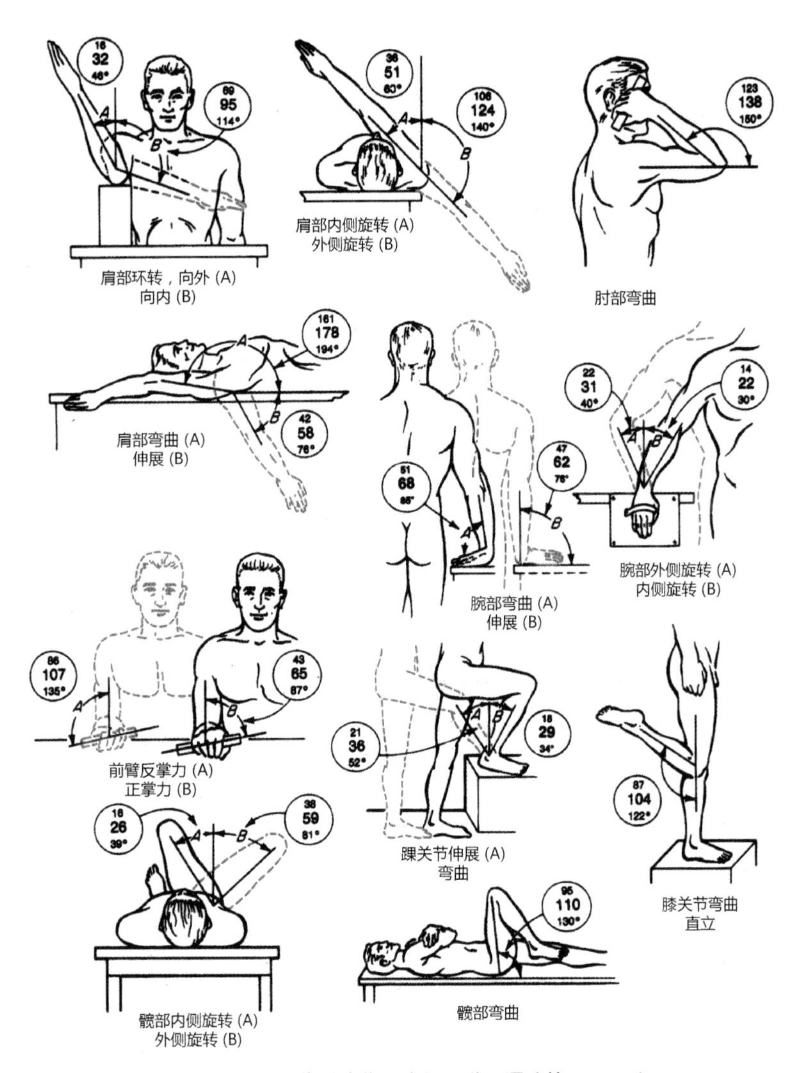


图 14.1　人的关节活动范围（赵江洪、谭浩等，2006）

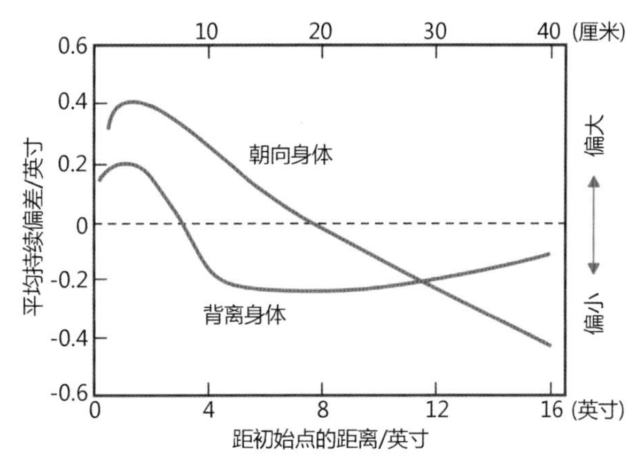


图 14.2　人的朝向和距离对运动精度的影响（赵江洪、谭浩等，2006）

2．感觉极限

人的感觉能力也受到生理因素的限制，不同的感觉通道有着不同的极限。

视觉感觉限制是人的视敏度（视力），它直接决定智能系统将信息传递给人时所需要的视觉显示的最小尺寸。此外，还需要考虑眼睛调节、视网膜的适应、深度知觉等人类视觉的关键问题。例如，某个智能机器在某种室外环境下很可能出现目眩的生理现象，导致安全方面的隐患。

人的听觉存在听觉阈限。响度等值线就是对人类的听觉阈限加权后的结果（见图 14.3），表明了人类听觉的阈限，即人们只能听到听觉阈限和痛觉阈限之间的声音；超过这些阈限，特别是痛觉阈限，人的安全就无法得到保障。

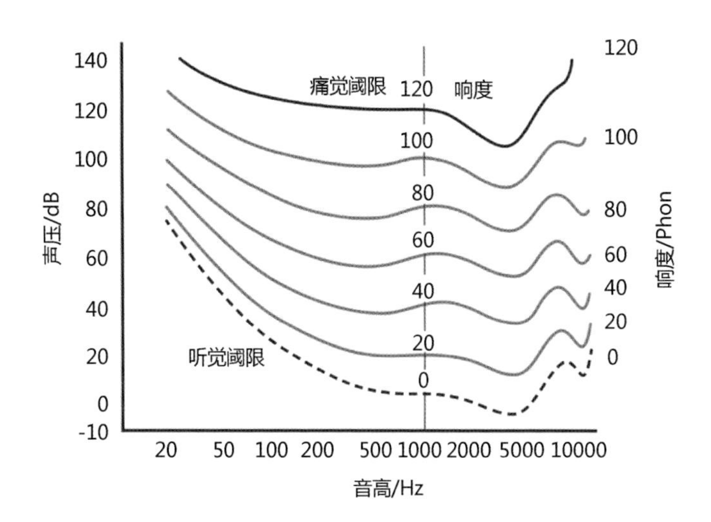


图 14.3 人的响度等值线（赵江洪、谭浩等，2006）

3．认知极限

对于智能机器和人的协同行为，除了运动与感觉极限，最主要的限制还是人的认知与信息加工能力的极限。从人类的信息加工过程模型的角度看，人类存在诸多的信息加工（认知）极限。

总体上说，人的信息通道容量是有限的。人的信息通道容量约为 7 比特，也就是说，人一般最大可以传递、加工和处理约 7“块”信息。对不同的刺激，人的信道容量是不同的。人类的短时记忆的容量也遵循 7 比特的信息加工限制。事实上，人所感受到的声音、色彩远不止 7 比特信息量，因为信息是多维的，而 7 比特的信道容量是针对一维要素而言的。更多关于人的脑力作业极限的问题将在第 15 章中讨论。

在人的信息加工能力极限的基础上，还要考虑信息传递过程各阶段的最大信息流量，如表 14.1 所示。在认知阶段，人的信息传递效能只有 16 比特/秒，这意味着人的信息加工过程的通路容量是有限的。

因此，根据上述人类极限，要通过机器行为设计合理地分配人机任务，使得系统任务的内容和难度不超过人类的极限。

**表 14.1 信息传递过程各阶段的最大信息流量**

| 信息加工过程各阶段 | 最大信息流量（比特/秒） |
|---|---|
| 感受器接收阶段 | 1000000000 |
| 神经连接阶段 | 3000000 |
| 认知阶段 | 16 |
| 永久存储阶段 | 0.7 |

## 14.2 人的错误

机器行为安全问题还要考虑人的错误。由于人类行为“有限理性”的特点，人常常犯各种错误。大量的研究发现，在诸如核电站、航空、过程控制等复杂系统的重大事故中，60%～90%的重大事故是由人为差错引起的。在每年造成人员死亡的交通事故中，近 90%是人为错误造成的。很多人在出现差错的时候总是埋怨自己，但人出现的差错是各种因素综合作用的结果。例如，人在紧急情况下误读仪表有可能是因为操作者紧张时出现了慌乱的内部状态，更可能的原因是仪表显示设计不当造成认读困难。事实上，多数人为差错不是由人不负责任的行为造成的，而是由较差的系统设计和不好的组织结构造成的。

在机器行为学中，人和机器都可能发生错误。因此，如何研究人和机器的错误，尤其是当二者进行配合（Collaboration）或者进行社会比较（Social Comparison）时，错误研究显得尤为重要。

从人的信息加工和行为角度，可将人的错误分为失误、过失、遗漏和模式错误，如图 14.4 所示。

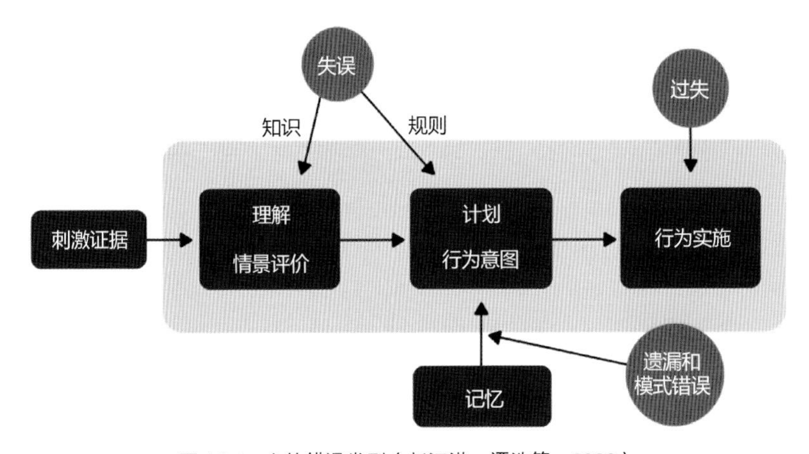


图 14.4 人的错误类型（赵江洪、谭浩等，2006）

失误（Mistake）是指未形成正确的目标或意图，是人在信息加工层面上导致的错误，这类错误的原因是人和机器都可能犯错，因此是机器行为学最关注的内容之一。失误分别存在于情境评价的理解阶段和行为意图的计划阶段。一方面，情境评价的理解阶段的错误由于对情境的错误理解而形成了不正确的行动计划。从人的角度看，这样的错误主要源于人的心理模型的有限理性。例如，人们对事实的来龙去脉认识肤浅，形成了不正确的知识，造成了失误。从机器的角度看，这样的错误主要源于情境计算能力（如机器视觉）的不足及理解情境的知识的局限。另一方面，行为意图的计划阶段的失误一般是执行规则的情境适应性问题，即当前的情境是否适用于过去的经验。人在长期的生活和工作实践中形成了关于进行某项工作的规则，机器拥有不同情境的解决方案的相关知识，在新的情境中，人和机器往往会将现在的情况和过去的经验“类比”。事实上，过去的经验并不总能运用到当前的情况中，因此会产生失误。

过失（Slip）通常是由行动规则选择错误导致的行为目标意图错误，主要是在人的行为实施层面上出现错误而产生的。与失误不同，过失是指正确的意图被错误地执行。

遗漏（Lapse）是指对目标意图未采取行动，通常与人的记忆失败有关。遗漏和失误的差距明显。遗漏通常是一种“遗忘”，例如使用取款机取款时忘记取出信用卡，而基于知识的失误通常与人的错误知识结构和短时记忆的超负荷有关。典型的遗漏现象是在操作的一系列过程中省略了其中的一些步骤，如正在炒菜的人忽然接了一个电话，回来重做时忘记了放盐。

模式错误（Mode Error）是指由于操作者忘记了目前特定的操作模式而将其他操作模式运用到当前的情形中。它既和过失有关，又和遗漏的记忆特征有关。例如，打字员在中文输入状态下试图输入英文字母就是典型的模式错误。事实上，当人和计算机进行交互时，若操作者在不同的软件之间切换，则由于相同的按键代表不同功能，很容易出现模式错误。

过失、遗漏和模式错误都主要是人的错误，机器行为和设计错误一般情况下不会出现。但是，这也要求设计师设计算法时要充分考虑出现的各种错误的行为方式。

人的差错不仅仅是个人操作的错误，社会和组织的因素也会造成人的差错，而且社会和组织因素很大程度上也影响着人们的日常行为。特别是在重大事故中，操作人员本身的差错只是很小的一部分。雷森（F. Reason）等人对很多大型事故进行研究后发现，错误的设计和管理决策错误是许多大型事故的根本因素。在许多大型企业发生人员差错或者违反操作规程的时候，操作负责人或者企业管理人员通常面临一项选择——是采取有确定收益（高产出）的决策还是采取无风险（高安全）的决策。通常情况下，人倾向于采取“确定收益”而不是“非风险”的决策。雷森等人指出，管理人员“更常”从高产出中获得回报，这样的强化更直接；而高安全强化就不那么明显，很少被人体验到，毕竟很少发生事故。在机器行为设计中，一方面，要考虑人在社会情境中的错误；另一方面，机器行为的目标设定可能受到社会因素的影响。

## 14.3 人对人自身和机器错误的认知差异

人习惯于对周围的事物进行解释。但是，由于人的心理模型“有限理性”，人对周围事物的解释往往是不正确的。对待错误同样如此，人总认为当时的解释是合理的。例如，美国三里岛核电站的操作人员出现了多次判断失误，虽然事后发现这些操作存在严重问题，但在当时，操作人员的判断和操作都是合乎逻辑的。人在遇到奇怪或全新的事情时（很多时候是出现了差错）总是寻找某种解释，一旦找到了解释，不管是对还是错，都会感到满足，即使只是暂时的满足。这是人的行为特点。因此，诺曼（D. Norman）等人的研究表明，在三里岛事故中，工作人员当时的判断是完全合理的，设计糟糕的显示装置和不能准确反映阀门工作状态的设备才是事故的真正原因。

人在做某件事情的时候，如果经历多次失败，错误地解释自己不能做好这件事情，就会陷入无助的状态，这被称为习得无助感（Learned Helplessness）。人们在使用智能系统与机器的时候，很容易产生习得无助感。特别是机器的智能属性，容易使人产生误解，再加上人的心理模型的特点，人可能会感到难以使用某个智能机器，从而放弃使用。更严重的是，使用智能机器和系统错误时，人们会感到内疚和畏惧。诺曼的研究表明，这种情况多半是由机器行为设计失误造成的。

与此同时，人类对人和机器所犯的错误存在一定的感知差异，并且受到社会环境的影响。当独立的一个人或机器犯错误时，无论是机器还是人，都会受到指责。然而，当人和机器两个主体在人机合作的情况下犯错误时，归咎于机器的责任就会减少。例如，当汽车发生交通事故时，如果是两人合作驾驶汽车，那么人们会认为两人都有责任；然而，如果是人类与智能机器共同驾驶汽车，那么智能机器的责任就要轻一些。这种对人的错误认知的“严苛”，反映了人们对智能机器出现故障的认知不足，可能造成安全方面的问题，也是机器行为设计需要考虑的问题。在现实情况下，可能需要对机器行为的安全进行自上而下的监管，以纠正公众对人机协作或人机融合案例中智能机器出现错误的过度反应。

## 14.4 案例：基于安全的自动驾驶汽车接管请求时间人类感知阈限实验研究

1．简介

对于全自动驾驶汽车，保留对驾驶行为的控制权不仅对人的感知体验有正面作用，而且是安全驾驶的重要组成部分。保留全自动驾驶汽车的人类控制权要求自动驾驶汽车向人类用户发出接管请求（Take-Over Request）。

本案例基于湖南大学与百度联合开展的“智能汽车多通道人机交互设计研究”项目，通过对不同的接管请求的机器行为对人类反应时间的影响，开展了虚拟驾驶情境的实验研究，以确定出现紧急情况而需要接管时，保证安全的请求接管时间。

2．方法与过程

实验首先根据现有文献和经验，分析“请求接管时间”，最终设置了 4 个不同的接管请求时间水平作为自变量，分别为 2 秒、3.1 秒、4.4 秒和 5 秒，分别定义为水平 1 到水平 4。

同时，实验包含 4 个场景，分别是当前的行驶状态（正常/失控）和用户是否执行任务，具体如下：

正常行驶汽车预期碰撞前 $n$ 秒发出接管请求。

失去控制汽车预期碰撞前 $n$ 秒发出接管请求。

前车突然停车，后车还有 $n$ 秒就会碰撞上去，用户没有执行避撞任务。

前车突然停车，后车还有 $n$ 秒就会碰撞上去，用户正在执行避撞任务。

实验的因变量是与驾驶安全相关的变量，主要包括请求接管的反应时间、汽车偏移中心道路的距离、发生的碰撞次数、驾驶员的平均心率。其中，前三个变量是驾驶安全（或危险程度）的直接指标，最后一个变量则是对驾驶员造成压力的生理指标。

实验采用虚拟驾驶模拟程序生成驾驶环境，使用软件 Simulink 生成驾驶自主功能。输入设备是带有加速器和刹车踏板的罗技 G27 赛车轮，方向盘、踏板和侧面的两个按钮都可接管控制权。

共有 65 名被试参加了实验。实验采用分层抽样的方法，所有被试均拥有有效驾照，至少有一年的驾驶经验。在实验开始前，被试学习控制虚拟驾驶情境下的自动驾驶汽车，练习在模拟车辆中操作接管控制。除了满意度问卷采用实验后的问卷方式获得，其余指标均由相关的生理设备和计时器获得。

3．结果

实验将显著性 $\alpha$ 设为 0.01。由于数据是非正态分布的，所以采用克鲁斯卡尔－沃利斯检验这样的非参数统计分析方法。表 14.2 所示为不同请求接管时间和不同情境下的均值、标准差与检验结果。

表 14.2　不同请求接管时间和不同情境下的均值、标准差与检验结果

| 不同请求接管时间下的均值和标准差 | | | | | | | | | | | |
|---|---|---|---|---|---|---|---|---|---|---|---|
| 变　量 | 水平 1 | 水平 2 | 水平 3 | 水平 4 | *P* | 配对比较 | | | | | |
| | 均值（标准差） | 均值（标准差） | 均值（标准差） | 均值（标准差） | | 1～2 | 1～3 | 1～4 | 2～3 | 2～4 | 3～4 |
| 反应时间（秒） | 1.12（0.59） | 1.02（0.29） | 0.92（0.41） | 1.37（0.63） | 0.072 | × | × | × | × | × | × |
| 最大加速度（$m/s^2$） | 9.49（1.35） | 8.35（1.43） | 7.91 1.41） | 7.85（1.69） | $<0.001^{***}$ | | | | × | × | × |
| 平均车道偏离距离（米） | 0.44（0.16） | 0.53（0.14） | 0.47（0.12） | 0.59（0.19） | $0.003^{**}$ | × | × | | × | × | |
| 碰撞次数 | 1.27（1.30） | 0.40（0.50） | 0.30（0.60） | 0.68（0.80） | $0.004^{**}$ | × | | × | × | × | × |
| 平均心率（bpm） | 78.67（11.59） | 78.47（11.02） | 78.02（9.57） | 75.58（10.43） | 0.904 | × | × | × | × | × | × |
| **不同情境下的均值和标准差** | | | | | | | | | | | |
| 变　量 | 情境 1 | 情境 2 | 情境 3 | 情境 4 | *P* | 成对比较 | | | | | |
| | 均值（标准差） | 均值（标准差） | 均值（标准差） | 均值（标准差） | | 1～2 | 1～3 | 1～4 | 2～3 | 2～4 | 3～4 |
| 反应时间（秒） | 1.15（0.83） | 0.92（0.41） | 1.05（0.41） | 1.36（1.32） | $0.001^{**}$ | × | × | × | | | × |
| 最大加速度（$m/s^2$） | 9.45（1.51） | 8.84（3.36） | 6.31（2.60） | 9.00（2.13） | $<0.001^{***}$ | × | | × | | × | |

（续表）

| 不同情境下的均值和标准差 | | | | | | | | | | | |
|---|---|---|---|---|---|---|---|---|---|---|---|
| 变　量 | 情境 1 | 情境 2 | 情境 3 | 情境 4 | $P$ | 成对比较 | | | | | |
| 平均车道偏离距离（米） | 0.20（0.28） | 0.51（0.24） | 0.80（0.22） | 0.52（0.20） | $< 0.001^{***}$ | | | | | × | |
| 碰撞次数 | 0.22（1.31） | 0.08（0.54） | 0.23（0.60） | 0.13（0.80） | $0.007^{**}$ | | × | × | | × | × |
| 平均心率（bpm） | 79.49（11.07） | 77.99（11.03） | 77.48（10.58） | 78.57（10.96） | 0.565 | × | × | × | × | × | × |

*表示 $P < 0.05$，**表示 $P < 0.01$，***表示 $P < 0.001$。

由表 14.2 可以看出，不同的接管请求时间和不同的情境对自动驾驶汽车接管移交安全的三个指标均有统计学上的显著性影响。平均心率的分析结果均不具有显著性差异。上述数据说明，请求接管移交时间可能对驾驶员造成压力没有显著性影响，原因可能是接管时间总体较短，难以给用户造成实时的生理影响。

从不同的接管请求时间看，对于 2 秒、3.1 秒、4.4 秒和 5 秒四个接管移交请求的时间，4.4 秒的反应时间最短，均值为 0.92 秒，标准差为 0.41 秒，且和其他三个时间均有显著性差异；同时，在 4.4 秒的水平上，发生碰撞的次数最少，偏移中间道路的次数排名倒数第二，仅比 2 秒组的多。这些分析结果初步说明 4.4 秒可以作为驾驶安全（或危险程度）的可能阈限指标。

4．结论

基于安全的行为研究历来具有挑战性，因为其研究结果可能影响人类的基本安全，因此必须小心进行。同时，测量安全的实验需要保证被试的基本生理和心理安全，因此虚拟实验室是比较有效的研究情境。

本研究也存在一些不足。首先，虽然研究的样本数 65 达到了行为科学的基本标准，但从数据统计情况看，数据出现了非正态分布的情况，说明实验存在抽样偏差的风险；其次，研究提出的接管移交请求时间的数据是基于现有文献的，需要进一步探查更多不同的时间对结果的影响，进而改变阈限；第三，从不同的情境看，研究设置的四个情境从数量上说可能存在不足，后续研究需要增加实验情境以提升研究的信度和效度。

## 讨论

在任何情况下，安全问题都是所有机器最基本的问题。

1．在智能汽车接管移交过程中，预警显示设计有多种形式。采用哪些交互通道（视觉、听觉、触觉）或者哪些通道组合可以获得更好的预警效果，进而更好确保汽车乘员的安全？

2．除了汽车，应急情境的机器行为也面临安全问题。应急情况下的机器行为设计和日常机器行为设计有何异同？试举例说明。

# 15 面向效能的机器行为
## 人机作业效率

效能（Performance）是指按照一定要求完成某项任务时表现出来的效率和成绩。智能机器设计的目的是提升人类工作和生活的效率。从机器行为学的角度看，智能机器的效能问题是一个复合的概念，反映了机器的效能、人的效能以及机器和人所构成的人机系统的效能。机器行为的效能主要关注人机作业中“人的效能”以及“人机系统的效能”。

### 15.1 人的脑力作业效能

人的作业行为可以分为重体力作业、技能作业和脑力作业。考虑到智能机器的特点，与机器行为学直接相关的是脑力作业。一般可将脑力作业理解为人作为“人机系统”的一部分而进行的接受、解释和处理信息的过程，也是人的思维、推理和决策过程。人的脑力作业过程可以分为三个阶段：感知、加工和执行，这和前面提到的机器的认知行为的“识别、求解和预测”具有一定的对应性。

第 14 章提到，人的脑力作业的能力是有限的，因为人的信息通道的容量约为 7 比特。按照信息加工理论，虽然大部分信息已被过滤（见表 14.1），但是实际上进行脑力加工的信息是有限的。在很多情况下，人需要同时完成若干任务。例如，飞行员驾驶飞机时必须同时进行大量操作活动，音乐表演者需要同时注意音符、节奏、伴奏及自己的表演等。一个熟悉的情境是，汽车驾驶员经常一边开车一边接听手机。事实上，这是非常危险的。大量研究表明，驾驶汽车时使用手机，基于脑力作业能力和情境意识等原因，作业效绩显著下降，事故率是不使用手机时的 4～10 倍。

脑力作业的负荷与脑力作业占用的心理资源关系密切。心理资源是指人的注意力投向不同认知加工活动的能力。人在一定时间内动用的心理资源的能力是有限的。脑力作业负荷高，需要的心理资源较多。工作负荷超过某个水平后，心理资源供应不足，人就不能有效完成工作任务，导致整个系统的效能下降，如图 15.1 所示。

脑力作业不仅在同一时间内占用的心理资源是有限的，而且在连续工作的时间内也是有限的。例如，人们读书的时间变长后，就会感到很难“读进去”，常常一个句子要多读几遍。事实上，人不可能完全做到脑力集中而不发生暂时分散，人脑在进行信息处理时不得不频繁地停止。这样的现象被称为中止（Halt），而长时间的脑力活动会延长“中止时间”，并增加“中止”出现的频率。研究显示，脑力作业中止的时间一般是中枢加工信息时间的一倍，这可能是长时间地进行高效率的脑力作业的自律调节机制。

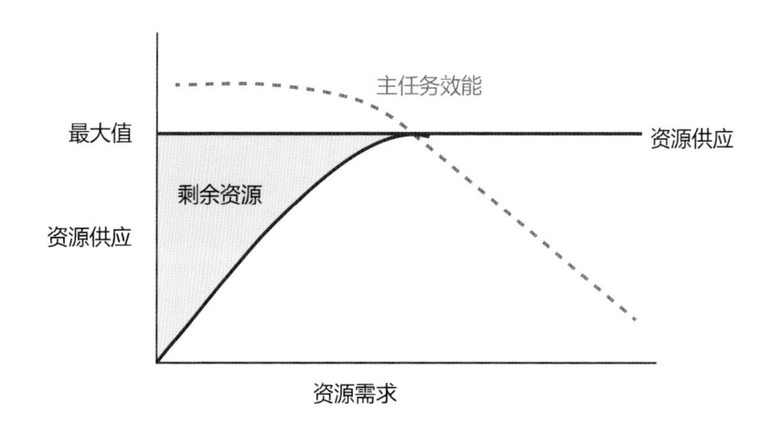


图 15.1 工作负荷和资源需求、资源供应及作业效能的关系（赵江洪、谭浩等，2006）

人的脑力作业的效能的度量指标是反应时。人从某个信号出现到做出反应的时间是一个十分稳定的时间，这就是反应时。反应时一般分为简单反应时和选择反应时。人类脑力作业效能的度量一般是选择反应时。表 15.1 中给出了选择反应时与可能加工信息量的关系。可以看出，从 1 比特到 10 比特的信息量，选择反应时与可能加工信息量之间存在近似的线性关系。因此，通常使用选择反应时测量人类脑力作业的效能。

表 15.1 选择反应时与可能加工信息量的关系

| 信息量（比特） | 1 | 2 | 3 | 4 | 5 | 6 | 7 | 8 | 9 | 10 |
|---|---|---|---|---|---|---|---|---|---|---|
| 在 1/100 秒内可能的反应时间（毫秒） | 20 | 35 | 40 | 45 | 50 | 55 | 60 | 60 | 65 | 65 |

## 15.2 人机系统的效能

人机系统的效能是一个复合的概念，除了考虑人的脑力作业效能，还要考虑机器的效能及人机的配合情况。从效能本身的角度看，一方面要考察完成任务的情况，另一方面要考察人机系统的可靠性。

1. 完成任务的情况

人机系统完成任务的效率和质量一般可以使用完成任务的时间和任务完成情况来确定。对于不同的任务，完成任务的时间和完成的要求各不相同，因此人机系统的效能和质量一般使用时间和完成质量的变化来度量。例如，某个智能机器的任务完成时间从原来的 10 秒减少至 8 秒，提升了完成任务的效能。

人机系统效能的另一个关键问题是系统效能的标准，一般包含最高、最佳和可接受三个标准。最高作业效能标准（诸如一级方程式赛车的人车系统效能），就是最高技能的人在最完善的机器条件下完成最熟练的活动。最佳作业效能标准是智能系统正常运行条件下，最符合人的因素的作业要求的作业效能。可接受作业效能标准则反映现实情况。例如，一般智能机器的系统设计通常无法获得最佳的人机系统匹配水平，因此第 14 章中确保安全的机器行为的“容错”是可接受作业效能。根据容错的观点，人总会出错，只要错误在系统可接受的范围内，就可认为系统效能处于理想状态。

2．人机系统的可靠性

人机系统的效能还要通过人机系统的可靠性来衡量。人机系统的可靠性是人的可靠性和智能机器的可靠性的综合结果。

目前，智能机器的可靠性有了较大的提高。智能系统的设计质量、算法质量等都已成为机器可靠性的重要因素。与此相对应，人的可靠性问题就显得十分突出。人的可靠性和前面提到的人的差错具有密切的联系。人的可靠性的关键是人具有很多不稳定的因素。人的活动和机器相比具有很大的灵活性（或自由度），这样的灵活性使人具有随机应变地处理情况的能力。同时，正是这样的自由度才让人产生错误，这就是人的不稳定性。人的不稳定因素有很多，因此影响人操作可靠性的因素比较复杂。

从方法的角度看，人机系统可靠性是一种预测智能机器效能的定量分析方法；从概念的角度看，可靠性意味着解释系统的错误是如何产生的；从度量的角度看，可靠性是系统长期完成某项作业的成功率。人机系统的可靠性一般可以用可靠度、故障率和发生故障的平均时间来度量。可靠度一般是指在一定的时间和条件下，无故障地发挥规定功能的概率。故障率和可靠度相反，一般是指在一定时间内发生故障的次数。发生故障的平均时间是指从开始使用到发生故障的时间。上述因素都会直接影响智能机器的效能。

## 15.3　案例：智能用户研究系统访谈宝的设计

1．简介

访谈是用户研究过程中深入理解用户、洞察用户需求的方法之一。但是，当专业的用户研究员进行一次完整的专业访谈时，不仅需要对访谈本身投入较大的人力和时间，而且在访谈结束后需要对访谈时的录音进行深入分析和归纳整理。研究显示，整理和分析访谈录音的时间是访谈时间的4～8倍，这是访谈法作为一种高效用户研究方法的瓶颈之一。

这里介绍的设计与研究由英国艺术与人文基金项目（牛顿计划）与华为研究院“智能设计”项目共同资助，总体目标是通过智能用户研究系统访谈宝（Voice Of Customers，VOC）的设计，帮助需要进行访谈的用户研究员自动整理访谈录音材料，智能生成访谈报告，提升用户研究员的工作效能，是一个典型的智能机器提升人类工作效能的设计项目。

2．访谈宝功能流程设计

访谈宝系统设计以提升用户研究员访谈效率为目标，从用例设计开始，针对“访谈过程”和“自动生成与查看访谈报告”两个核心功能展开，其中自动生成访谈报告包含访谈语音转换为文本、深度挖掘文本的需求和用户情感两部分。图15.2所示为生成与查看访谈报告的用例图。

在此基础上，对用例中的用户需求进行分析，初步获得访谈宝产品的功能清单（见表15.2）与产品使用流程图（见图15.3）。

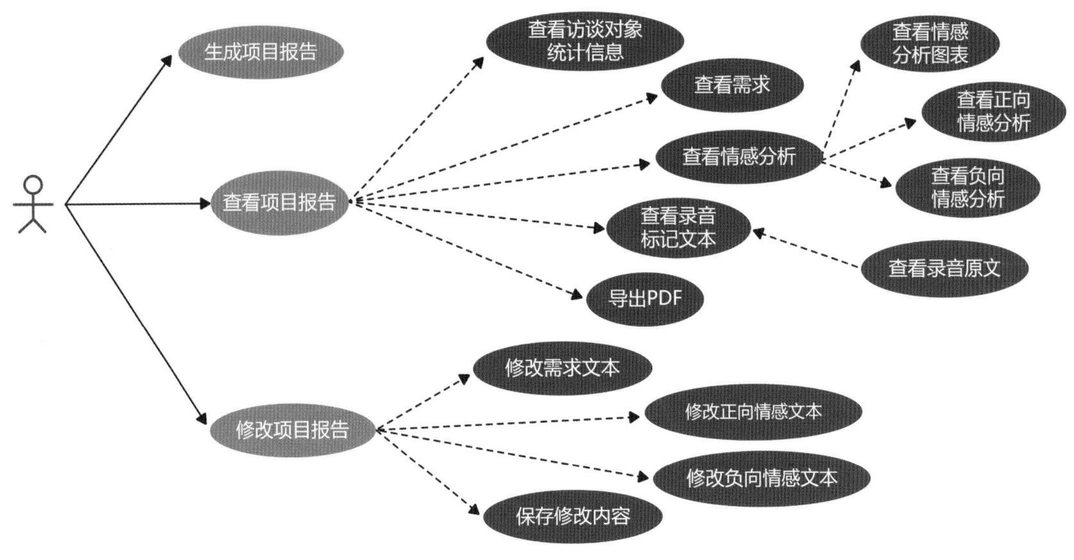


图 15.2　生成与查看访谈报告的用例图

**表 15.2　功能清单**

| 模　块 | 功　能 | 描　述 |
|---|---|---|
| 访谈录音 | 开始录音 | 一键开始访谈录音 |
| | 暂停录音 | 在录音过程中随时暂停录音 |
| | 继续录音 | 在暂停录音后随时可以继续录音 |
| | 完成并保存录音 | 完成录音并保存录音 |
| | 查看录音时长 | 实时查看录音时长，了解已访谈了多长时间 |
| | 查看录音转译文本 | 录音会实时进行语音识别，可以看到实时转译文本 |
| 访谈对象信息 | 填写姓名 | 填写访谈对象姓名 |
| | 选择性别 | 选择访谈对象性别 |
| | 选择年龄 | 选择访谈对象年龄 |
| | 选择学历 | 选择访谈对象学历 |
| | 填写职业 | 填写访谈对象职业 |
| | 回听录音 | 回听已经访谈的录音 |
| 项目管理 | 新建项目 | 新建访谈项目，填写项目名称 |
| | 删除项目 | 删除已有项目，同时删除该项目下的全部访谈录音 |
| | 重命名项目 | 对项目进行重命名 |
| 访谈对象报告 | 生成报告 | 一键生成访谈对象报告 |
| | 查看报告 | 查看访谈对象报告，包括访谈对象信息、需求分析、情感分析、重点标记原文 |
| | 修改报告 | 修改访谈对象报告中的需求文本、情感文本 |
| | 查看原文 | 查看访谈对象录音原文，同时可以回听录音 |

（续表）

| 模　块 | 功　能 | 描　述 |
| --- | --- | --- |
| 项目报告 | 生成报告 | 一键生成项目报告 |
| | 查看报告 | 查看项目报告，包括项目中全部访谈对象的统计信息、需求分析、情感分析、重点标记原文 |
| | 修改报告 | 修改项目报告中的需求文本、情感文本 |

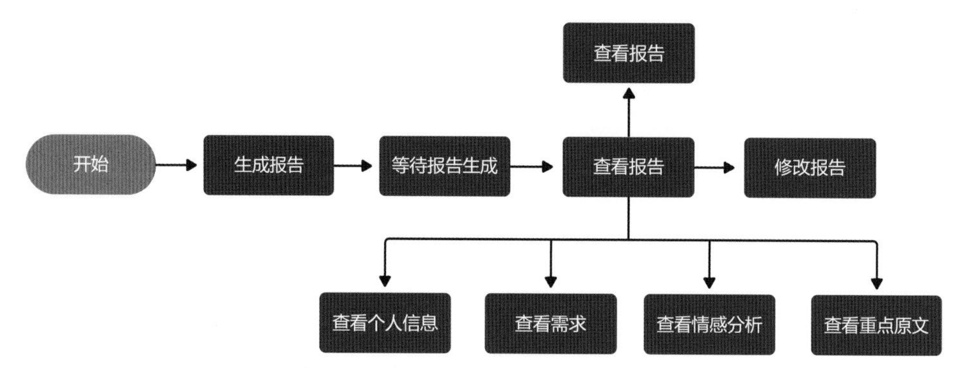


图 15.3　产品使用流程图（访谈宝生成及查看报告，部分）

3．算法设计与实现

基于功能与流程设计，对访谈宝系统的智能算法进行设计。访谈宝首先通过语音识别技术将录音转换为文本，然后通过自然语言处理技术结合用户研究的专门知识的机器学习与训练，对文本进行分析，自动提取用户研究需要的用户需求和用户情感，自动生成用户研究报告。总体算法流程图如图 15.4 所示。

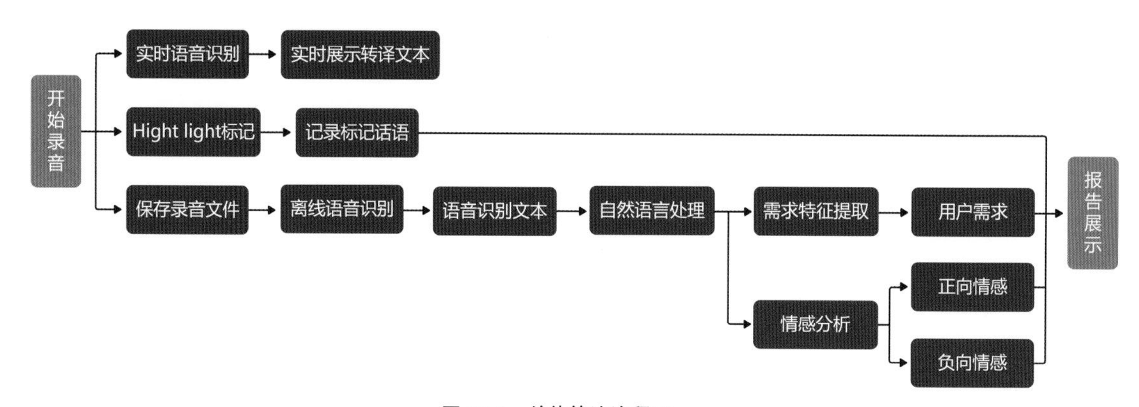


图 15.4　总体算法流程图

在具体算法上，访谈宝的语音识别能力通过调用百度人工智能开放平台提供的语音识别接口实现，自然语言处理能力在湖南大学与华为联合开展的智能设计项目中针对在线用户评论的用户需求与情感语义分析工具的基础上，对访谈用户的特征进行算法优化，具体算法架构图如图 15.5 所示。

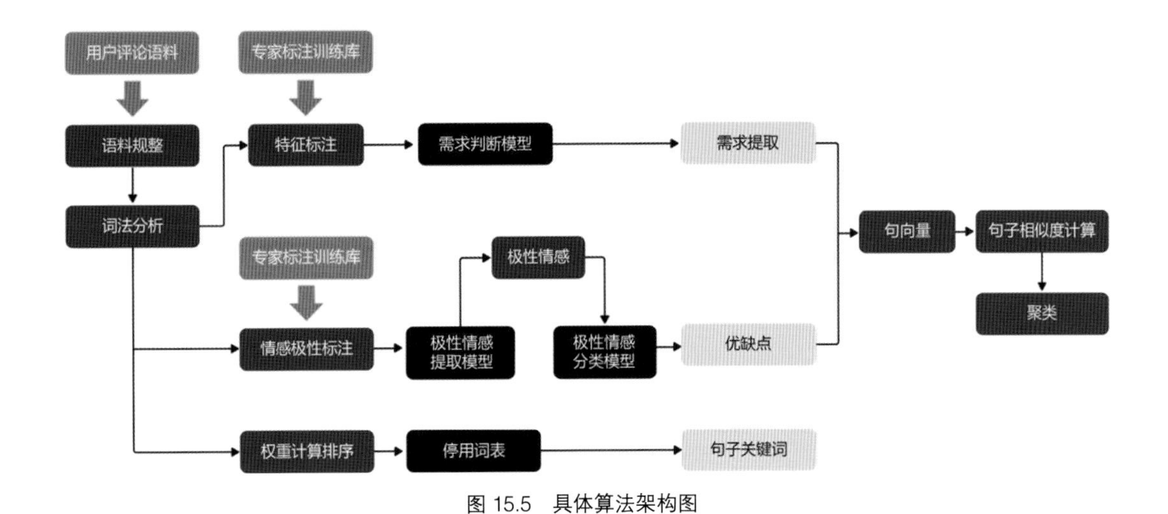


图 15.5 具体算法架构图

例如，针对需求提取，访谈宝的算法基于常用的支持向量机（Support Vector Machine，SVM）将文本分成“需求”与“非需求”两类。算法简单表达如下：

```
# 打标签，需求语料打上标签 1，非需求语料打上标签 0
x = np.concatenate((need['words'], un_need['words']))
y = np.concatenate((np.ones(len(need)), np.zeros(len(un_need))))
# 训练 SVM 需求分类模型
model = SVC(kernel = 'rbf', verbose = True)
model.fit(train_vec, y)
# 保存 SVM 需求分类模型
joblib.dump(model, '../Desktop/need_svm.pkl')
# 验证 SVM 分类模型效果
def svm_predict(query):
words = jieba.lcut(str(query))
words_vec = total_vector(words)
# 加载需求分类模型
result = model.predict(words_vec)
# 输出需求分类结果
    if int(result) == 1:
        print('类别：需求')
    elif int(result) == 0:
        print('类别：非需求')
```

最后，在进行界面设计的基础上，访谈宝基于 MVC 模式开发，通过 Objective-C 语言在 Xcode 开发环境上实现。访谈宝的主要界面如图 15.6 所示。

图 15.6 访谈宝的主要界面

4. 应用与结论

访谈宝目前已应用于国内部分通信、家电和汽车企业，并且取得了不错的效果。与传统的访谈流程相比，访谈宝节约了用户研究员转换文字、数据分析和数据可视化的时间，提升了用户研究的效能，如图 15.7 所示。

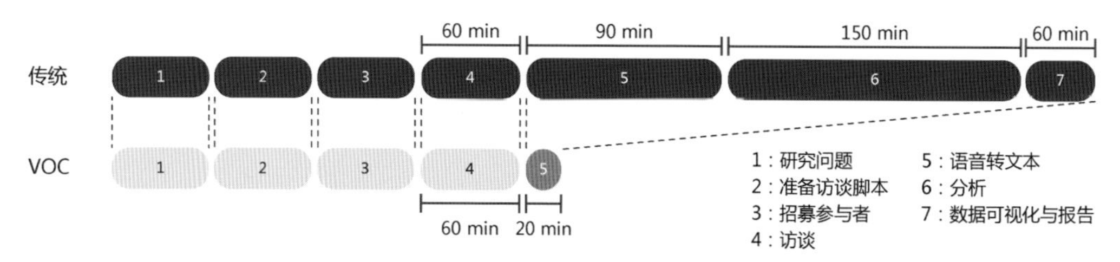


图 15.7 访谈宝与传统访谈流程的比较

机器行为设计与机器行为研究同样重要。总体而言，访谈宝是在软件系统设计的范围内，通过整合算法行为而形成的全新智能系统。访谈宝涉及的算法本身的改进并不多，但与传统的访谈流程相比，可以提升访谈研究的作业效能，体现了机器行为设计在提升作业效能方面的积极作用。

同时，更复杂的机器行为，如智能机器和人类合作开展的复杂问题求解的作业行为，要比访谈宝这样的“简单智能替代行为”复杂，这也是下一个研究案例需要讨论的内容。

## 15.4 案例：人机合作中智能机器的透明度对作业效能的影响研究

1. 简介

图灵实验在人们不知情的情况下，使用智能系统模拟了人类行为。一般认为，人们倾向于信任与人合作，而不愿意与智能机器、系统和算法等合作。例如，传统的网络营销电话通常是采用机器模拟语音来进行的，隐藏了智能机器的属性，导致人类产生欺骗、恐惧的体验，同时产生道德伦理方面的巨大挑战。这里介绍的研究的目标是探索如下问题：如果确实告知了智能机器作为合作伙伴，让人类拥有良好的透明度，会不会降低人机系统的效能？

2．方法与过程

研究基于伊索沃－奥洛克（F. Ishowo-Oloko）等的相关研究，在中国开展比较研究。在智能机器算法层面，选取伊索沃－奥洛克采用的相同算法软件 S++，并对为被试提供的用户界面进行汉化处理。在此基础上，利用算法对人与人合作及人与智能算法合作的情形进行实验研究。

实验采用 2×2 实验配置，如表 15.3 所示。实验随机招募 219 人，分别被随机分配到表中的四种情况之一。

**表 15.3 实验配置**

| 实际情况 | 告知情况 | |
|---|---|---|
| 与人合作 | A1（真实告知）与人合作 | A2（错误告知）与机器合作 |
| 与机器合作 | B1（错误告知）与人合作 | B2（真实告知）与机器合作 |

研究使用“是否完成合作（完成合作的比例）”和“完成合作的时间”作为人机系统效率的指标。实验中的相关游戏共进行 40 轮，考察人机合作过程的四种不同情况对结果的影响。

3．结果

图 15.8 是经过 40 轮游戏后完成合作的比例情况，橙色线条是研究的结果，蓝色线条是伊索沃－奥洛克的研究结果。

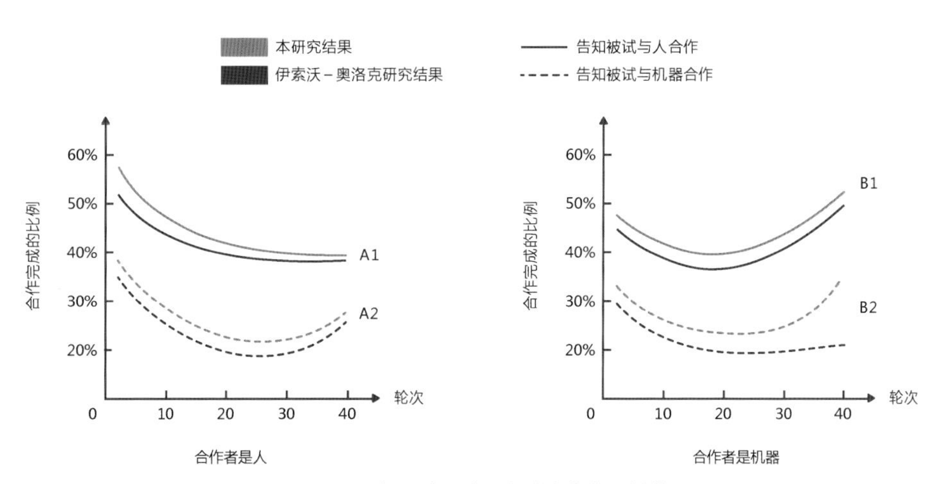

图 15.8 经过 40 轮游戏后完成合作的比例情况

从图中可以明显地看出，告知被试与人合作（无论是真实告知还是错误告知，A1、B1）时，完成任务的比例高于告知被试与机器合作（A2、B2）。从统计结果看，模型中告知被试的合作类型存在显著性差异（$z = 3.129$，$P < 0.001$）。同时，不同轮次（$z = -7.911$，$P < 0.001$）及不同轮次与真实合作情况的交叉效应（$z = -7.109$，$P < 0.001$）也存在显著性差异。

进一步分析和比较发现，当机器人被当作人告知用户时（B1），其效能高于与真实的人进行合作；但是，一旦告知是与机器合作（B2），效能就会下降 10%～15%，而这两个水平仍然高于将真实人类行为视为机器（B1）的情况。更加通俗的说法是："机器伪装成人"是效能最好的，告知用户是真实的机器及与真实的人合作，效能变化不大。但是，将与真实的人合作说成是与机器合作，效能是最低的。这个结论与伊索沃—奥洛克的相关研究结论基本一致。

研究还发现，随着合作轮次的变化，合作完成的比例呈下降趋势，但是经过 20～30 次合作后，磨合增加，合作完成的情况出现改善。这个趋势与合作对象或告知的对象关系不大。然而，在伊索沃—奥洛克的研究中，当合作者是机器且被告知是与机器合作（B2）时，并未出现这种磨合增加的效应。这初步反映了两个研究的一些差异，但这次研究未探查具体原因。

从完成任务的时间看，研究结论与前面的任务完成率相似（见表 15.4），从而验证了上述研究结论。

表 15.4　完成任务的时间结果

| 实际情况 | 告知情况 | |
|---|---|---|
| | 告知与人合作 | 告知与机器合作 |
| 与人合作 A | 15.7 秒（A1） | 27.0 秒（A2） |
| 与机器合作 B | 17.9 秒（B1） | 26.3 秒（B2） |

4．结论

研究初步表明，智能机器的透明度可能损害作业效能。然而，公众总体期望智能机器是透明的，详细探讨见第 18 章。从人的角度看，人是否一直对机器保持透明也是一个非常有挑战的话题。事实上，人类自身也未做到完全透明。因此，从哲学的角度看，机器没有必要一定要对人保持透明。上述讨论引出了一个更深层次的问题，即是否应该为了效率而允许机器隐藏其"非人"的属性。归根结底，这种选择必须由与这些智能机器发生交互关系的人来决定，否则可能违反社会技术体系中人类自主、尊重和尊严的基本价值观。

## 讨论

从本章的案例可以看出，通过不透明的机器行为来追求效率，很可能与人的价值观相冲突。然而，如果人们知道透明情况下人机系统的效能可能因为透明而受到损害，那么人们可能会认为机器不透明是可以接受的。当然，这种策略在道德上是否有根据、在社会上是否可以接受还有待观察。

1．为了最大限度地发挥智能机器的作用，设计师应该如何在机器完全透明与提升效率之间寻求平衡？

2．从效能的角度看，人们也许会接受或者部分接受与智能机器展开合作。寻找当前人和智能机器合作的案例，分析智能机器如何提升人机系统的作业效率。

# 16 面向体验的机器行为
## 信任与感受

体验（Experience）是人类的情绪和感性因素。人的感性因素涉及人的情感、情绪、体验、审美、动机等心理感受。因此，研究智能机器对人类体验的影响和作用，对机器行为学的研究具有重要意义。

## 16.1 体验与情绪

从行为科学的角度看，体验是一种情绪。行为科学家曾经在大规模的社会调查中让人们定义情绪，几乎所有人都将情绪视为他们体验到东西。对多数人而言，情绪就是体验，而体验使人们以某种方式展开行动。情绪和体验是人的身体变化和情感的表现，与人的行为、行动和社会相互作用有关。虽然体验与情绪也存在认知和意识的成分，但情绪和体验与感知、认知在神经机制上有着本质的差别。研究发现，人的情绪和体验与人的大脑皮层有关。积极的情绪和体验至少在某些机制上与左半球大脑皮层有关，而消极的情绪和体验与右半球大脑皮层有关。基于这样的生理基础，可以认为体验超越了人类认知的范畴。

每种情绪状态都有一种明显的生理模式与其对应，情绪是对生理模式的意识经验。有的行为学家认为，情绪是对身体变化的意识，但是情绪对身体变化不起任何作用，情绪带给人的主要是体验。在行为科学研究中，体验的概念通常被当作情绪的一个组成部分。在这样的背景下，体验和人的感受密切相关，和人的常识十分相近。同时，体验也是复杂的，不同的人的体验是完全不同的，即使是对同一事物，有人可能体验到高兴，有人可能体验到忧伤。

不同的体验所经历的时间也不同。不同的情绪和体验的表情和生理变化一般会持续几分钟，人的口语报告一般可以反映过去几小时的情绪，人的心境可以持续几小时到几个月，而长期的情绪与体验就是所谓的人格特征，其持续时间可以是几年甚至人的一生。

## 16.2 体验的识别与度量

从研究的角度看，机器行为学涉及的体验一般需要进行识别与度量。很多因素都可以对体验进行识别，如生理设备、表情分析、口语报告等。下面重点介绍表情分析、生理测量和情绪量表三种方法。

1．表情分析

表情是最直接反映情绪和体验的测量手段，其测量的指标一般是体验的类别，因此可以作为体验分类的方法。1872 年，达尔文出版了《人与动物的情绪表达》（*The Expression of the Emotion of Man and Animals*），对情绪表达进行了开创性的研究。1936 年，海夫纳（K. Hevner）提出了情感环的概念。1972 年，艾克曼（P. Ekman）和福里森（W. V. Friesen）尝试研究了面部表情与情绪的关系（见图 16.1），建立了基于面部活动的情绪编码系统（Facial Action Coding System，FACS），包含恐惧、厌恶、悲伤、快乐、惊奇和愤怒六种基本情绪。情绪编码系统是一种系统化的情绪分析工具，对于快速进行体验分类具有重要价值。除了 FACS，伊扎尔（C. E. Izard）等开发了 MAX 编码系统，这是面向基本情绪体验的面部特征系统。目前，很多体验研究的软件和工具都提供表情分析功能，如行为研究中常用的行为分析软件 Observer XT 就提供专门的表情分析模块。

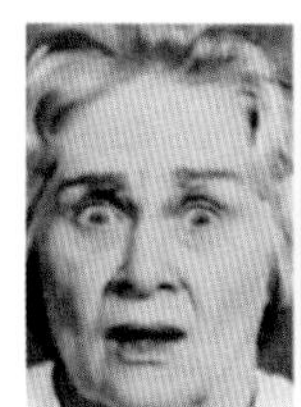
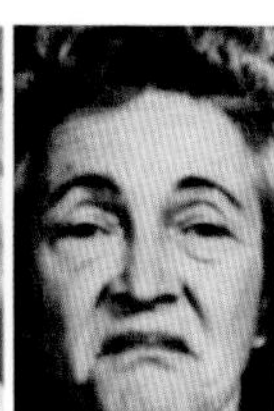

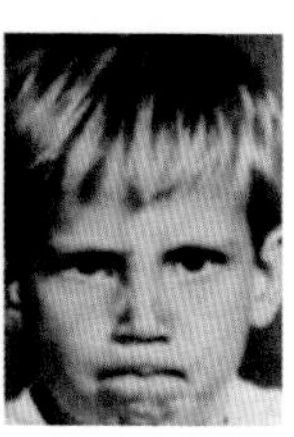

图 16.1　不同面部表情对应的情绪（艾克曼、福里森，2003）

2．生理测量

关于体验与情绪的生理测量，经典且有效的方法是基于情绪对大脑皮层和大脑深层区的影响，通过核磁共振获得大脑的扫描图。由于磁共振成本高且限制条件多，一般采用其他生理指标来进行测量。2001 年，皮卡德（R. W. Picard）提出了使用肌电（EMG）、皮电（SC）、呼吸抗阻（RSP）和血容量搏动（BVP）四种更易测量的生理信号进行情绪体验的生理测量方法，并逐步推广使用。图 16.2 所示为湖南大学在华为极限体验研究项目中，利用心电、皮电来对人的延时体验进行研究的分析图。

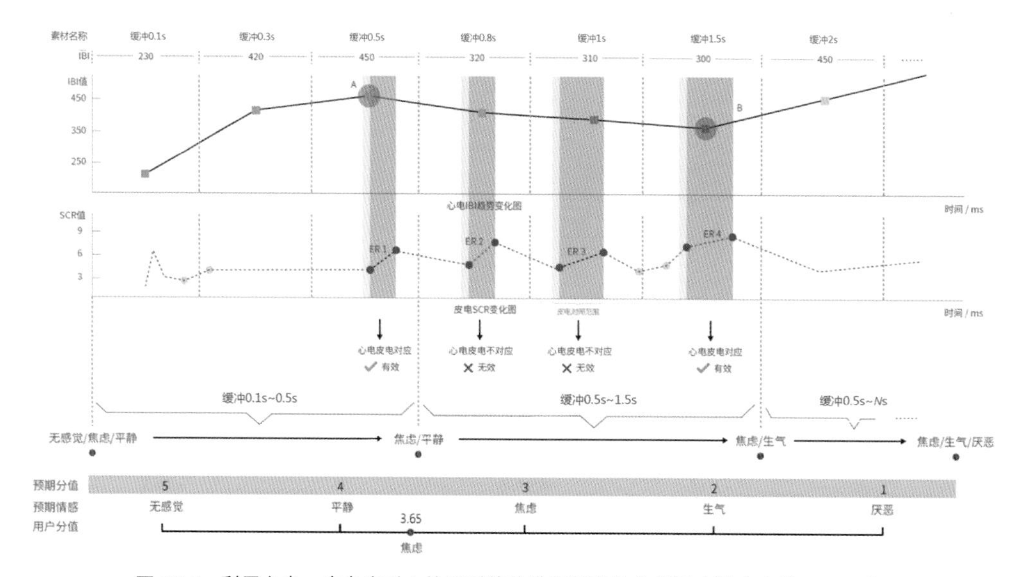


图 16.2　利用心电、皮电来对人的延时体验进行研究的分析图（湖南大学，2017）

3．体验量表

体验量表本质上是一种心理情绪量表，它首先假设人的体验与情绪是一个连续的心理量，然后基于模糊数学的思想，采用一对反义情绪体验词（如“高兴与不高兴”）建立所谓“高兴的”两极心理连续量，量表的一端为非常高兴，另一端为非常不高兴，人们在量表中选定当前的体验在“非常高兴到非常不高兴”之间的位置，即为当前的体验评分，如图 16.3 中的 0.31 分。虽然体验量表是连续心理量表，但在某些情况下（如为了便于被试评分）也可以使用非连续量表（如李克特量表）来对体验进行度量。

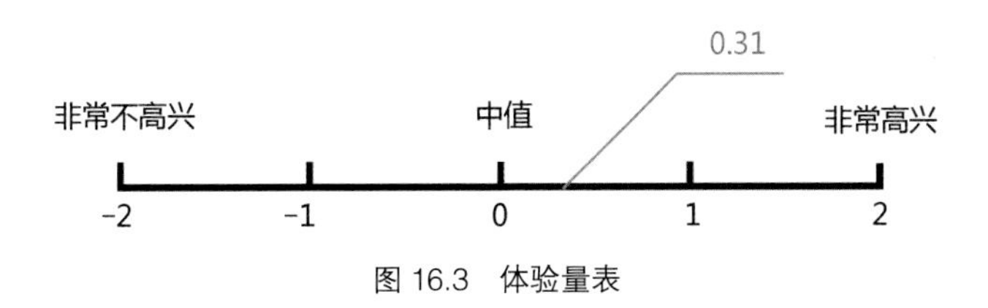


图 16.3 体验量表

## 16.3 安全与信任体验

在众多体验中，安全与信任是智能机器最重要的体验。如前面关于人类心理模型的研究总结那样，人类心理模型既会让人快速决策，又会带来偏见。智能机器可以为人类社会带来正面的和积极的影响，但人们的体验可能并非如此。事实上，人们对于科学技术都存在安全和信任体验的问题，如转基因食品等。人类对机器行为的安全信任体验存在偏见的根源是，实际安全性与人们感知的安全性之间存在差异。在行为科学领域，可接受的和期望的安全性水平被称为预期安全性。在预期安全性的指标中，与风险直接相关的两个指标——感知安全体验和风险敏感性很大程度上直接决定了人类对机器的安全信任体验。

1．感知安全体验

感知安全体验反映人类对风险降低的体验。实际上，风险降低不是没有危害的。风险降低主要使人们感到安全，因此感知安全体验可以定义为：人们当前对机器行为安全性的理解和感知，进而获得的自身的主体体验。影响感知安全体验的因素很多，如人们过去的负面经历等。

与此同时，风险一般被认为是机器行为产生体验的因素之一，其中人们对科学技术的担忧和恐惧被认为是造成人们主观上感受到机器行为不安全的决定性因素。因此，感知安全体验中所谓“感觉即风险”的假设是：在不同的风险情况下，对不同于认知评估方式的不同情绪（体验）反应。例如，人们将对犯罪的恐惧描述为担心犯罪的频率和影响，虽然二者之间并无直接关系，但是大量的研究表明，“担心的感觉”与“对感知风险和安全感的担忧”会影响人们对社会产生的不安全感的体验。因此，对机器行为的感知安全体验也受到风险感知的影响，这是机器行为在安全信任体验层面的重要影响因素之一。

2．风险敏感性

除了风险感知，风险敏感也是一个非常主观的体验，它不仅解释了人们对不同风险的恐惧程度的变化，而且解释了不同人群之间对特定风险的恐惧差异。风险敏感性说明了人们对风险的担心，并且证明了感知安全性是人们在情绪体验层面上的主观评估。风险敏感性也可视为伤害的一种属性，这在一定程度上可以解释为“人们的感知风险是如何产生恐惧及其受到的影响”。

在风险的敏感性方面，“感知可控性”也被视为风险敏感性的一个指标，即在特定情况下具有参与决策的能力，以期获得理想的结果和个人感受。感知可控性可以很好地解释“人们乘坐飞机会感觉到危险而乘坐汽车感觉到安全”的经典问题，因为二者的控制权完全不同。显然，人们对自动驾驶汽车的体验就受到了风险敏感性的影响。

## 16.4 案例：人们如何体验和期望自动驾驶汽车的安全

1．简介

人们对自动驾驶汽车的安全性总是持怀疑和担忧态度，他们认为自动驾驶汽车尚未达到可接受的安全水平。尽管已经证明在没有人工操作的情况下，启动自动导航是足够安全和有效的，但安全是人们对自动驾驶汽车最关注的要素，因此满足人们对自动驾驶汽车的安全体验至关重要。然而，自动驾驶汽车的实际安全性与人们体验的安全性之间存在差异。

这里介绍的案例基于湖南大学承担的“华为汽车智能交互体验研究”项目，它研究人们感知和期望自动驾驶汽车的安全体验的影响因素，以提升人们对智能汽车的体验水平。

2．研究模型与假设

研究采用经典的行为科学研究范式构建研究模型与假设，通过实验逐一验证模型与假设。研究模型与假设如图 16.4 所示。

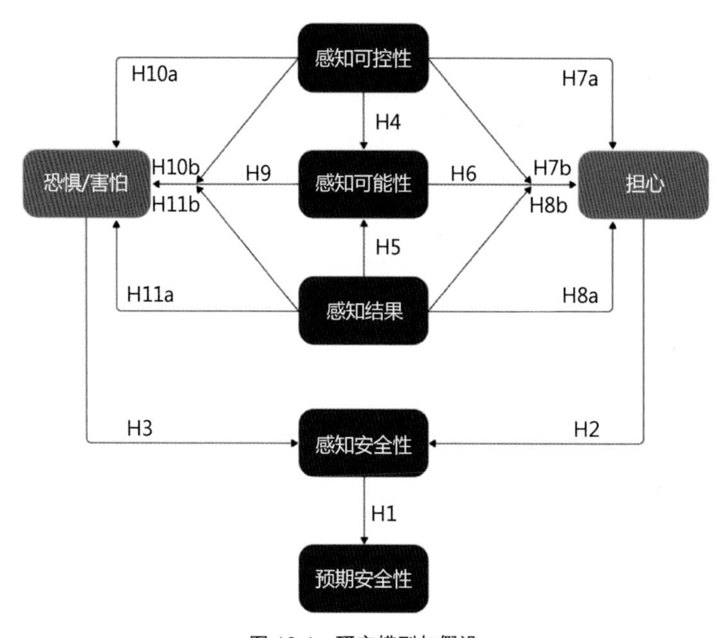


图 16.4 研究模型与假设

这项研究及其框架的目的是，验证风险敏感性和与风险相关的体验对智能机器感知安全性和预期安全性的作用。研究提出的假设如下。

假设 H1：一个人对自动驾驶汽车的感知安全性（PS）与预期安全性（ES）正相关。

假设 H2：忧虑（W）与一个人对自动驾驶汽车的感知安全性负相关。

假设 H3：恐惧（D）与一个人对自动驾驶汽车的感知安全性负相关。

假设 H4：一个人对自动驾驶汽车的感知可控性（PC）与其感知可能性（PL）负相关。

假设 H5：一个人对自动驾驶汽车的感知结果（PCQ）与感知可能性（PL）正相关。

假设 H6：一个人对自动驾驶汽车的感知可能性（PL）与其对自动驾驶汽车的担忧（W）正相关。

假设 H7a：一个人对自动驾驶汽车的感知可控性（PC）与其对自动驾驶汽车的担忧（W）负相关。

假设 H8a：一个人对自动驾驶汽车的感知结果（PCQ）与其对自动驾驶汽车的担忧（W）呈正相关。

此外，研究还将验证感知结果与感知可控性和对自动驾驶汽车的担忧之间的两个间接关系，因此提出了如下假设。

假设 H7b：一个人对自动驾驶汽车的感知可能性（PL）对忧虑（W）的影响可以通过感知可控性（PC）得以缓解。

假设 H8b：一个人对自动驾驶汽车的感知可能性（PL）对忧虑（W）的影响可以通过感知后果（PCQ）得以缓解。

同时，研究恐惧是否像担心的那样重要，因此，针对恐惧提出了如下假设。

假设 H9：一个人对自动驾驶汽车的感知可能性（PL）与其对自动驾驶汽车的恐惧感（D）正相关。

假设 H10a：一个人对自动驾驶汽车的感知可控性（PC）与其对自动驾驶汽车的恐惧感（D）负相关。

假设 H11a：一个人对自动驾驶汽车的感知结果（PCQ）与其对自动驾驶汽车的恐惧感（D）正相关。

假设 H10b：一个人对自动驾驶汽车的感知可能性（PL）对恐惧感（D）的影响可以通过感知可控性（PC）得以缓解。

假设 H11b：一个人对自动驾驶汽车的感知可能性（PL）对恐惧感（D）的影响可以通过感知后果（PCQ）得以缓解。

3．方法与过程

研究采用在线问卷结合体验量表的方式进行。本次调查中的 7 个体验测量要素分别是感知可能性、感知可控性、感知结果、担忧、恐惧、感知安全性和预期安全性，每个结构因素均基于已有的相关研究，具体的体验测量要素如表 16.1 所示。

从 2019 年 12 月至 2020 年 2 月，研究工作进行了在线调查（共 185 位被试）。所有研究均在国内某商业市场研究网站上进行。研究人员随机分配调查表，且向被试保证所有结果以汇总形式发布，以保证参与者的隐私，且被试在调查完成后可以参与抽奖活动作为报酬。

表 16.1 体验测量要素

| 结构因素 | 体验测量要素 |
| --- | --- |
| 感知可能性 | PL1：被试认为成为自动驾驶技术崩溃的受害者的可能性有多大 |
| | PL2：被试认为成为自动驾驶汽车故障的受害者的可能性有多大 |
| | PL3：被试认为成为自动驾驶汽车与其他车辆碰撞的受害者的可能性有多大 |
| | PL4：被试认为成为自动驾驶汽车不遵守交通规则的受害者的可能性有多大 |
| 感知可控性 | PC1：当他们成为自动驾驶技术崩溃的受害者时，被试多大程度上感到能够控制 |
| | PC2：当他们成为自动驾驶汽车故障的受害者时，被试多大程度上感到能够控制 |
| | PC3：当他们成为自动驾驶汽车与其他车辆碰撞的受害者时，被试多大程度上感到能够控制 |
| | PC4：当他们成为自动驾驶汽车不遵守交通规则的受害者时，被试多大程度上感到能够控制 |
| 感知结果 | PCQ1：被试认为自动驾驶技术崩溃的后果有多严重 |
| | PCQ2：被试认为自动驾驶汽车故障的后果有多严重 |
| | PCQ3：被试认为自动驾驶汽车与其他车辆相撞的后果有多严重 |
| | PCQ4：被试认为自动驾驶不遵守交通规则的后果有多严重 |
| 担忧 | W1：被试多大程度上同意“我担心自动驾驶汽车造成的事故” |
| | W2：被试对“我担心自动驾驶汽车事故频发”的认同程度如何 |
| | W3：被试多大程度上同意“我担心自动驾驶汽车造成的致命事故” |
| | W4：被试多大程度上同意“我担心自动驾驶运行地区会因为自动驾驶汽车而发生严重事故” |
| 恐惧 | D1：被试多大程度上同意“想到 AV 就感到恐惧” |
| | D2：被试多大程度上同意“如果自动驾驶汽车在我的地区运行，我会感到恐惧” |
| | D3：被试多大程度上同意“如果我需要乘坐自动驾驶汽车，我会感到恐惧” |
| 感知安全性 | SP1：被试目前多大程度上对自动驾驶汽车感到安全 |
| | SP2：被试多大程度上同意有关自动驾驶汽车的研究机构报告说自动驾驶汽车比人类驾驶员安全得多 |
| 预期安全性 | SE1：与传统车辆相比，请被试评价他们期望的安全水平 |
| | SE2：要求被试评价他们与当前 AV 相比所需的安全水平 |

在被试中排除 12 个不合格的样本（4 个在极短时间内完成的样本，8 个未通过注意力测试的样本）后，最后得到 173 份合格的问卷。人口统计特征包括性别、年龄、受教育程度、月收入和驾照持有时间（见表 16.2）。由于研究发现风险敏感性和人口统计学变量之间没有显著相关性，因此研究未对人口统计学数据进行分析。

表 16.2 人口统计特征

| 人口特征变量 | | 数 量 | 占比/% |
| --- | --- | --- | --- |
| 性别 | 女性 | 80 | 46.2 |
| | 男性 | 93 | 53.8 |

（续表）

| 人口特征变量 | | 数　量 | 占比/% |
|---|---|---|---|
| 年龄/岁 | 18～29 | 152 | 87.9 |
| | 30～44 | 12 | 6.9 |
| | 45～59 | 8 | 4.6 |
| | > 60 | 1 | 0.6 |
| 受教育程度 | 初中及以下 | 3 | 1.7 |
| | 高中 | 7 | 4.0 |
| | 大专 | 11 | 6.4 |
| | 大学本科 | 55 | 31.8 |
| | 研究生及以上 | 97 | 56.1 |
| 月收入/元 | < 2000 | 77 | 44.5 |
| | 2000～5000 | 44 | 25.4 |
| | 5000～10000 | 23 | 13.3 |
| | > 10000 | 29 | 16.8 |
| 驾照持有时间/年 | 无 | 51 | 29.5 |
| | < 1 | 26 | 15.0 |
| | 1～5 | 73 | 42.2 |
| | 5～10 | 20 | 11.6 |
| | > 10 | 3 | 1.7 |

4．结果

在检验假设之前，需要评估测量模型。研究首先进行了 KMO 检验和巴特利特球形度测试。测试的 KMO 检验值为 0.829，巴特利特球形度测试值为 0.0000。因此，研究样本符合因子分析的要求。

考虑到因子负载反映了观察到的项目，因此可以解释相应的潜在结构因素的程度。重新检查具有低因子负载的项目后，排除了假设 PL1。然后，研究对收敛效度和区别效度开展了测量。收敛效度代表同一结构因素中各项目的相关性，采用平均方差提取（自动驾驶汽车 E）表示。判别有效性表示不同结构因素中的项目相关性，预期应小于自动驾驶汽车 E 的平方根。复合可靠性（CR）值和克朗巴哈系数值应高于 0.60。表 16.3 中显示了各个结构因素的统计数据，包括均值（*M*）、标准差（SD）、因子负载（FL）、克朗巴哈系数（$\alpha$）、复合可靠性（CR）和方差析出量（AVE）；表 16.4 中显示了区别效度和相关性矩阵。

**表 16.3　各个结构因素的统计数据**

| 结构因素 | 项目 | *M* | SD | FL | $\alpha$ | CR | AVE |
|---|---|---|---|---|---|---|---|
| 感知可能性 | PL1 | 3.74 | 0.94 | 0.79 | 0.76 | 0.86 | 0.69 |
| | PL2 | 3.63 | 0.95 | 0.76 | | | |
| | PL3 | 3.50 | 0.91 | 0.81 | | | |
| | PL4 | 2.86 | 1.06 | 0.62 | | | |

（续表）

| 结构因素 | 项目 | *M* | SD | FL | *α* | CR | AVE |
|---|---|---|---|---|---|---|---|
| 感知可控性 | PC1 | 2.94 | 0.94 | 0.75 | 0.85 | 0.90 | 0.69 |
| | PC2 | 2.77 | 0.91 | 0.91 | | | |
| | PC3 | 2.64 | 0.93 | 0.84 | | | |
| | PC4 | 2.63 | 1.05 | 0.82 | | | |
| 感知结果 | PCQ1 | 3.72 | 0.87 | 0.82 | 0.86 | 0.90 | 0.70 |
| | PCQ2 | 3.73 | 0.84 | 0.86 | | | |
| | PCQ3 | 3.81 | 0.87 | 0.84 | | | |
| | PCQ4 | 3.58 | 0.96 | 0.83 | | | |
| 担忧 | W1 | 3.68 | 0.97 | 0.88 | 0.89 | 0.93 | 0.76 |
| | W2 | 3.18 | 1.12 | 0.82 | | | |
| | W3 | 3.39 | 1.10 | 0.89 | | | |
| | W4 | 3.48 | 1.05 | 0.90 | | | |
| 恐惧 | D1 | 2.50 | 1.07 | 0.92 | 0.92 | 0.95 | 0.86 |
| | D2 | 2.57 | 1.06 | 0.92 | | | |
| | D3 | 2.76 | 1.04 | 0.94 | | | |
| 感知安全性 | SP1 | 2.91 | 0.75 | 0.82 | 0.71 | 0.87 | 0.77 |
| | SP2 | 2.93 | 0.94 | 0.93 | | | |
| 预期安全性 | SE1 | 80.36 | 24.19 | 0.95 | 0.92 | 0.96 | 0.92 |
| | SE2 | 82.83 | 21.42 | 0.97 | | | |

**表 16.4 区别效度和相关性矩阵**

| 结构因素 | PL | PC | PCQ | *W* | *D* | PS | ES |
|---|---|---|---|---|---|---|---|
| 感知可能性 | 0.824 | | | | | | |
| 感知可控性 | −0.333 | 0.831 | | | | | |
| 感知结果 | 0.434 | −0.392 | 0.835 | | | | |
| 担忧 | 0.545 | −0.375 | 0.578 | 0.870 | | | |
| 恐惧 | 0.323 | −0.175 | 0.305 | 0.540 | 0.928 | | |
| 感知安全性 | −0.341 | 0.270 | −0.223 | −0.473 | −0.437 | 0.877 | |
| 预期安全性 | −0.139 | −0.086 | 0.150 | 0.089 | 0.148 | −0.116 | 0.959 |

注：表中的部分缩写请参阅假设部分的定义。

删除 PL1 后，所有项目均与其结构因素高度相关（FL > 0.7）。7 个结构因素的自动驾驶汽车 *E* 值的范围是 0.69～0.92，克朗巴哈系数值在 0.86 和 0.96 之间。根据表 16.4，每个结构因素的自动驾驶汽车 *E* 值的平方根显著大于其与其他因素的相关系数。结果具有良好的区别效度，因此测量模型被证明是可靠且有效的。

结构模型和假设检验的结果概述如图 16.5 所示。

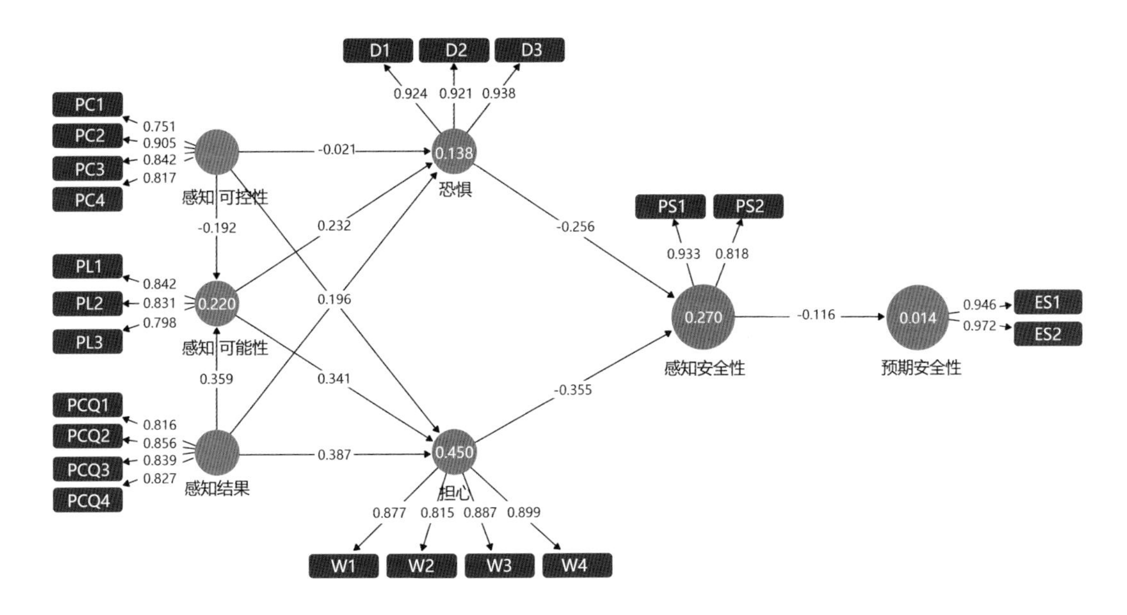


图 16.5 结构模型和假设检验的结果概述

对于风险敏感性模型，研究支持以下结论：感知可能性受到“感知可控性”的负面影响（$\beta = -0.192$，$P < 0.01$），受到“感知结果”的正面影响（$\beta = 0.359$，$P < 0.01$），该假设支持 H4 和 H5，解释了 22%的感知可能性方差。感知可能性（$\beta = 0.341$，$P < 0.01$）和感知后果（$\beta = 0.387$，$P < 0.01$）对忧虑有积极的显著影响，支持 H6 和 H8a。但是，感知可控性对忧虑没有显著影响（$\beta = -0.110$，$P > 0.01$），不支持 H7a。忧虑具有 45%的解释力和感知可能性。这一结果与 2011 年杰克逊（J. Jackson）的研究结果相似。研究通过自举抽样的方式测试了 H7b 和 H8b。结果表明，感知可能性（间接影响为 0.002）和感知可控性（间接影响为 0.049）对忧虑的影响是通过感知结果影响的，这一结果验证了 H7b 和 H8b，但感知可控性对忧虑的间接影响不那么明显。恐惧的风险敏感性结果与担忧相似，恐惧受到感知可能性（$\beta = 0.232$，$P < 0.01$）和感知后果（$\beta = 0.196$，$P < 0.01$）的正向影响，这一结果支持 H9 和 H11a。然而，H10a 未得到证实（$\beta = -0.021$，$P > 0.01$）。值得一提的是，风险敏感性模型对恐惧的显著性不如担心。间接测试结果表明，感知可能性对恐惧的影响是通过感知结果间接影响的（间接效应为 0.031），这一结果支持 H11b。但是，感知可控性对恐惧未显示出任何间接影响（间接影响为 0.099），因此 H10b 不成立。结构模型支持 H2 和 H3。忧虑和恐惧的感觉会对安全感知产生负面影响，但是忧虑显示出比恐惧更显著的影响。然而，感知安全性不对预期安全性产生影响，预期安全性不产生令人满意的结果（$R^2 = 0.014$）。因此，研究不支持 H1。

上述研究结果表明，SRMR = 0.068 的模型可以被接受。上述结果与 2011 年杰克逊关于忧虑与风险敏感性的研究结果和 2007 年查迪（D. Chadee）等人关于恐惧对风险敏感性的研究结果一致。研究模型支持感知安全性的担忧与恐惧之间的差异。

5．结论

这一研究旨在探索风险敏感性及与风险相关的感觉如何解释对自动驾驶汽车的安全体验，并在这些变量之间建立适当的联系，以更好地理解安全性判断的人类情绪与体验原因。对来自173名被试的数据的分析表明，研究验证了15个假设中的11个。首先对风险敏感性理论进行了测试，并且验证了假设H4和H5。风险敏感性中的感知可能性、感知可控性和感知结果，在一定程度上解释了担忧和恐惧感（H6、H7b、H8a、H8b、H9、H11a和H11b）。其中，感知可控性显示了较小的显著性。研究的结果还表明，担忧和恐惧对感知安全性（H2和H3）有负面影响。另外，研究还发现感知安全性和预期安全性之间没有显著的相关性。

考虑到研究旨在探讨人们如对自动驾驶汽车安全体验的体验因素，因此研究只关注心理过程与体验，而未考虑其他因素，如人口统计学差异及风险的背景描述等。后续研究可对这些重要因素进行讨论，以便全面了解机器行为安全体验的心理过程。

如第10章中介绍的那样，这一研究采用回归分析与结构方程建模方法初步证明了较弱的因果关系，这是一种对变量之间因果关系的预测。但是，需要对这些变量进行进一步的实验，以得出完全确定的因果关系。

研究结论受到样本本身的限制，因为研究试图平衡性别、教育和驾驶经验等因素，但研究样本不能完全代表中国人口，且样本规模相对较小。考虑到自动驾驶汽车的特殊性，研究采用随机方法抽样，未对被试的驾驶经验进行筛选（即包含51名没有驾驶证的被试），因为自动驾驶汽车的使用者有可能是没有驾驶证的人。另外，如果研究想探索具有不同知识水平或驾驶经验的人对自动驾驶汽车的态度，就需要对这些原因进行更多的实验。总体而言，研究结果表明，在公众对自动驾驶汽车的信任体验中，应高度重视受到的风险敏感性和直接影响情绪的感知安全性。

## 讨论

虽然可以举出很多体验的例子，但要给体验下一个定义却非常困难。本章主要根据行为科学的情绪理论来定义体验。事实上，在不同的领域，对体验的定义是不同的，因此也演变出了不同的领域与范畴。

1．除了本章举出的例子，你还能举出一些体验的例子吗？分析这些例子和对应的情绪。

2．体验量表是最常见、最方便的体验度量工具。本章中的案例采用了体验量表，但没有得到体验的因果关系。尝试设计一个实验，证明本章案例中某个与体验相关假设的因果关系。

# 17 面向社会伦理的机器行为
## 道德偏好

人们对智能机器给人类社会带来的影响的最大担忧，来自智能机器给人类社会、道德和伦理带来的风险与挑战。关于机器行为的道德伦理，在哲学、伦理学等领域研究得较多。本章以实证研究为基础，将道德偏好（Moral Preference）作为一种与安全、效能和体验相对应的社会性因素来进行研究。

### 17.1 智能机器的道德哲学

无论是在智能机器本身方面，还是在智能机器设计方面，人工智能的发展肯定会带来道德伦理方面的重大挑战。在哲学领域，随着智能机器的快速发展，人为事物的伦理学理论正在发生巨大的转变，其中的核心问题之一就是"智能机器是否是或者应该是道德主体"。虽然可以看到很多智能机器具有与人类相似的行为、外形等，但人工智能的核心是其"自主意识"或"自主能力"。"智能机器的自主性是否必然导致智能机器需要为其自主行为负责，或者说是否需要承担道德责任？"这显然是一个非常复杂的道德伦理问题，其直接影响就是智能机器的道德权利与责任。如果智能机器有了道德决策能力，是否就意味着智能机器具有道德主体的地位而要承担一定的道德责任？如何承担？这些都是智能机器道德哲学需要解决的问题。

目前，在哲学和伦理学领域，与机器行为相关的研究主要集中在机器行为的道德哲学方面，如前面提及的机器的道德地位、智能机器及其行为的本体特征等相关领域。同时，道德算法、社会伦理以及设计伦理也是智能机器道德哲学研究的重要内容。

### 17.2 道德偏好

关于道德、伦理的研究，通常在个体因素和社会因素之间不断地转换，如"个体认知－社会认知""个体规范－社会规范"等。类似伦理这样的社会行为规范，也包含着人们对"人与人、人与社会和人与自然之间关系"的态度，这也正是机器行为学的关注点。

道德偏好最早源于社会科学和经济学关于人类的"无私行为"的研究。大量研究发现，情况合适时，人们乐意放弃部分利益，帮助他人和整个社会。最早关于这些问题的解释源于对整个社会的回报理论，即人们除了关心自我回报，还关心"社会回报"。这是一种典型的社会偏好假设。然而，近年来的研究也表明，无私行为的出现除了社会偏好和社会规范的影响，"个人规范"（即个人认为正确的事情）也非常重要。也就是说，道德规范作为一种社会心理学中的个人规范，可以理解人们面对“人工智能影响人类道德”的复杂行为与心理。

从概念上看，道德偏好即人们在道德上对某一事物、某种活动（或某一状态）的喜好、喜爱或偏爱，是人们在一定条件下和一定范围内有选择地履行或践行的道德活动。广义上说，道德偏好既包含人们在道德与不道德的事物（事项、活动或状态）之间对道德事物的倾向和选择，又包含人们在被视为道德事物范围内的某一事物的倾向与选择。狭义上说，道德偏好主要是指人们在被视为道德的事物范围内的个人偏好，即人们在各种所谓“善事物”与“正当之物”之间的选择，以及在“此善事物”与“彼善事物”之间的选择。

同时，道德规范是一种客观现象，也是一种历史现象，反映了个体和群体的差异性与一致性。在现实的道德实践中，人们会按照自己对具有道德性质的诸多事物的价值或层级做出排序，进而采取道德行动。从情感层面看，道德偏好的客观存在也不容否认。个人的道德偏好包含着丰富的个人情感色彩或倾向。在这样的背景下，类似智能机器的道德困境等经典问题，很大程度上遵循基于社会学个人规范的“道德偏好”来开展所谓的道德决策（Moral Decision）。

## 17.3 智能机器的道德决策与偏好

智能机器与传统机器的本质区别是，前者可以完成决策与自动执行，形成机器行为的“闭环”，即可以“自主地”做出决策。虽然购物建议和导航路线不能对人们的生活产生重大影响，但是在很多领域，人工智能做出的决策已属于伦理道德领域：自动驾驶汽车需要就如何在道路使用者之间分配风险做出决定；器官捐赠算法要优先考虑谁将接受移植；自动武器系统要决定是否追杀战斗中发现的一名人员等。所有这些决定不可避免地纳入了道德原则和复杂的道德权衡。第 8 章中提及的基于自动驾驶汽车的道德决策实验，是一个最有代表性的例子。自动驾驶汽车应该总是努力尽量减少伤亡，即自动驾驶汽车应该总是采取尽量减少伤害的行动，即使这种行动对自己的乘员是危险的。这似乎可以保证所有道路使用者获得最大的安全利益，以最少的交通死亡人数来衡量。但是，这也意味着自动驾驶汽车可能会自动决定牺牲（或至少危及）自己的乘员，以拯救其他道路使用者。在这种情况下，人们可能无法做出很好的道德决策，一种简单的办法就是选择不购买自动驾驶汽车，进而放弃所有他们预期的安全利益。

事实上，很多时候，人类的道德决策和道德偏好是不确定的和模糊的，人们会陷入所谓的道德困境（Social Dilemma）。上面的自动驾驶汽车案例就是社会学中知名的电车难题（Trolley Problem），由福特（P. Foot）等人于 1967 年提出。这种特定道德决策方案常被斥为不切实际。但是，在现实世界中，每个复杂的驾驶动作都会影响伤害乘客、其他司机和行人的相对概率。事实上，算法为了让某种自动驾驶汽车伤害行人的概率更低，很可能造成伤害乘客的概率更高的困境。智能机器汇总数千辆行驶数百万英里的汽车的自动驾驶统计数据时，权衡利弊在算法层面上也许会变得显而易见，但是，这些策略可能只会微小地改变任何交通事故的风险状况，而这对每个人来说却是生死攸关的决策。

与自动驾驶汽车的电车难题不同，还有一些道德决策的困境已在实施过程中，如肾脏的配对捐赠。肾脏配对捐赠（KPD）在输入候选人和捐赠者的数据库之间寻求一个算法，寻求双向、三向或复杂的捐赠链，让尽可能多的候选人找到兼容的捐赠者。在实际操作中，肾脏配对捐赠算法不仅寻求最大限度地提高器官或遗体捐赠，而且使用评分规则来确定每次捐赠的优先级，以便找到最大限度地提高优先捐赠数量的链条。虽然算法的寻链部分可能过于复杂，非专业人士无法理解，但是决定每次捐赠优先级的评分规则并非如此。这些评分规则中的大多数标准都很容易理解，它们暗示的权衡几乎可以直接向人们解释，特别是潜在的捐赠者。例如，患者需要的距离（器官运输距离）、接受者的年龄、接受者的身份就是易于理解的指标。从专业角度看，群体反应性抗体（PRA）评分是一个重要的指标，它表明接受者移植的排斥反应和存活率，因此限制了某候选人获得器官的可能性。这就带来了一系列问题：为什么 5 岁候选人的分数高于 6 岁候选人，而 6 岁候选人的分数不超过 7 岁候选人？与 PRA 为 75 的候选人相比，PRA 为 80 的候选人获得大量积分，而 PRA 为 98 的候选人获得与 PRA 为 80 的候选人相同的分数，这公平吗？人们很容易理解这些问题，不需要专业的研究。这样的现象表明在机器行为的道德决策中，人们正在处理变化的、有争议的道德权衡与决策。同样，这些权衡的结果可能会影响人们作为捐助者参与的决定。

虽然上述道德偏好的问题短期内难以得到根本性解决，但机器行为学需要开展这样的研究，以便让智能机器对人类和社会做出积极的影响。

## 17.4 案例：面向中国的自动驾驶汽车道德困境研究

1．背景与目标

2018 年和 2019 年，美国麻省理工学院拉万（I. Rahwan）等人连续发表了名为“自动驾驶汽车道德困境”和“道德机器实验”的论文，介绍了其在全球范围内开展的自动驾驶汽车道德困境的大样本问卷研究。该研究试图了解并尝试解决自动驾驶汽车的道德困境问题。本研究基于上述研究，在汽车车身先进设计制造国家重点实验室自主课题的资助下，开展中国类似道德困境下人们的道德偏好研究，比较中国公众在道德困境方面与全球公众的独特之处。

2．方法与过程

本研究主要采用在线问卷法，且本文涉及的道德困境基于图 17.1 所示的研究情境。

图 17.1 中显示了自动驾驶汽车发生不可避免的伤害事故时所面临的道德决策困境：左图说明自动汽车左转，牺牲自动驾驶汽车的乘员而保护行人；右图说明自动汽车直行，保护自动驾驶汽车的乘员而牺牲行人。

首先，本研究注重情境在研究中的作用，因为用户在情境下回答问题与用户直接通过题目回答问题可能存在决策上的差异。本研究的情境构建方法基于湖南大学于 2006 年完成的情境设计理论，以及于 2012 年完成的国家自然科学基金情境计算研究成果，为每个被试提供一个自动驾驶的道德困境情境，分为三类：独自，与同事或熟人一起，与家人一起。例如，“与家人一起”的情境示例如下：“你和 3 名家人（配偶和 2 名孩子）在汽车中沿一座桥的主干道行驶。突然，8 名行人出现在汽车的直接路径前面。如果汽车转向路边，它将撞死你和你的家人，但会让行人安然无恙。如果汽车留在你目前的路径上，它将撞死 8 名行人，但是你和你的家人将安然无恙。”

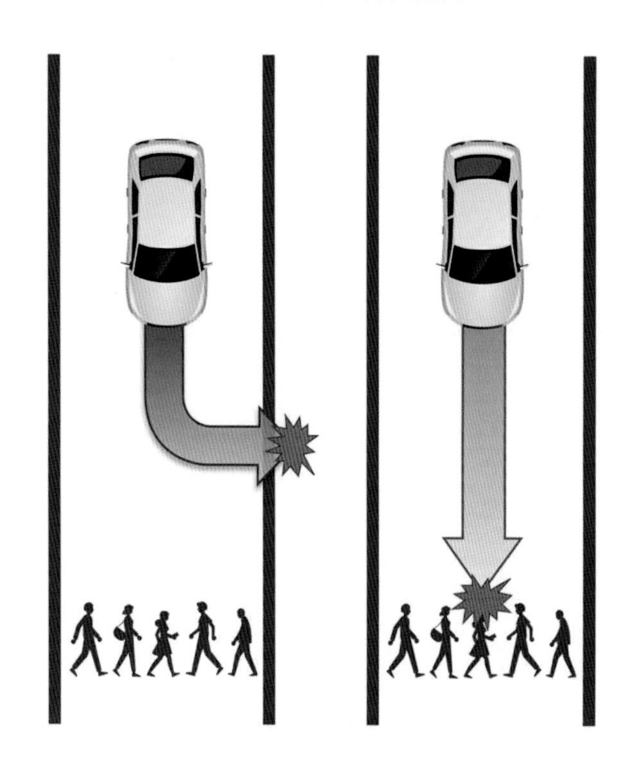

图 17.1 研究情境（根据麻省理工学院拉万等人的研究重新绘制）

其次，研究采用 101 点量表（0～100），通过滑动条让用户在“直接开，挽救你和你的家人，但是撞死 8 名行人”和“转向，挽救 10 名行人，但是杀死你和你的家人”之间进行选择来表达自己的选择及不确定性。每个问题都以“根本不可能（0）”和“极有可能（100）”为基础。

本研究通过在线问卷的方式在国内某商业市场研究网站上进行。研究共有 534 名被试参加，其中有效被试为 511 名。研究人员随机分配了调查问卷的不同情境。除了主要的问题，研究还包含部分人口统计学问题，如性别、年龄、教育和收入水平等。

3．研究结果

自动驾驶道德困境研究的结果如图 17.2 所示。

从图中可以看出，不同的情境会产生完全不同的道德决策。在“选择牺牲自己保护行人”这个倾向于牺牲自己的选择时，与自己的家人在一起的意愿最低，与同事或熟人在一起次之，独自意愿最高。“是否需要购买主动保护措施”或“购买最少的自我保护系统”这两个答案也相似，即与家人一起时更倾向于保护车内的自己而非行人。

从中美两国的对比数据看，总体研究结果非常相似，面临不同道德困境的差异几乎完全相同。从两个研究的差异看，只能初步推断中国公众购买自我保护的自动驾驶汽车的倾向高于美国。然而，这样的差异只是描述性的，因为两个研究结构上存在显著不同，所以比较研究只能基于描述性对比层面。

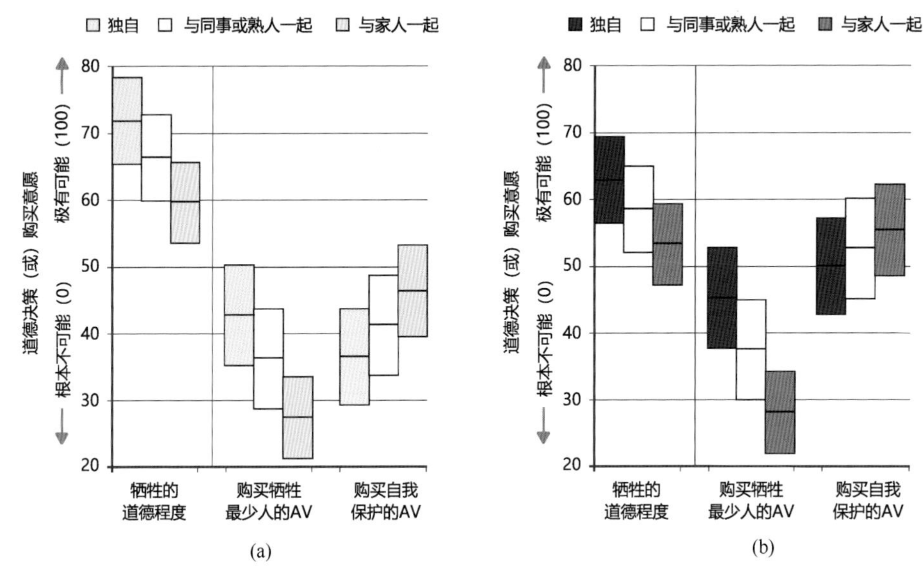


图 17.2 自动驾驶道德困境研究的结果：
(a)拉万等人的研究结果；(b)本研究的结果。图中每个方框的中心线表示均值，方框的上下范围表示 95%置信区间

研究还对人口统计学因素对相关结果的影响进行了分析，如表 17.1 所示。

**表 17.1 人口统计学因素对相关结果的影响**

| | 道 德 | 差 异 |
|---|---|---|
| 性 别 | 5.394***（0.636） | 1.346**（0.433） |
| 年 龄 | 0.207***（0.024） | 0.150***（0.016） |
| 教 育 | 1.871**（0.620） | 2.300***（0.422） |
| 收入水平 | 1.554***（0.441） | 1.332***（0.300） |

**表示 99%置信区间，***表示 99.9%置信区间。

由以上分析可以看出，人口统计学的各个因素——性别、年龄、教育和收入水平都可能影响人们的道德偏好，这与美国的相关研究基本上一致，只是统计数值上略有差异。

4．结论

对自动驾驶汽车而言，道德困境似乎是难以解决但又必须解决的问题。本研究发现，如果道德困境出现，那些对社会“不道德”的自动驾驶汽车就可能占据主要的市场，因为大家倾向于保护自己与家人。针对这样的问题，一种可能的解决方案是，将自动驾驶汽车乘员受伤或死亡的风险转移到完全减少事故发生率的基础上。然而，仔细探究这个问题，似乎会出现两个悖论：一个悖论是，随着驾驶安全性的提升，人们应该能倾向于拯救行人——使自动驾驶汽车更加“道德”；另一个悖论是，随着安全性的提升，人们觉得主动安全的自动驾驶汽车更加可信，人们出现事故的概率会更小，但带来的道德困境会更加严重。

本研究并未找到根本上解决自动驾驶汽车道德困境的方法。如果可以在概念层面上建

立解决道德困境的理想机器行为，那么从本研究的角度看，代码和算法可以输出一个“结果（解）”。但是，关于这些结果的影响，本研究尚无法进行估计。除了与各类道德困境研究相似的局限性，本研究只对一个抽象情境进行了分析，而道德决策的复杂性使得研究者难以穷举所有的情境，即使拉万等人的研究实现了数千万个回答，这样的问题也未能彻底解决。

## 讨论

机器行为的道德偏好是机器行为学的重要话题，其目标是通过研究设计出或者能够出现“合理的”道德决策的机器行为，以便合理地处理好人与智能机器的关系问题，从上述案例的角度看，就是要拯救行人与乘客。

1．上述问题的解决，除了基于行为科学的方法在设计、科学和工程领域的背景下进行讨论，是否可以加入法律责任、政府管理等治理机构的实践与尝试？如何从综合角度尝试解决上述问题？

2．人的道德偏好可能会随着时间、经历的不同而变化，如何研究这些变化并在机器行为设计中考虑这些变化？

# 18 机器内部行为

## 可解释人工智能

按照机器行为学的行为模型，需要分别探讨机器内部行为（认知行为）、机器外部行为（行动行为）、机器静态行为（形态）对人类社会的影响与作用。本章主要探讨机器内部行为。

从行为科学的角度看，如果将“机器的行为”比拟成“人的行为”，那么机器的内部行为本质上就是算法，也是机器的认知或信息加工过程，或者称为机器的识别、求解和预测过程。“机器内部行为”的研究关键是，从算法本身的角度讨论其对人与社会的影响，核心问题是机器内部行为（算法）的可解释问题。

## 18.1 机器行为的解释

智能机器的自我决策能力已经达到几乎不需要人为干预的程度。然而，当这些智能机器的决策最终影响到人类的生活时，就有必要让人们理解智能机器是如何做出这些决策的。虽然有些人工智能系统并不需要解释，但是对一些重要的领域，如国防、医疗、金融、法律、自动驾驶汽车等，解释是不可避免的。与此同时，机器行为（算法）具有不确定性、持续迭代、数据集不稳定等特点，可能直接导致算法输出的模型在算法执行过程中动态变化，导致输出结果不稳定，即产生不可预测的结果。在这种情况下，更需要对算法的决策过程进行解释。因此，智能科学领域提出了可解释人工智能（Explainable AI）的概念，并将其作为人工智能模型实际部署的一个关键特征。

可解释人工智能的核心是，将机器行为的解释提供给人（智能机器的用户和相关方），使得人们可以利用“解释”来进行理解、决策、推荐或进一步行动。一般来说，不同的受众对解释的要求有所不同，如表18.1所示。同时，不同的受众都有其获得信息的最有效传播要求与方式，有效的解释方式需要考虑受众的知识背景与需求。

表 18.1 可解释人工智能的受众与解释内容

| 受　众 | 解释内容 |
|---|---|
| 模型专业用户和领域专家 | 信任算法模型并获得科学知识 |
| 受模型影响的普通用户 | 理解所处的情境，确认算法模型决策的公平 |
| 规则制定者/法律人士 | 确定算法模型符合规则和法律需求 |
| 设计者、数据科学家、开发者 | 模型改进点，如何提升算法、模型质量 |
| 管理者 | 算法模型的公平性及其对组织的作用 |

在技术层面上，机器解释行为从算法本身的角度还可支持人类进行推理。然而，从智能机器对人的影响的角度看，机器解释行为关注“如何将解释的内容传递给人”，这就包含解释要素、数据结构和可视化等问题。

1．可解释的机器行为要素

可解释的机器行为由若干组块和元素组成。通过识别这些组块和元素，可以确定解释内容及其策略是否包含可向人们提供的关键信息或有用信息，同时有利于人们理解为什么同样的解释内容具有不同的表现方式。常用的可解释要素包括特征、实例、名称、值、描述等。

在解释过程中，首先要确认哪些特征是重要的，以及这些特征是否对结果具有积极或消极的影响。同时，要强调来自训练数据、原型、案例等的实例，这些实例有些需要强调相似性，有些需要强调差异性。有些元素常在解释中默认显示，它们对可解释性和透明度非常重要，如名称、取值，以及取值是否超过或达到阈值（规则）的描述等。

2．数据结构

针对机器行为的解释，常用的数据结构有多种。最基本的数据结构是列表，列表可以表达输入的特征属性和输出的类别属性。规则与决策树可以用逻辑语句来解释机器行为。针对机器行为更复杂的关系与概念模型，可以采用带有节点和边界的图形，如概念图可以描述概念及其相互关系。此外，对象本身也可用来表达简单（如线性方程）或依赖于域的任意数据结构。

3．可视化

对于更复杂的机器行为概念，通常需要使用数据可视化技术。在数据可视化中，基本图表可用来表达原始数据，例如可用折线图来表达与时间相关的数据，可用节点图来表达数据构成的模型结构。对机器行为可解释核心的因果关系，一般可以使用带有垂直条形的龙卷风图来表达一系列属性。热点图在像素或超像素水平上表达基于图形的模型，或者用于标注文字中的重要内容。散点图也常用来帮助用户在更低维度的投影下表达对象的相似性。统计学中常用的部分关联图可用来表达可视化属性如何随着特征而发生变化。基于上述可视化技术的敏感性分析可以开展上述方法的测试，以询问“输入因子是否略有变化或受到干扰，决策结果是否会发生变化”等机器行为需要解释的内容。

## 18.2　机器行为解释的基本模型

对机器内部行为的解释一般可以分为两类：一类是机器行为本身可以解释，称为透明模型；另一类是通过外部方式来解释模型，即模型的可解释性，称为事后可解释模型。

1．透明模型

透明模型本身传递某种程度的可解释性，具体包括算法的可模拟性、可分解性和透明性，如图 18.1 所示。

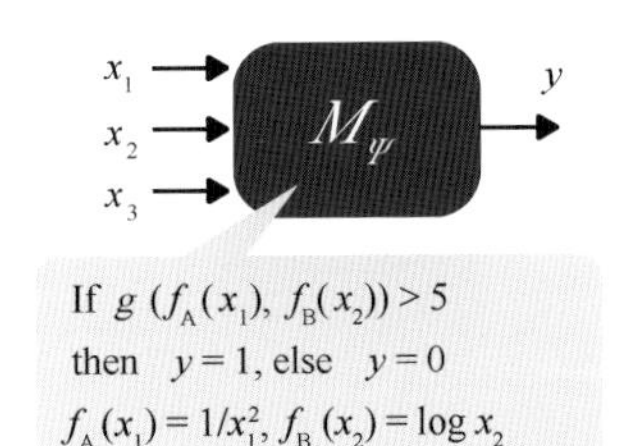

图 18.1 透明模型：(a)可模拟性；(b)可分解性；(c)透明性

可模拟性是指一个模型被人们严格模拟或思考的能力，因此复杂性在该类别中占主导地位。例如，在机器行为中，单个感知神经网络的可模拟属于这一类别。可模拟性通过文本和可视化的方式呈现给人们，供人们将机器行为作为一个整体来思考和推理。

可分解性是指解释模型各个部分（输入、参数和计算）的能力。然而，如算法透明的要求那样，并非每个模型都能实现这个属性。可分解性要求每个输入都是易于解释的。透明模型要成为可分解模型，其附加约束是模型的每部分都必须被人理解，而不需要额外的工具。

透明性相对复杂，可从不同的角度来看待。一个线性模型被认为是透明的，如果它的误差可被理解和推理，允许用户理解该模型在其可能面临的不同情境下如何行动的问题。相反，算法透明性在深层架构中很难被理解，因为无法观察的内容很可能是不透明的，所以不能被完全观察到。深层架构的算法透明性解决方案一般是通过启发式优化（如通过随机梯度下降）来近似的。虽然准确性下降，但可理解性上升。算法透明模型的主要限制是，机器行为的模型必须通过数学分析和方法进行充分探索，但这种探索本身又受算法本身的限制。

2．事后可解释模型

事后可解释模型主要以设计上不易解释的机器行为算法为目标，通过多种方法增强其可解释性。不同的事后可解释模型如图 18.2 所示。

文本解释（Text Explanations）主要通过机器学习生成的文本来帮助解释模型的结果。文本解释除了文本本身，还包括生成表示模型功能的符号，这些符号可以通过从模型到符号的语义映射来描述算法的基本原理。

通过简化的解释方法来表示待解释的训练模型，是机器行为解释最常用的方法之一。模型简化（Model Simplification）通常试图优化其与之前功能的相似性，同时降低其复杂性，并保持类似的性能指标。简化的模型在技术层面上通常更容易实现，因为相对于其代表的模型而言，它降低了复杂性。目前，模型简化也成了一种算法和机器行为的设计工具。

可视化（Visualization）主要通过降维技术实现算法模型在算法层面上的简化。同时，可视化通常与其他技术相结合，以便为不熟悉机器学习建模的用户介绍模型中涉及的变量之间的复杂交互等。

局部解释（Local Explanations）在分割解空间的基础上，针对模型的解的子空间的描述进行解释。这些解释可以通过具有区分性质的技术形成。在很多情况下，局部解释只能解释整个系统的部分功能。

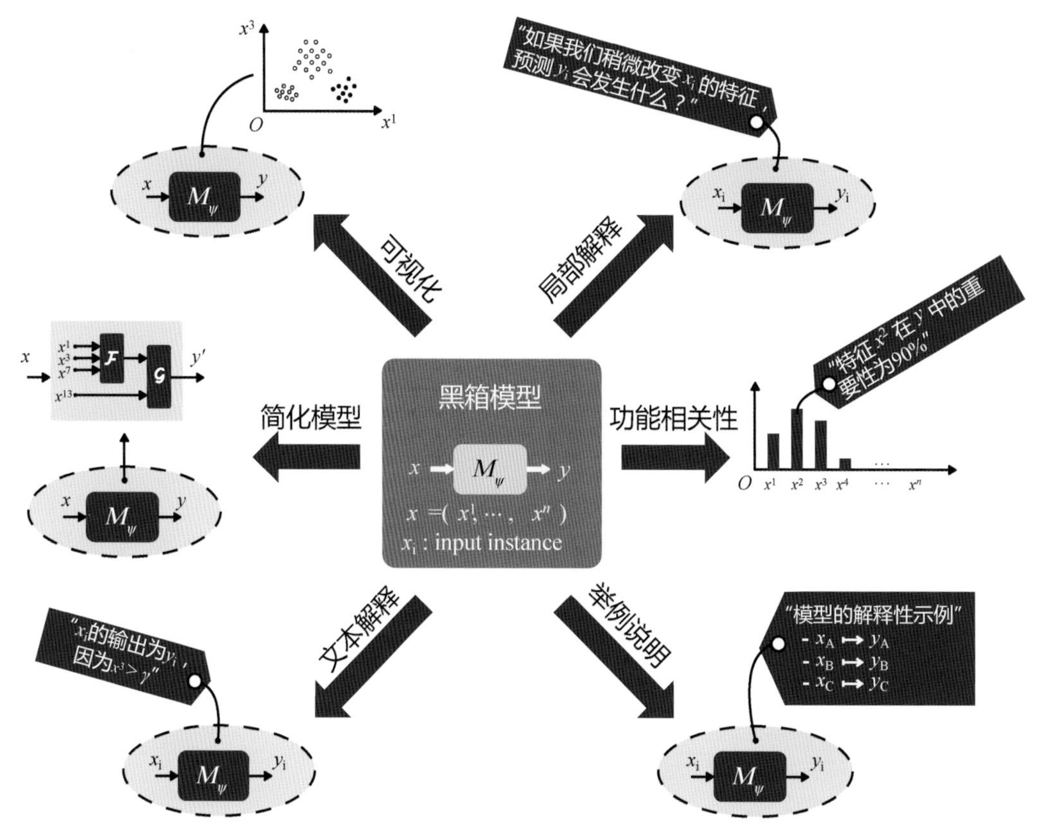


图 18.2 不同的事后可解释模型

在事后解释中，还可以通过计算机器行为的变量的关联评分来阐明模型的内部功能，即功能相关性（Feature Relevance）。这些相关分数量化了特征对模型输出的影响，特别是敏感性方面。比较不同变量之间的分数，可以揭示模型产生输出时每个变量的重要性。

解释的例子（Examples）主要提取与某个模型过程或结果相关的数据示例，以便让人们更好地理解模型本身。解释的例子主要集中于提取具有代表性的例子，而代表性是指被分析模型的内部关系及相关性等。

## 18.3 人类的解释行为

要完全理解机器内部行为及其对人与社会的影响，还要理解人类自身的解释行为、推理以及机器行为是如何支持推理的，以便构成一个完整的包含人和智能机器的机器行为学可解释模型。

1．解释目标

人们每天都在解释“为什么会发生特定事件”。事实上，人们可能要求解释的原因很多。解释的需要是由偏离预期行为触发的，如好奇的、不一致的、重要的或异常的事件。

行为科学认为，人类解释的主要目标是促进学习。通过学习，人们获得关于某一事件或属性的模型并有益于自己。同时，人们通过解释来提高自己对事物的理解，以便推导出可用于预测和控制事物的稳定模型。解释在一定程度上为事件的因果分析提供某种“过滤器”，并通过提供解释来改变先前的知识，那些提供了多个视角和多种方法的解释对人们来说更可信、更有价值。

此外，说服是解释的终极目标。有研究认为解释的目的是获得信任，那么在某些情况下说服人们认可“一个决定是正确的决定”可能比人们了解真实的原因更重要。解释者的目标（产生信任）与被解释者的目标（理解决定）不同。行为科学研究中的一种极端说法是，最好给人们一个不太可能的解释，因为很多时候这些不太可能的解释更令人信服。

2．探寻与推理

在解释目标的基础上，人们试图找出原因并且据此展开推理。基于解释的推理一般有三种形式：演绎推理、归纳推理和溯因推理。演绎推理是一种自上而下、从前提到结论的推理；归纳推理是一种自下而上、从单一观察或实例到可能的解释或概括的推理；溯因推理是从观察到最有可能的解释的演绎推理的反向，即选择最优的解释来进行推理的方式，它比演绎推理更具选择性，因为这种推理优先考虑假设。

除了上述的推理，人们还经常进行一个实例到另一个实例的类比推理。这是一种技术上相对较弱但对人而言具有重要意义的演绎推理形式，因为人们在推理过程中，心中只有一个实例。类比推理虽然不精确，但能够快速获得结果，是一种高效的推理方式，在人类的解释中经常使用。

3．因果推理

从行为科学的角度看，可解释性还与人类心理活动中的“因果推理”密切相关，属于人类的最高认知活动——思维。与逻辑推理、形式推理等需要专门的知识不同，因果推理总体上属于人类自然推理的范畴。因果推理涉及很多认知心理学的因素，如过去的经验、知识和记忆等。对当前情境的认知与感知，会影响因果推理的总体判断。

行为科学关于因果推理的一个重要属性是原因的数量。如果只存在单个原因，人们就很容易利用其推理出可靠的结论；然而，如果结果是多个原因引起的，人们就倾向于找出最重要的原因，而丢弃次要但仍起作用的原因。虽然这是人类的一种偏见，但也说明算法解释的相关原因要尽量做到清晰且唯一，才能支持人类的推理活动。

在机器行为学中，寻找解释的因果推理是任何机器的高级认知功能的核心。下面对因果推理提出以下六点说明：

（1）因果推理可以用来理解事件，并根据所学到的内容改变人们原有的因果模型。

（2）因果推理在人类的心理模型中发挥着核心作用，这些模型涉及事件如何发生、人们进行干预会发生什么等。在因果推理中，人的心理模型取决于用来理解事件的知识和信仰，或者理解为“使事情发生而运行的因果网络”。

（3）因果推理与可解释性都是决策的核心。人类的因果模型决定了他们对情境的识别和分类，也会影响人们将进行哪些心理模拟来评估行动计划。

（4）如果需要发生改变，那么因果推理是重新规划的核心，通过因果推理，可以分析计划为什么进展不佳，并考虑需要改变什么。

（5）因果推理是人与人、人与机器协作的核心，它可以预测个人行为如何影响团队机器行为。

（6）因果推理是思维的核心，它主要使用心理模型为可能发生的事件做好准备，特别是那些低概率、高影响的事件。

此外，因果推理有时还会寻求对涉及多种相互作用原因的事件的解释，特别是事件不确定的时候。同时，由于人类活动和动机的变化，即使是因果推理，也会使很多事件的可预测性相对较低。

## 18.4 可解释机器行为设计：支持人类的实际推理行为

“可解释机器行为对人类的实际推理行为的支持”本质上是如何设计可解释机器行为的问题，其设计取决于人类实际推理的需求和特性。除了不同的推理方式，人类的实际推理过程一般遵循两种思路：快速直觉推理和慢速分析推理。这两种思路直接影响了可解释机器行为的设计。在快速直觉推理中，人们采用启发式方法（无意识快速认知）快速做出决策。同时，通过归纳推理来比较当前情境与以前观察到的项目的相似性。前面的人类心理模型与人的错误等已经涉及类比推理，这种推理基于前面的案例，通过概括和归纳可以迅速做出模式匹配的决定。虽然启发式可以加快决策速度，但它们有时过于简单化，且受到过度自信、疲劳和时间压力等因素的影响。慢速分析推理需要人类在特定领域的知识，并且这些知识往往需要通过学习，以便有必要的逻辑、语义或数学概念来进行推理。前面提及的演绎推理、归纳推理和溯因推理基本上都属于慢速分析推理。人在慢速分析推理时出现的错误，一般是对工具模型错误的信任所导致的决策错误。

1．快速直觉推理

从启发式方法（无意识快速认知）的角度说，机器行为设计的核心是，可解释如何发挥其作用来减轻人类的推理偏见，进而改善人机决策和信任。在具体的设计策略上，可以包含以下三个方面：

（1）减少代表性偏差。当人们认为当前情况与其他错误分类的案例类似时，就会发生代表性偏差，原因可能是缺乏经验或缺乏对突出特征的关注。为了减轻人们的偏见，机器行为设计可以显示原型实例来表示不同的结果，原型可以通过它们与当前案例的相似性或明确显示的差异性的指标来排序，也可以显示每个特征的差异，以便对比案例之间的差异。

（2）减少可及性偏差。当人们不熟悉产生特定结果的具体方式时，可能会出现可及性偏差。在这种情况下，人们会使用不正确或不足的信息进行决策。机器行为设计可以通过对数据产生结果的可能性的解释及其具体描述来减少这种偏差。

（3）减少思维固化偏差。当思维固着在某个框架内时，就会出现思维固化偏差，形成不全面且缺少探索的决策。为了减少这种偏差，机器行为设计可以解释当前数据、模型对其他假设的作用。例如，对同一个输入属性展示可能的不同结果。

2．慢速分析推理

机器行为的慢速分析推理的本质是，人类思维与推理行为和智能机器的认知行为的配合（见图 18.3），即让不同人的认知过程与智能体的认知过程协同。在这个过程中，如何让人分别在情境感知、状态理解和决策模型等方面理解机器行为，是机器行为设计的核心。

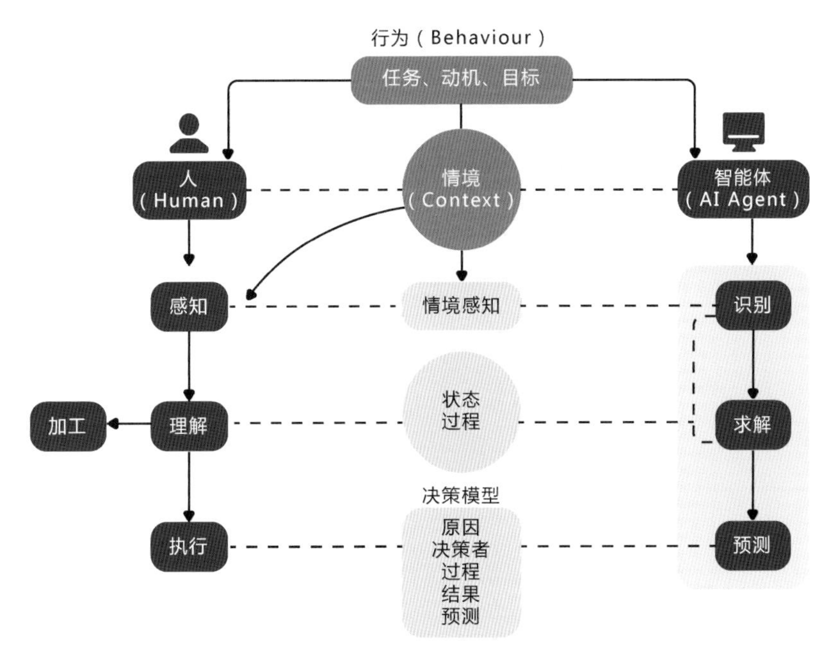


图 18.3　人类思维与推理行为和智能机器的认知行为的配合的基本框架

3．机器行为可解释设计的步骤

事实上，机器行为可解释支持人类的推理远不止上述三个方面，还涉及很多领域，因此需要在具体的设计过程中进行分析。这里初步提出机器行为可解释设计的一般步骤：

（1）明确机器需要解释行为的受众特征，明确人和机器的不同认知目标。

（2）分析可能出现的认知偏差，确定哪些解释有助于推理或减少认知偏差。

（3）整合以创建可解释的机器行为及其用户界面。

## 18.5　案例：智能算法的因果性与可解释性对人的影响研究

1．简介

本研究基于韩国申东熙（D. Shin）的可解释性对用户感知影响的研究，面向中国人群，重点分析智能算法的可解释性对用户信任及对人工智能态度的影响，并对中国人群的情况进行比较研究。研究的理论基础是，将基于人类慢速分析推理的“因果性或者因果关系”的概念理解为“可解释性”的先决条件和算法的关键线索，通过测试它们如何影响用户对人工智能驱动服务的感知性能来检验它们与信任的关系。研究试图揭示因果性和可解释性的双重作用，即其与信任和后续用户行为的潜在联系。

2．研究假设：人工智能的因果性与解释性

为了与申东熙的研究有所差异，且便于后续的比较研究，研究假设主要从申东熙的研究中选取，但本研究在研究情境、对象和分析方法上均有一定差异。本研究提出两个基本概念：因果性被认为是解释性的前置因素，解释性被认为是公平性、责任、透明度（Fairness, Responsibility, Transparency，FRT）的前提。因此，本研究提出了以下假设。

第一组假设是人们如何使用人工智能感知/评估可解释性，具体包括：

H1：可解释性积极影响用户对智能算法透明度的感知。

H2：可解释性积极影响用户对智能算法公平性的感知。

H3：可解释性积极影响用户对智能算法责任的感知。

第二组假设是因果性，即可解释性的质量与前提，具体包括：

H4：因果性积极影响智能算法的可解释性。

第三组假设是解释的信心与信任，具体包括：

H5：感知的透明度积极影响用户对智能算法的信任。

H6：感知公平性积极影响用户对智能算法的信任。

H7：责任积极影响用户对智能算法的信任。

第四组假设是算法性能，具体包括：

H8：信任对人工智能的感知性能有显著影响。

3．实验设计

研究共招募了 280 名被试，仅限于具有智能算法服务经验（自动推荐、内容建议等）的人员，以确保研究的学习成本可控。为了保证回答的可靠性和有效性，研究还增加了一系列验证确认问题。

研究在实验室中进行。被试要求在基于算法的音乐网站上观看和使用自动生成的推荐内容（见图 18.4），时长约为 1 小时。该算法基于湖南大学与华为合作项目“智能设计”中的推荐算法构建实验环境，被试可以通过网站浏览推荐内容。他们被如实告知这些推荐内容由算法生成，并由机器学习和人工智能机制实现。同时，向被试介绍 FRT 的基本定义。在浏览和使用后，要求被试完成问卷（见表 18.2）。与申东熙的研究相比，本研究修改和删除了部分问题，以符合中国人群的特点。

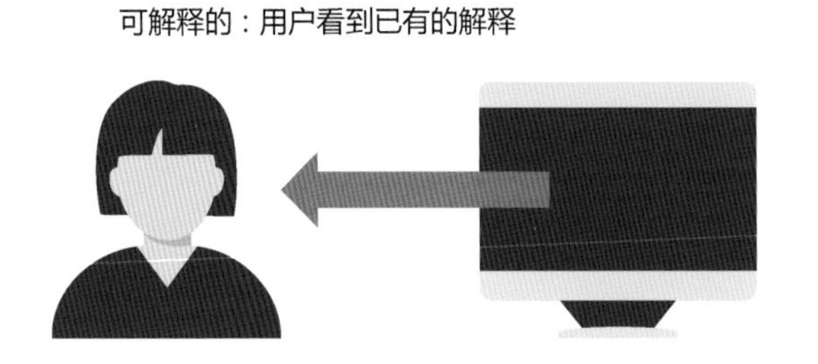


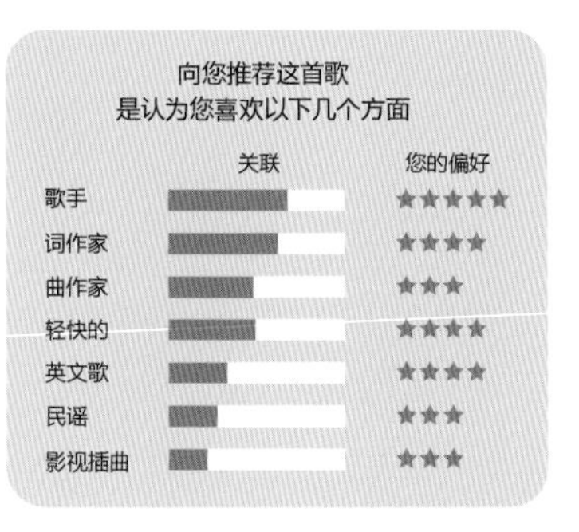


图 18.4 实验素材

表 18.2 问卷调查的问题

| 变 量 | 问 题 |
|---|---|
| 因果性 | 1. 我可以理解这些解释<br>2. 我不需要帮助来理解这些解释<br>3. 我发现这些解释有助于我理解因果关系 |
| 公 平 | 1. 系统公平<br>2. 应识别、记录整个算法的数据源，并对其进行基准测试<br>3. 我认为该制度遵循公正的正当程序，没有偏见 |
| 责 任 | 1. 我认为该系统需要一名负责人，负责人应及时对不利的个人或社会影响负责<br>2. 算法的设计应使第三方能够检查和审查算法的行为<br>3. 算法应能够仅使用某些操作修改整个配置中的系统 |
| 透明度 | 1. 我认为所用算法的评估和标准应该公开发布，并为人们所理解<br>2. 算法系统产生的任何输出应向受这些输出影响的人解释<br>3. 算法应该让人们知道，通过了解算法的外部输出，可以了解算法的内部状态 |
| 可解释性 | 1. 我发现算法很容易理解<br>2. 我认为算法给我提供了足够多的解释<br>3. 我能理解机器学习的内在机制，我希望这个算法可以解释清楚 |
| 性 能 | 1. 我认为推荐的项目反映了我的个性化偏好<br>2. 我发现推荐的内容非常符合我的需求<br>3. 我认为算法产生的内容是准确的 |
| 信任 | 1. 我相信算法驱动服务的建议<br>2. 通过算法过程推荐的项目是可信的<br>3. 我相信算法服务结果是可靠的 |

为了评估研究的有效性，本研究进行相关测试以确定变量之间的关系，各指标的关系检验如表 18.3 所示。

表 18.3 各指标的关系检验

| 度量指标 | 均 值 | 标准差 | 克朗巴哈系数 | 平均方差 | 综合置信度 |
|---|---|---|---|---|---|
| 透明度 | 4.60<br>4.65<br>4.78 | 1.034<br>1.045<br>1.104 | 0.868 | 0.761 | 0.885 |
| 责任 | 4.23<br>4.45<br>4.06 | 1.210<br>1.119<br>1.025 | 0.758 | 0.759 | 0.904 |
| 公平 | 4.05<br>4.23<br>4.01 | 1.025<br>1.143<br>1.078 | 0.767 | 0.742 | 0.812 |
| 可解释性 | 4.07<br>4.12<br>4.25 | 1.223<br>1.213<br>1.207 | 0.749 | 0.709 | 0.799 |

（续表）

| 度量指标 | 均　值 | 标准差 | 克朗巴哈系数 | 平均方差 | 综合置信度 |
|---|---|---|---|---|---|
| 性能 | 4.37 | 1.132 | 0.780 | 0.707 | 0.892 |
| | 4.09 | 1.283 | | | |
| | 4.12 | 1.207 | | | |
| 信任 | 4.39 | 1.314 | 0.901 | 0.843 | 0.939 |
| | 4.28 | 1.459 | | | |
| | 4.01 | 1.345 | | | |
| 因果性 | 4.01 | 1.240 | 0.791 | 0.799 | 0.897 |
| | 3.88 | 1.409 | | | |
| | 4.01 | 1.305 | | | |

### 4．假设的结构模型试验

围绕研究的八个假设，对其结构路径进行检验。检验结果表明，除了假设 H6，所有路径的相关系数均具有统计学意义（见表 18.4）。从检验结果可以得出初步结论：人类的信任受到 FRT 的显著影响，FRT 由因果性和可解释性决定。性能受到信任的影响很大。强路径意味着信任与其原因之间的根本联系。算法可解释性主要影响人们对信任的感知。

表 18.4　各个指标的关联

| 路　径 | 标准系数 | S. E. | C. R. | *P* | 支　持 |
|---|---|---|---|---|---|
| H1：可解释性→透明度 | 0.732 | 0.011 | 12.789 | 0.000*** | 是 |
| H2：可解释性→公平 | 0.455 | 0.021 | 3.216 | 0.044* | 是 |
| H3：可解释性→责任 | 0.679 | 0.031 | 13.456 | 0.000*** | 是 |
| H4：因果性→可解释性 | 0.937 | 4.321 | 2.012 | 0.044* | 是 |
| H5：透明度→信任 | 0.531 | 0.056 | 10.051 | 0.000*** | 是 |
| H6：公平→信任 | 0.140 | 0.421 | 1.269 | 0.061 | 否 |
| H7：责任→信任 | 0.350 | 0.058 | 7.281 | 0.002** | 是 |
| H8：信任→性能 | 0.921 | 0.063 | 16.211 | 0.000*** | 是 |

*表示 95%置信区间，**表示 99%置信区间，***表示 99.9%置信区间。

本研究的结论与申东熙相关研究的差别主要是，本研究假设 H6（从公平性到信任）的路径的相关系数不具有统计学意义（$P = 0.064 > 0.05$），即本研究提出的假设 H6“感知公平性积极影响用户对智能算法的信任”不成立。在本研究中，与假设 H6 相关的假设 H2（可解释性与公平的相关性）仍然成立，其置信区间为 95%。这似乎说明，针对公平性这样的概念，人们报告的感知与实质的感知可能略有差异。这种差异可能直接作用于信任关系。由这样的结论可以得出如下推论：智能算法必须超越表面的公平性、合法性和准确性，满足人们的真正需求。

### 4．结论

本研究考察了因果关系在机器行为可解释方面的作用，以及可解释性如何影响人们的感知与体验。通过实验，本研究表明“因果性”代表了解释的质量，“解释性”与智能机器和系统的质量有关。同时，本研究证实了算法的解释如何通过两种不同的认知途径影响人类的公平性、责任、透明度。更重要的是，研究结果表明基于信任的可解释性在人与智能体的交互中起重要作用。人们希望了解算法是如何工作的、数据是如何被分析的，以及分析结果多大程度上是公平的甚至“合理的”。本研究中的模型为通过解释建立信任及信任的影响因素提供了线索，初步说明了信任是人与人工智能之间的一种联系机制，也是提高算法性能进而创造以人为本的人工智能的重要驱动力。

## 讨论

从案例研究可以推断算法特征与人类信任正相关；也就是说，人们通过基于“公平性、责任、透明度”的启发式评估，可以提升机器行为（智能算法）的准确性，这种联系可能是关于算法质量、算法体验以及人与智能体交互的关键线索。

1. 选择几个智能机器的算法，分析哪些算法更能获得人的信任，并给出相关的原因。

2. 有观点认为机器行为学在可解释性方面的核心是建立基于信任的反馈回路，那么如何通过设计来建立起这样的反馈回路？

# 19 机器外部行为
## 显示设计与行为特征

本质上说，智能机器的外部行为通过人们可感知的内容、交互、界面等要素，增强或减弱机器行为对人的影响和作用，同时为人与机器之间的相互适应、协作和支持提供帮助。本章从显示设计与行为特征两个角度探讨机器外部行为。

## 19.1 显示设计：设计可感知的机器行为

显示是有目的的信息传递。智能机器的复杂性使得其显示设计具有较大的难度。前面提及的可解释人工智能的可视化问题，本质上是一个比较复杂的显示问题。根据显示设计对人的影响和作用，一般可以分四个层次来讨论：内容、识别、理解和体验，如图 19.1 所示。

图 19.1 信息显示设计的四个层次

1. 内容

显示设计的关键问题是对信息进行组织，即所谓的信息架构（Information Architect）。显示信息的组织与显示行为密切相关。例如，对于汽车机器行为的信息传递，一方面，汽车交互界面面临的情境复杂，需要为驾驶员提供大量的信息；另一方面，为了确保驾驶安全，某个时刻提供的状态信息不能干扰驾驶员的驾驶行为或让驾驶员分心。这就使得汽车人机界面的信息组织总体上呈现显示数量有限但层次较深的组织结构，即窄而深的信息组织结构，如图 19.2(a)所示。对于网页或软件的界面，需要操作和控制的信息、内容与范围都较多，一般采用宽而浅的信息组织结构，如图 19.2(b)所示。

在显示内容上，对智能机器而言，首先要确保情境信息的显示。例如，针对智能汽车与行车实时情境和当前操作密切相关的信息，一般根据出现的情境在平视显示器中呈现，即层次结构信息通过情境进行组织。然后，进行状态信息的组织，如第 18 章提及的可解释人工智能的信息就是状态信息。最后，对需要人进行操作和交互的信息进行组织。显示内容的关键的问题是必须严格限制同一时间内显示的内容数量，无关的信息内容必须控制在有限范围内。

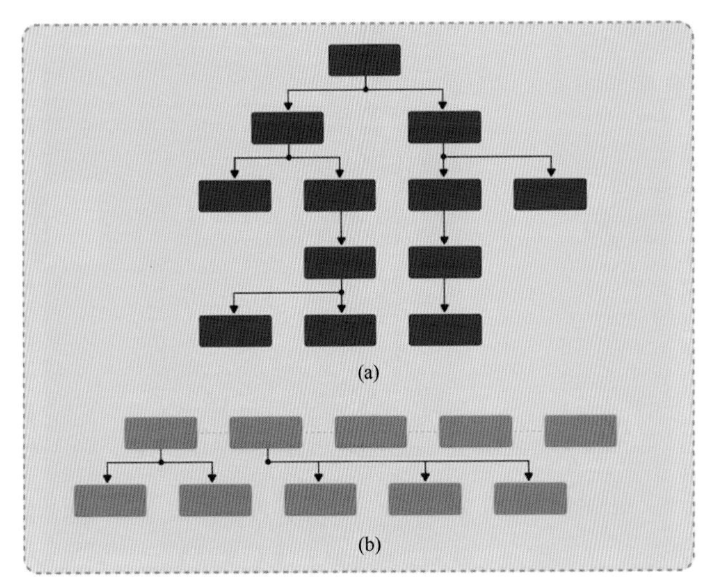


图 19.2 信息的组织结构：(a)窄而深的结构；(b)宽而浅的结构

2．识别

识别就是"看得见，看得清楚"。这是显示设计和可视化的基本条件。从设计的角度看，可识别性可以通过图符背景关系、图符边界、封闭图形、简单化、整体化等方法实现（见图 19.3）。例如，图符显示要使用清楚的粗笔画，使得背景与图形对比强烈。

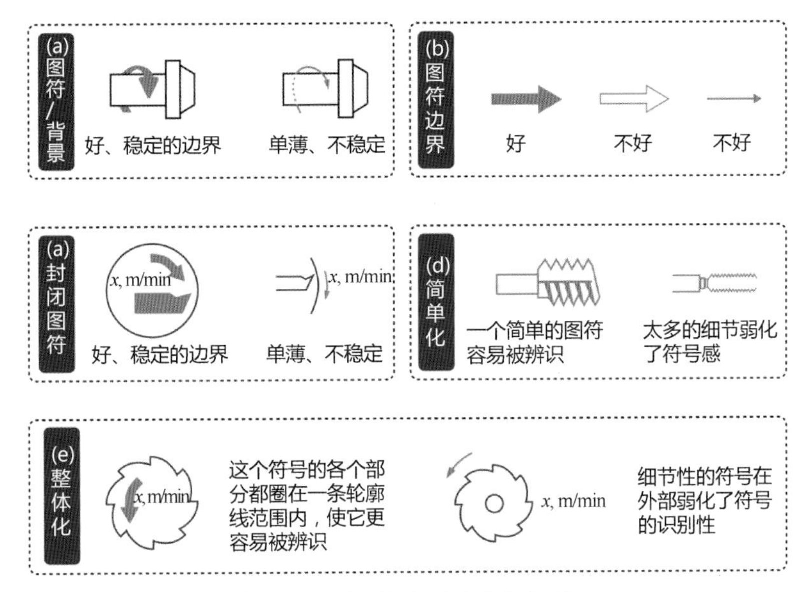


图 19.3 面向可识别性的图符设计原则

3．理解

理解是指“看得懂”问题，主要针对的是机器显示中图形用户界面的图形传达意义，特别是那些容易混淆的意义。例如，Scale 和 Zoom 都有“放大”的意思，但前者是指物体本身变大，后者是指看起来变大，因此其显示设计应有明显的差异（见图 19.4）。

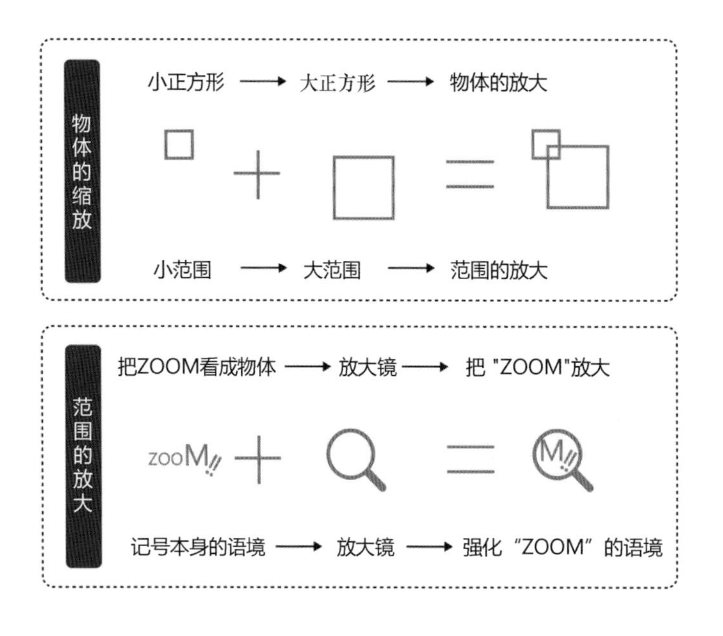


图 19.4　Scale 和 Zoom 的概念混淆与理解

4．体验

体验是显示设计的最高层次，是安全、识别、理解三个层次设计的艺术升华。视觉显示信息的艺术体验基于产品意象，是信息表现出来的风格、品牌等情境要素的综合。图 19.5 中显示了华为自动驾驶网络的可视化界面艺术设计，体现了华为的高技术风格和品牌。

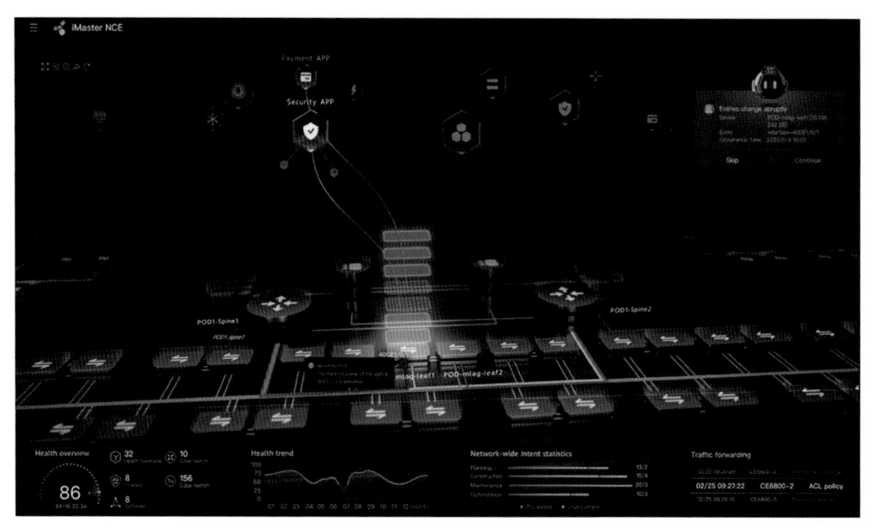


图 19.5　华为自动驾驶网络可视化界面的艺术设计（华为 UCD，2020）

## 19.2　机器外部行为特征

总体而言，可视化与显示设计是人和机器在“界面”层次的外部表达，而机器外部行为不可避免地包含行为、动作等相关内容，这是机器行为在“交互”层面的外部表达。为了更好地表达智能机器的外部交互行为，我们在 2015 年提出了“行为特征”的概念。特征是一个具有复合意义的概念。对实体而言，特征是具有差异和区分的部分。在机器行为学中，“特征”可视为现象与行为背后的内在属性，它支撑着人们对某个机器行为的预期和理解。机器外部行为特征可以定义为机器的若干外在形式以及属性的描述在人类感知理解与情感层面上的描述和表达，是机器行为这一设计对象的突出和显著要素。

机器外部行为特征一般可以分为功能特征与属性特征，其特征框架如图 19.6 所示。

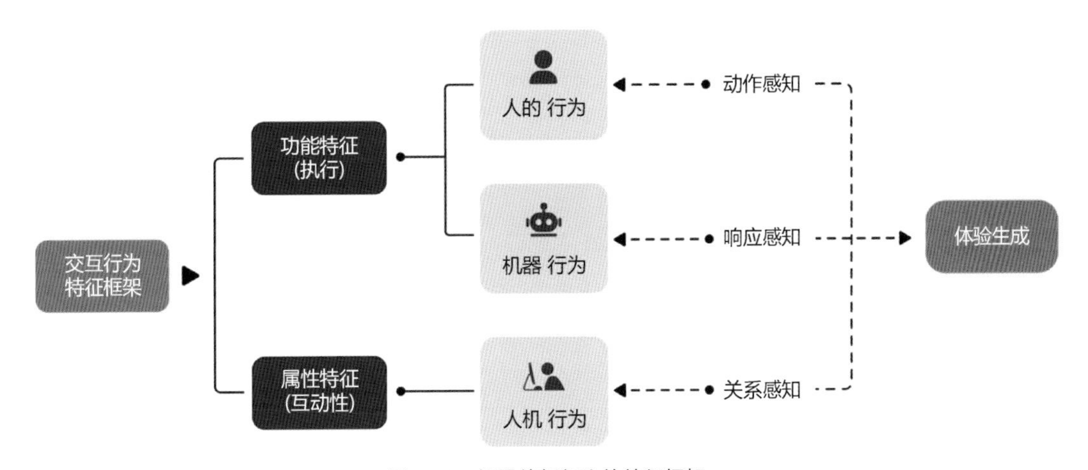


图 19.6　机器外部行为的特征框架

功能特征是机器外部行为的基本特征，是功能的外在表现，一般以功能的名称（名词）来命名；属性特征主要从机器外部行为的不同属性来分析讨论，一般以交互属性（形容词）来命名。表 19.1 中显示了机器外部行为特征的定义与描述。

表 19.1　机器外部行为特征的定义与描述（谭浩、李薇，2015）

| 功能特征 | | |
|---|---|---|
| 交互特征 | 定　义 | 描述或案例 |
| 运动速度 | 运动及相对速度变化 | 慢 $V_1$ $T$ $a$　快 $V_2$ $T$ $a+x$ |
| 响应速度 | 用户行为或产品反应的速度 | 延迟的 $T_1$ $T_1$　实时的 $T_2 \alpha 0$ $T_2$ |
| 流程关系 | 不同流程和行为顺序 | 单线程的　多线程的 |

（续表）

| 功能特征 | | | |
|---|---|---|---|
| 交互特征 | 定　义 | 描述或案例 | |
| 运动范围 | 运动物体的范围 | 窄的  $P_1$ | 宽的 $P_2=P_1+X$ 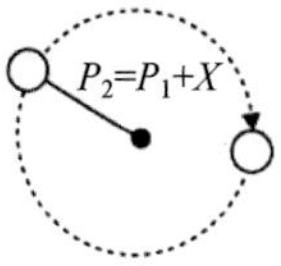 |
| 力量 | 力量的大小 | 温柔的 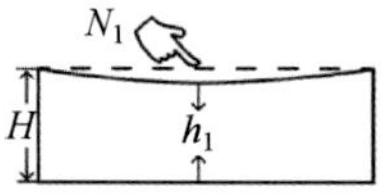 $N_1$ $H$ $h_1$ | 强有力的 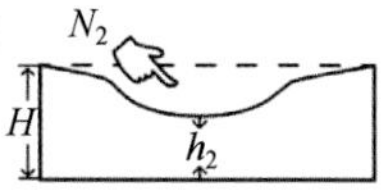 $N_2$ $H$ $h_2$ |
| 空间关系 | 不同行为之间的空间距离 | 分离的 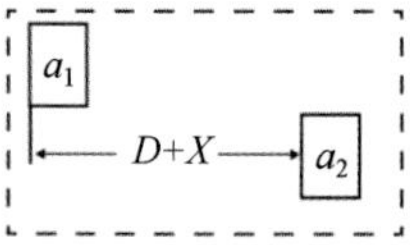 $a_1$ $D+X$ $a_2$ | 接近的 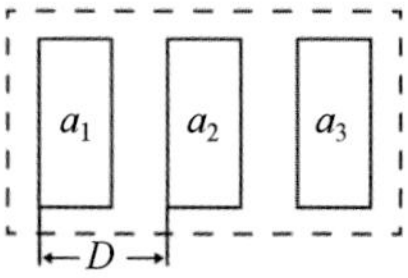 $a_1$ $a_2$ $a_3$ $D$ |
| 属性特征 | | | |
| 交互特征 | 定　义 | 描述或案例 | |
| 一致性 | 交互行为与直觉和自然规律一致 | 一致的  | 分离的  |
| 连续性 | 用户操作某一对象时刻的连续性 | 流畅的 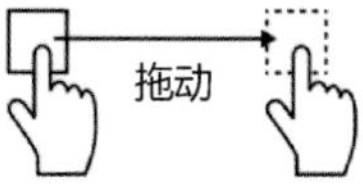 拖动 | 分离的  点击 |
| 持续性 | 固定或变化的状态 | 固定的 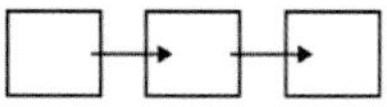 | 变化的 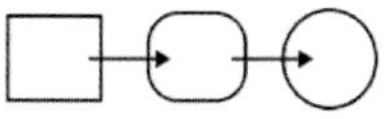 |
| 模糊性 | 信息或交互的模糊水平 | 模糊的 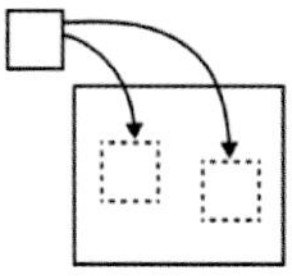 | 精确的 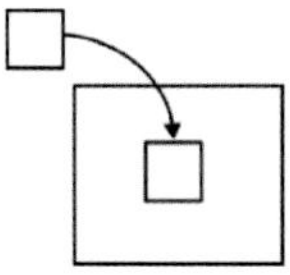 |
| 规则性 | 产品显示信息的规则性与用户操作信息的规则性水平 | 规则的  | 随机的 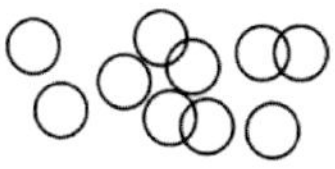 |
| 直接性 | 交互对象、信息要素显示或交互本身直接性水平 | 直接的  | 间接的 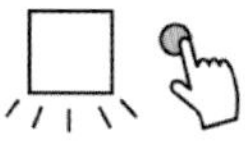 |
| 外显性 | 交互行为与信息显示的可观察性水平 | 外显的 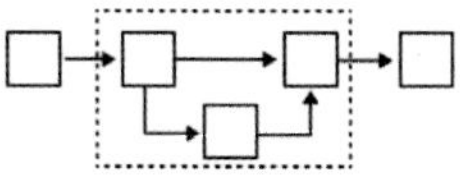 | 内隐的  ? 黑盒 |

功能特征一般通过对现有机器动作和行为进行分析得到，是机器外部特征的表现形式。图 19.7 所示为机器行为功能特征提取过程中人的动作分析图，图中采用人的行为的动词分析了机器的各种外部行为，如起身、跳跃、分开等。

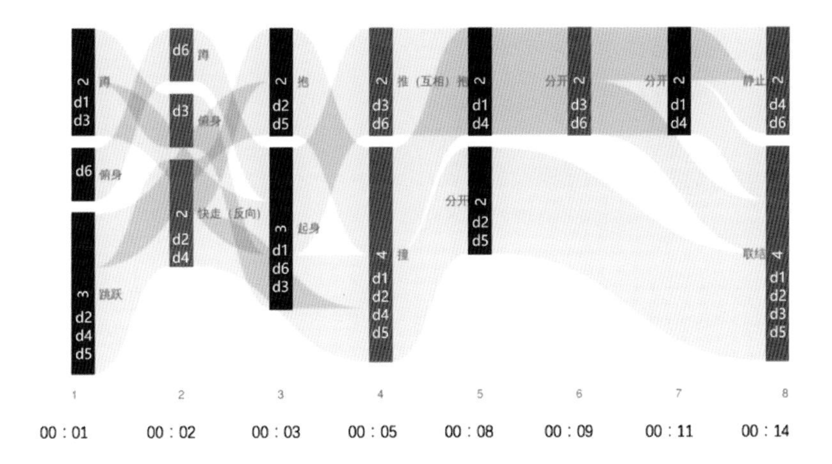


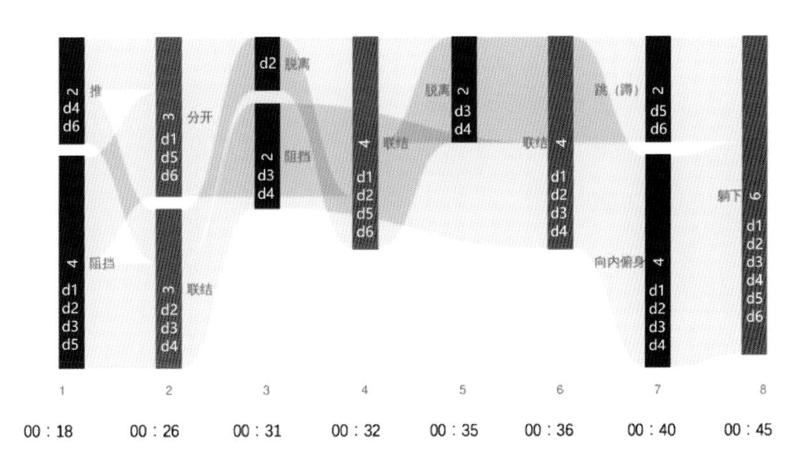


图 19.7　机器行为功能特征提取过程中人的动作分析图（谭浩、李薇，2014）

属性特征强调机器外部行为的内在属性，一般通过基于卡片分类的聚类分析等方法提取。图 19.8 所示为湖南大学与华为开展机器行为属性特征聚类分析的现场图片。属性特征是机器外部行为及其对人的影响和作用的重要内容。

图 19.8　湖南大学与华为开展机器行为属性特征聚类分析的现场图片

功能特征和属性特征提供了一种机器外部行为的分析工具；同时，还可进一步探讨这些行为特征对人类的影响，即行为特征与人类感知体验的关系，如表 19.2 所示。

表 19.2 行为特征与人类感知体验的关系

| 交互特征 | | 对应的人类感知体验属性和指标 | 交互特征 | | 对应的人类感知体验属性和指标 |
|---|---|---|---|---|---|
| 运动速度 | 慢 | 重的，柔软的，深的，尊重的，放松的，冷静的，准确的，欣赏 | 一致性 | 一致的 | 重的，简单的，可控制的，直觉的 |
| | 快 | 轻的，坚硬的，浅的，刺激的，积极，意愿表达，效率 | | 分离的 | 轻的，复杂的，不同寻常的，不自然的，分离的，吸引注意力的 |
| 响应速度 | 延迟的 | 复杂的，模拟的，模糊的，足够的时间，外来的 | 连续性 | 流畅的 | 模糊的，模拟的，柔软的，自动的，随时改变的 |
| | 实时的 | 简单的，数字的，清晰的，没有间隔，行为可感知的 | | 分离的 | 清晰的，数字的，硬的，一步一步的，可引导的 |
| 流程关系 | 单线程的 | 清晰的，简单的，渐进的，面向过程的，演绎的，时间的长度 | 持续性 | 固定的 | 重的，硬的，安全的，长期的，可依赖的，稳定的 |
| | 多进程的 | 模糊的，复杂的，快速的，面向对象的，时间的深度 | | 变化的 | 轻的，软的，活力，悬而未决的，不可依赖的 |
| 运动范围 | 窄的 | 有规则的，有限的，温和的，硬的，简单的，重的，人工的 | 模糊性 | 模糊的 | 深的，模拟的，非参数化的，容错 |
| | 宽的 | 自由的，刺激的，软的，复杂的，轻的，自然的，难以操作的 | | 精确的 | 浅的，数字的，安全的，准确的，参数化的 |
| 力量 | 温柔的 | 软的，轻的，仔细的，有意识的，欣赏的 | 规则性 | 规则的 | 人工的，显著的，欣赏的，简单的 |
| | 强有力的 | 硬的，重的，有效的，传统的 | | 随机的 | 自然的，复杂的，偶然发生的，局部的 |
| 空间关系 | 分离的 | 复杂的，不清晰的，没有同情心的，距离感 | 直接性 | 直接的 | 清晰的，简单的，浅的，实时的，体验的 |
| | 接近的 | 简单的，清晰的，具有同情心的，相关感，安全性 | | 间接的 | 模糊的，复杂的，深的，不确定的，神奇的 |
| | | | 外显性 | 外显的 | 显著的，清晰的，安全的，确信的，表达性的，容易的，直接的 |
| | | | | 内隐的 | 覆盖的，神奇的，兴奋的，探索的 |

在具体的外部行为设计中，行为特征可为设计者提供明确的设计对象和目标。例如，在某个车载手势控制的智能音乐播放的机器行为设计中，根据表 19.1 中的机器行为特征，对音乐播放器涉及的关键手势行为进行设计。根据该音乐播放器总体风格为游戏风格（Game Style）的特点，在“切换目录”功能的手势设计中，于运动速度（Movement Speed）、运动范围（Movement Range）和响应速度（Respond Speed）三个方面进行了设计。在运动速度方面，采用“快的”作为设计出发点，在传感器所能识别的速度范围（100～1000mm/s）内采用了较快的识别速度（750～1000mm/s），使人们在进行快速的手势操作时能够获得“刺激的”游戏体验。在运动范围方面，在符合汽车内室空间的基础上，选用了较大的操作空间，即感应范围的直径为 285mm，以获得“刺激的”游戏用户体验。在响应速度上，采用的是实时反馈（反应速度小于 20ms），这符合游戏中“行为可感知”的重要属性。这样，就使得整个智能机器的外部行为在界面风格、操作时间、操作范围、反馈速度等方面通过行为特征取得了良好的设计质量（见图 19.9）。

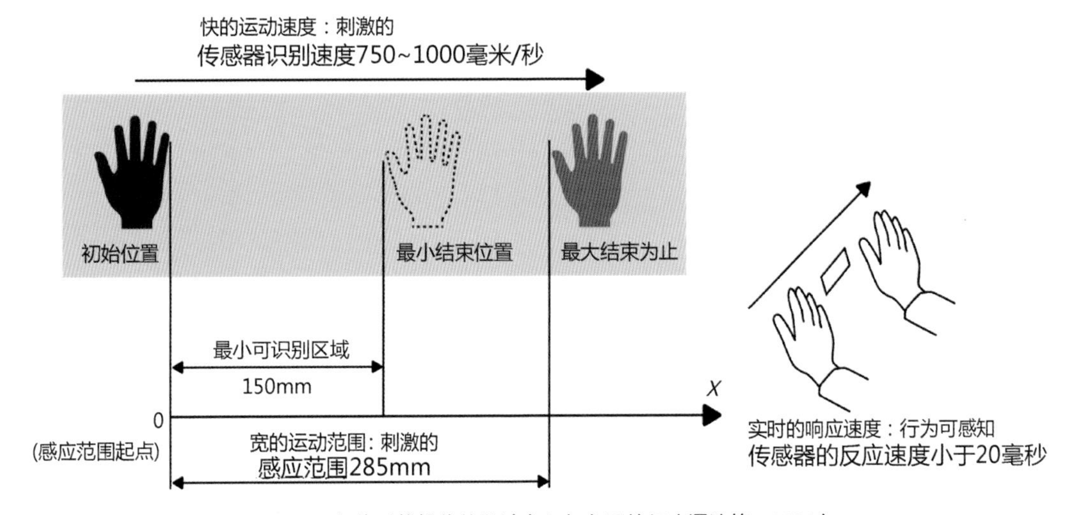


图 19.9　切换手势操作的设计定义与交互特征（谭浩等，2006）

## 19.3　案例：智能网络延时行为对人类体验影响的应用研究

1．简介

延时（Delay）本质上是机器外部行为的“响应速度”，几乎所有的机器行为都涉及延时。机器的响应速度是机器在与人的交互过程中给予人的反馈/响应速度，如机器对用户发出指令后延迟运行的程序。在不同形式的机器行为中，人对机器的响应速度形成体验。

本研究根据 2014—2019 年湖南大学承担的“华为无线网络延时用户体验评估标准”项目，基于人因研究的基本范式探寻不同的网络延时对人类体验的影响，并根据研究结果拟合出“延时”这一机器行为特征在不同情境下对人类体验的影响的数学模型，进而建立面向人类体验的无线网络质量标准。

2．实验设计

实验选取了四个可能出现智能网络延时的情境：手势控制辅助拍摄、触觉感应远程医疗、摇杆控制机器辅助操作和触控紧急任务，它们分别对应不同的情境类别、人的期望、人的行为方式、机器行为方式、机器行为的任务次数，如表 19.3 所示。

**表 19.3 实验情境**

| 实验情境 | 情境类别 | 人的期望 | 人的行为方式 | 机器行为方式（反馈） | 机器行为的任务次数 |
|---|---|---|---|---|---|
| 手势控制辅助拍摄 | 生活 | 低期望 | 空间手势 | 视听觉 | 单次、多次 |
| 触觉感应远程医疗 | 商业 | 低期望 | 按摩电极 | 触觉 | 单次 |
| 摇杆控制机器辅助操作 | 工业 | 高期望 | 摇杆 | 视听觉 | 单次、多次 |
| 触控紧急任务 | 工业 | 极高期望 | 触屏 | 视听觉 | 单次 |

实验室布局如图 19.10 所示。实验平台采用物理方式对人的行为（主域）和机器行为（从属域）进行视觉与听觉隔离，被试在交互操作过程中不能直视机器行为（即机器的相应动作），只能通过显示器实时观看摄像机传回的图像，以产生延时效果。

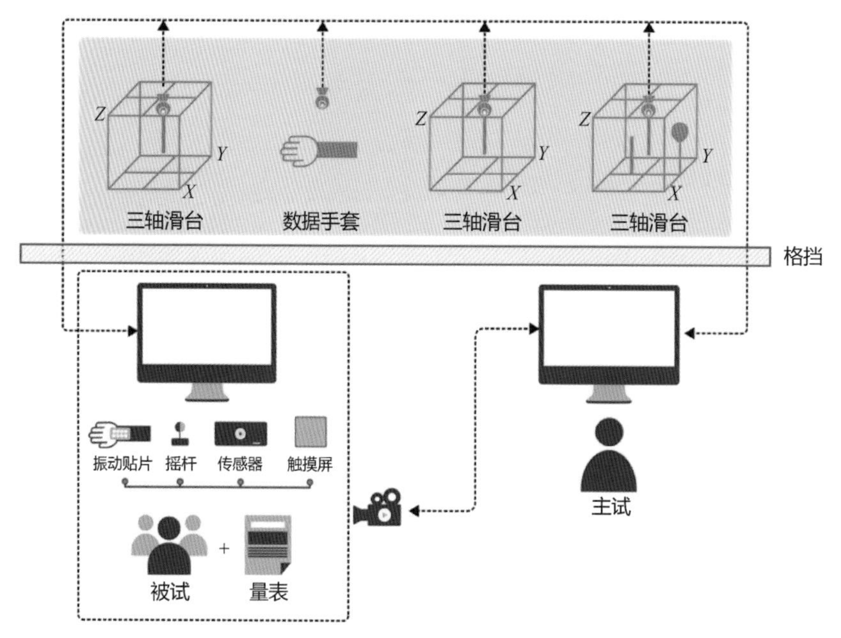


图 19.10 实验室布局

由湖南大学研制的人因实验平台与装置照片如图 19.11 所示。

实验开始后，系统显示屏展示任务指令，被试使用响应设备完成与任务指令对应的交互操作，系统开始根据对应的指令开始响应，经过网络延时 $T_n$ 后，被试通过反馈设备接收到目标设备的任务完成的传输画面，然后根据真实体验对实验素材进行主观量表（1～5 分）评分，再后开始体验下一段素材，直到用户评分为 1 分时停止实验。

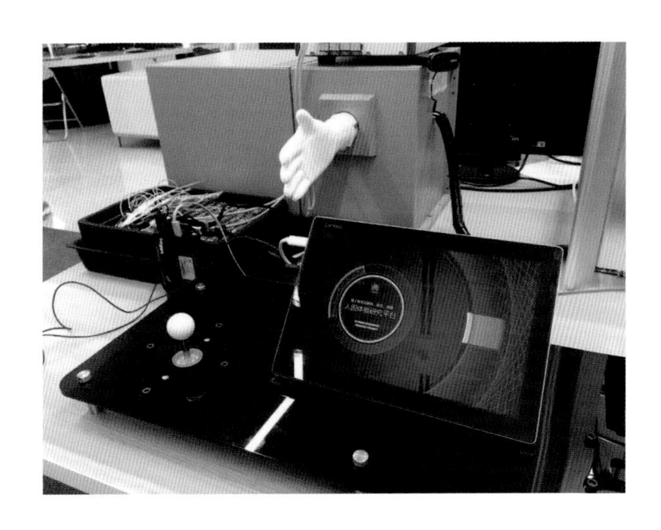

图 19.11　人因实验平台与装置照片

实验设计自变量是从响应设备到反馈设备的传输时间，即网络延时 $T_n$。$T_n$ 共有 11 个水平，分别为 1ms、10ms、20ms、50ms、100ms、200ms、300ms、500ms、700ms、1000ms 和 2000ms。需要说明的是，被试体验到的延时不仅仅是研究设置的网络延时 $T_n$，还包含机器产生的机器延时 $T_m$。本研究不同情境下的机器延时如下：手势操控的机器延时为 230ms，摇杆操作的机器延时为 170ms，触控屏操控的机器延时为 135ms，压力传感和电极的机器延时为 220ms，所以被试在实验过程中体验的实验延时（$T$）是机器延时 $T_m$ 与设置的网络延时 $T_n$ 之和，即 $T = T_m + T_n$。

3．实验过程与情境任务

实验保证光线柔和（约 100LUX）、温度舒适（18℃～25℃），噪声恒定为 50Hz 左右。共有 30 名被试（其中女性 15 名）参加本次研究，年龄介于 18 岁和 55 岁之间，都有使用类似交互控制方式的经验。在研究开始之前，所有被试都必须接受视觉疲劳测试并填写个人基本信息表。

实验共有四个典型情境，具体实验任务如下。

手势控制辅助拍摄情境模拟人们的低期望生活场景，要求使用手势操控远程相机的视角进行移动对焦，实验流程如图 19.12 所示。在实验中，三轴滑台机械臂上固定一台高清摄像机，摄像机将实时图像传输到用户接收反馈的显示屏上，被试需要根据系统指令使用手势传感设备向右挥动手臂，控制三轴滑台机械臂使红色标点右移。黑点根据被试指令在零延时情况下移动，红点延时 $T_n$ 后移动，用户通过显示屏接收反馈后的对比分析进行主观评分。

触觉感应远程医疗情境模拟人们的低期望商业场景，要求对远程实体施力后感受对应的触觉反馈，实验流程如图 19.13 所示。实验用的数据手套上设有多处压力传感器和按摩电极贴片，被试施力按压数据手套模拟与远方目标进行触觉交互，按摩电极延时 $T_n$ 后对用户进行反馈振动，被试通过感受触觉反馈后的体验进行主观评分。

摇杆控制机器辅助操作情境模拟用户的高期望工业场景，要求摇杆操控远程机械臂移动，实验流程如图 19.14 所示。在实验设置中，三轴滑台机械臂上固定一台高清摄像机，摄像机将实时图像传输到被试接收反馈的显示屏上；被试需要根据系统指令使用摇杆右移，控制三轴滑台机械臂使红色标点右移。黑点根据被试指令在零延时情况下移动，红点延时 $T_n$ 后移动，被试通过显示屏接收反馈后的对比分析进行主观评分。

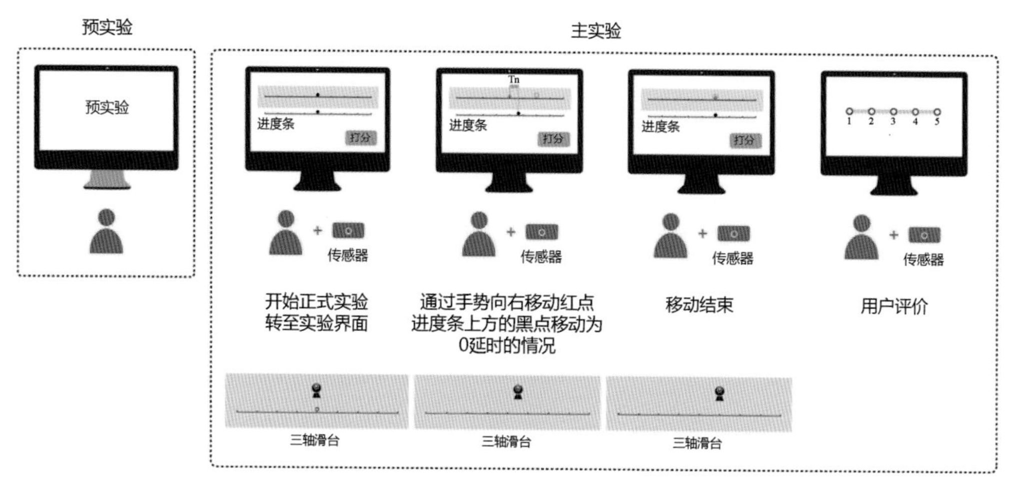


图 19.12　手势控制辅助拍摄实验流程

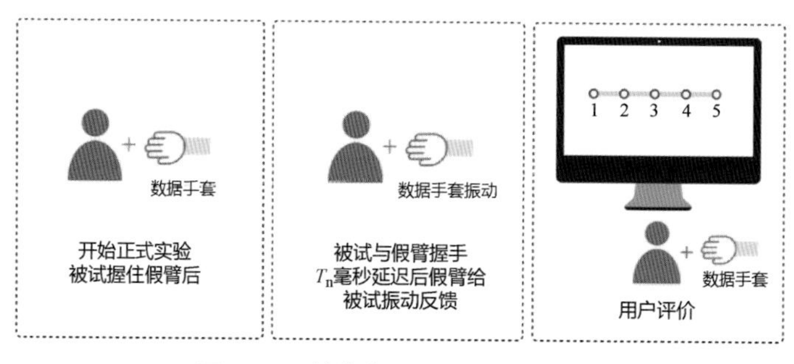


图 19.13　触觉感应远程医疗实验流程

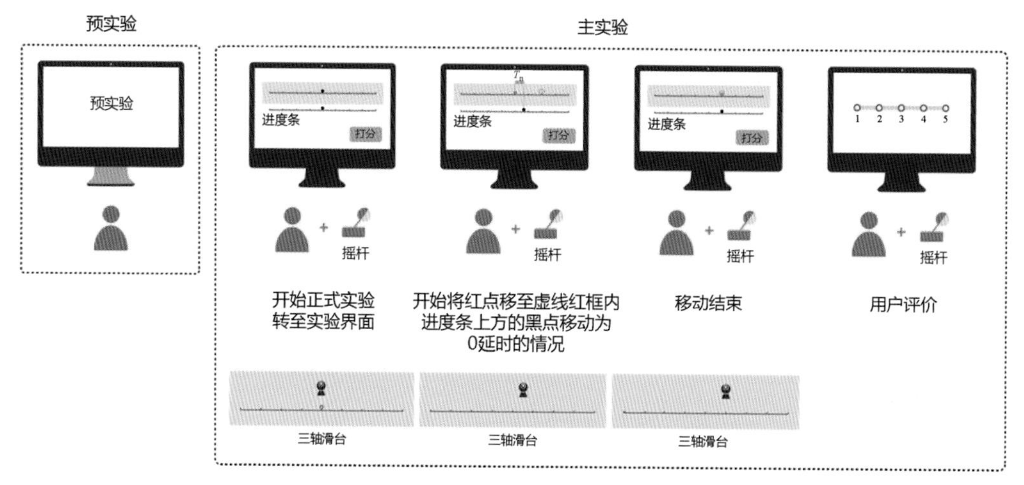


图 19.14　摇杆控制机器辅助操作实验流程

触控紧急任务情境模拟用户的极高期望工业场景，要求触摸屏操控远程机械进行紧急制动，实验流程如图 19.15 所示。在实验中，三轴滑台机械臂上固定一台高清摄像机和一根钢针，摄像机将实时图像传输到被试接收反馈的显示屏上。在三轴滑台的可移动距离末端放置气球并在距其 1 厘米的位置绘制一条黄线。实验开始后，机械臂向气球方向匀速移动，当钢针尖端到达黄线时，被试需要单击触控屏上的“停止”按钮进行紧急制动，三轴滑台机械臂延时 $T_n$ 后运行制动指令，被试通过显示屏接收反馈后的对比分析进行主观评分。

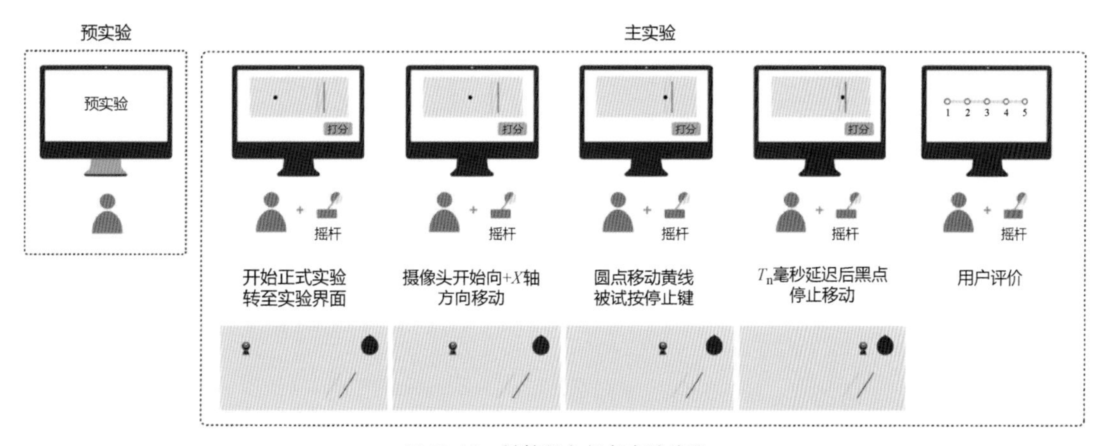


图 19.15 触控紧急任务实验流程

每名被试都随机体验四个情境，每个情境都体验 10 个不同的延时，并针对不同情境及不同延时进行主观体验评分。

4．数据分析与理论模型

实验研究结果如表 19.4 所示。

表 19.4 实验研究结果

| 单次手势场景 | | | | | | | | | | | |
|---|---|---|---|---|---|---|---|---|---|---|---|
| 网络延时 $T_n$（ms） | 1 | 10 | 20 | 50 | 100 | 200 | 300 | 500 | 700 | 1000 | 2000 |
| 机械延时 $T_m$（ms） | 230 | 230 | 230 | 230 | 230 | 230 | 230 | 230 | 230 | 230 | 230 |
| 实验延时 $T$（ms） | 231 | 240 | 250 | 280 | 330 | 430 | 530 | 730 | 930 | 1230 | 2230 |
| 用户评分平均分 $Y$ | 4.473 | 4.3 | 4.15 | 3.894 | 3.611 | 3.45 | 3.333 | 2.7 | 2.35 | 1.75 | 1.263 |
| 单次握手场景 | | | | | | | | | | | |
| 网络延时 $T_n$（ms） | 1 | 10 | 20 | 50 | 100 | 200 | 300 | 500 | 700 | 1000 | 2000 |
| 机械延时 $T_m$（ms） | 220 | 220 | 220 | 220 | 220 | 220 | 220 | 220 | 220 | 220 | 220 |
| 实验延时 $T$（ms） | 221 | 230 | 240 | 270 | 320 | 420 | 520 | 720 | 920 | 1220 | 2220 |
| 用户评分平均分 $Y$ | 5 | 5 | 4.736 | 4.555 | 4.2 | 3.8 | 3.55 | 3.15 | 2.65 | 2.105 | 1.470 |

（续表）

| 单次遥感场景 | | | | | | | | | | | |
|---|---|---|---|---|---|---|---|---|---|---|---|
| 网络延时 $T_n$（ms） | 1 | 10 | 20 | 50 | 100 | 200 | 300 | 500 | 700 | 1000 | 2000 |
| 机械延时 $T_m$（ms） | 170 | 170 | 170 | 170 | 170 | 170 | 170 | 170 | 170 | 170 | 170 |
| 实验延时 $T$（ms） | 171 | 180 | 190 | 220 | 270 | 370 | 470 | 670 | 870 | 1170 | 2170 |
| 用户评分平均分 $Y$ | 4.473 | 4.588 | 4.2 | 3.736 | 3.666 | 3.15 | 2.85 | 1.944 | 1.7 | 1 | 1 |
| 单次急停场景 | | | | | | | | | | | |
| 网络延时 $T_n$（ms） | 1 | 10 | 20 | 50 | 100 | 200 | 300 | 500 | 700 | 1000 | 2000 |
| 机械延时 $T_m$（ms） | 135 | 135 | 135 | 135 | 135 | 135 | 135 | 135 | 135 | 135 | 135 |
| 实验延时 $T$/ms | 136 | 145 | 155 | 185 | 235 | 335 | 435 | 635 | 835 | 1135 | 2135 |
| 用户评分平均分 $Y$ | 4.5 | 4.05 | 3.777 | 3.473 | 3.052 | 2.421 | 2.15 | 1.444 | 1.210 | 1 | 1 |

通过 1STOPT 软件的全局优化算法对数据分别进行一次线性、二次线性、三次线性和四次线性方程拟合。基于拟合回归效果的方程的确定性系数 $R^2$，四次线性方程的 $R^2$ 值较大，因此选用四次线性方程作为最后的理论模型，进而得到各个场景下网络延时的用户体验模型如下。

手势控制辅助拍摄：

$$Y = 2.25946 - 12T^4 - 1.00048 - 0.8T^3 + 0.00001T^2 - 0.01144T + 6.25182$$

触觉反馈远程接触：

$$Y = 3.0048 - 12T^4 - 1.36036 - 0.8T^3 + 0.00002T^2 - 0.01534T + 7.45738$$

摇杆控制机器辅助操作：

$$Y = 5.7431 - 12T^4 - 1.90961 - 0.8T^3 + 0.00002T^2 - 0.01579T + 6.53099$$

触控紧急任务：

$$Y = 2.0514 - 11T^4 - 5.72279 - 0.8T^3 + 0.00005T^2 - 0.02791T + 7.08275$$

在上述公式中，$T$ 是被试在实验过程中真实感受到的延时，$Y$ 是被试的体验评分。得到各场景下网络延时的体验模型后，可以计算得到不同情境下主观体验 1～5 分对应的标准延时，如表 19.5 所示。

**表 19.5　不同情境下主观体验 1～5 分对应的标准延时**

| 主观体验分 | 5 | 4 | 3 | 2 | 1 |
|---|---|---|---|---|---|
| 单次手势对应延时（ms） | 129 | 286 | 594 | 1120 | 1487 |
| 单次握手对应延时（ms） | 215 | 377 | 763 | 1247 | 1557 |
| 单次摇杆对应延时（ms） | 115 | 223 | 392 | 715 | 1175 |
| 单次急停对应延时（ms） | 90 | 151 | 242 | 440 | 903 |

5．结论与应用

从应用研究的角度看，不同情境下主观体验的标准延时与网络应用情境直接对应，具有良好的实用价值。基于上述研究结论与模型，湖南大学和华为共同开展了相关国际标准的研究。2016 年，研究成果通过华为向国际电信联盟提出国际标准 ITU-T Recommendation

P.NATS phase 2 的立项诉求，并获得通过。该标准以电信领域体验质量标准 vMOS 的分数来度量网络延时这个机器外部行为的体验指标，面向视频对网络的需求，构建了一个网络人类体验的质量框架。该标准的立项进程有助于电信产业对视频质量的评估，便于运营商及时了解智能网络系统的延时对人类体验的影响情况。2017 年，华为基于该模型推出了面向 5G 和 5.5G 演进的华为网络全球体验评测系统 Experience Globe（见图 19.16）及相关的软件 Speed Video，通过该系统可以随时监测不同网络延时的人类体验情况。

图 19.16　华为网络全球体验评测系统

然而，本研究也存在很多局限，例如总体样本数仅为 30 名被试，仅达到相关研究的最低标准。同时，本研究虽然构建了四种典型情境，但是仍然难以覆盖智能网络系统复杂的场境。同时，本研究并未在理论层面对情境类别、人类期望、人的行为方式、机器行为及人口统计信息进行分析，并且开展假设检验，因此在理论层面存在欠缺。虽然存在诸多不足，但是本研究初步建立了一个理论模型，基于该模型完成了一个初步的标准体系，并且获得了国际标准的立项。后续可以基于本研究的结果，进一步对机器外部行为模型进行迭代和修正。

## 19.4　案例：无人驾驶出租车 Hi Station 虚拟出租车站概念显示设计

1．简介

自动驾驶汽车的行为意图传达是人车交互信息与显示设计的重要内容。在人工驾驶的情况下，驾驶员可以通过多种方式传递行为意图，除了机械手段（如转向灯、喇叭）等，驾驶员的手势、表情、语言等，都是表达其意图的重要手段。在未来自动驾驶的情况下，只能通过自动驾驶汽车的显示设计来实现智能汽车的意图行为传达，因此，对自动驾驶汽车的显示设计具有重要的意义和价值。

本设计是百度－湖南大学共同开展的百度“智能汽车多通道人机交互设计研究”项目的概念设计部分。该部分构建了一个多元化的自动驾驶汽车与人进行交互的情境，在这些情境中进行概念设计，为百度无人驾驶出租车2019年在长沙的商业运营提出概念方案。该项目共提供了四个课题，本设计是其中的两个课题“车外人机交互”与“可解释AI”的整合，它将“车外显示”作为概念设计的出发点，通过车外显示，告知乘客出租车的位置、意图等，解决乘客上车前寻车、上车等一系列自动驾驶汽车的体验。

2．概念探索

概念探索主要基于显示方式与技术解决方案。基于用户可能的使用情境，结合可能的车外显示技术，围绕用户需求，提出了多个可能的显示设计方案，以进行概念探索。

方案“自定义接驾灯光”（见图19.17）通过APP端控制无人车灯的颜色，使移动端的信息与现实世界中的无人车外观相呼应，控制无人出租车车外灯光的颜色与频率，达到灯光识别的目的。也可增添用户的自由度和掌控感，帮助用户更便捷地找到接自己的车辆，同时提升整体的参与式交互体验。

图19.17　方案“自定义接驾灯光”（俞迪凯、唐佳琪，2018）

在无人汽车乘客接近、触发、交互、进入和离开的过程中，方案“触发”（见图19.18）车辆迎宾的动态表现，基于车辆外部的声光设备营造氛围与告知信息，旨在打造根据仪式感的接驾交互。

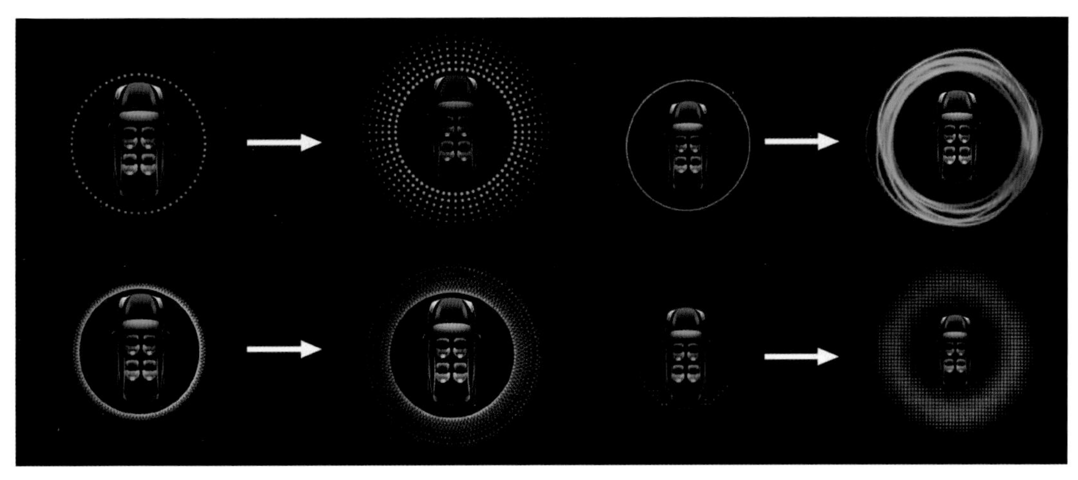

图 19.18 方案“触发”（徐岳、杜韦柯，2018）

方案 Hi Station（见图 19.19）引入虚拟车站的概念，针对 GPS、北斗等卫星导航系统可能的定位偏差，基于数位矩阵头灯技术，通过车外地面投影的方式，增加出租车的个性化显示，在车边形成所谓的虚拟车站（Virtual Stop），方便用户的辨别和寻找。

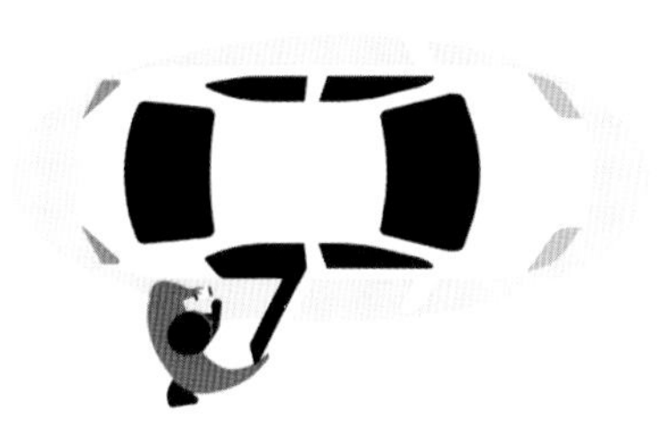



图 19.19 方案 Hi Station（杨淳望，2018）

项目最终选择了方案 Hi Station 作为最终深化的显示设计方案。

3．基本功能与服务设计

基于虚拟出租车站的概念，围绕“车先到”和“人先到”两个不同的情境，开展基本功能与服务设计，如图 19.20 所示。

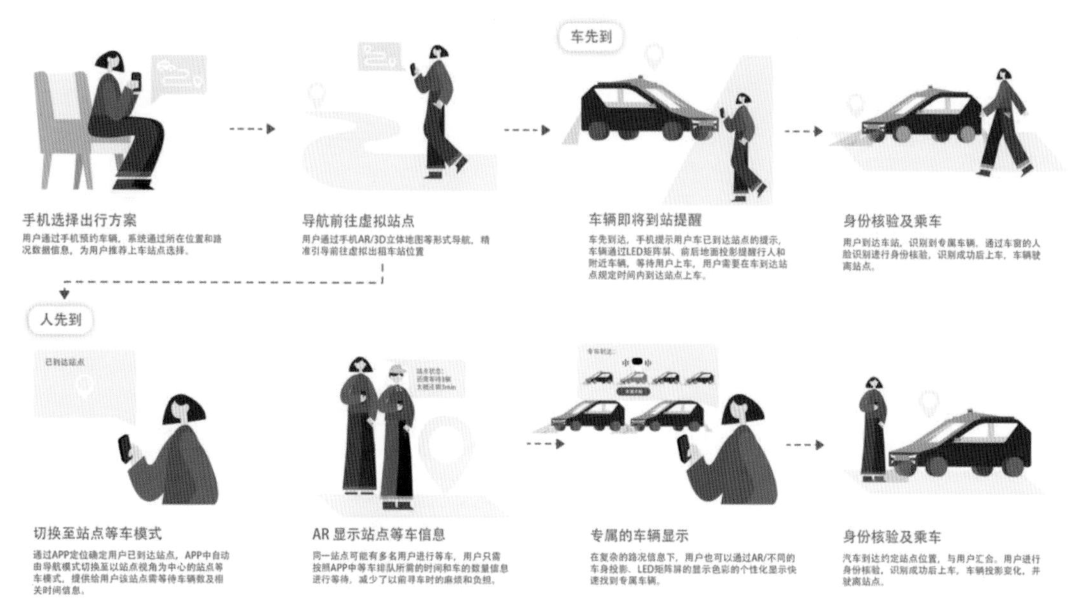


图 19.20 Hi Station 虚拟出租车站功能与服务设计（杨淳望，2018）

4．情绪板

情绪板的核心功能是为机器外部行为的界面设计提供风格指引。总体而言，首先需要塑造出智能机器的高技术、高品质特点；其次，针对作为智能机器的 Robotaxi，突出科技带来的安全体验；然后，围绕百度的视觉风格“解构、运动、光影、直觉、自然”，确保百度的品牌；最后，考虑到车外投影的艺术效果，决定采用“模拟发光”形式，构造出一种电子梦幻（Electro Dreams）的视觉效果。

在色彩上，主要采用紫色光，突出其智能、安全与品质，并配以相似色系的多个颜色，构建具有科技感、未来感、个性感的鲜明视觉效果。图 19.21 所示即为 Hi Station 虚拟出租车站色彩情绪板。除了紫色，针对无人出租车车外显示的其他情境，构建了相关的色彩体系。

图 19.21 Hi Station 虚拟出租车站色彩情绪板（杨淳望，2018），情绪板图片源自网络

在视觉风格上，采用像素矩阵渐变的视觉风格，构建出渐进的、充满活力的视觉效果，如图 19.22 所示。

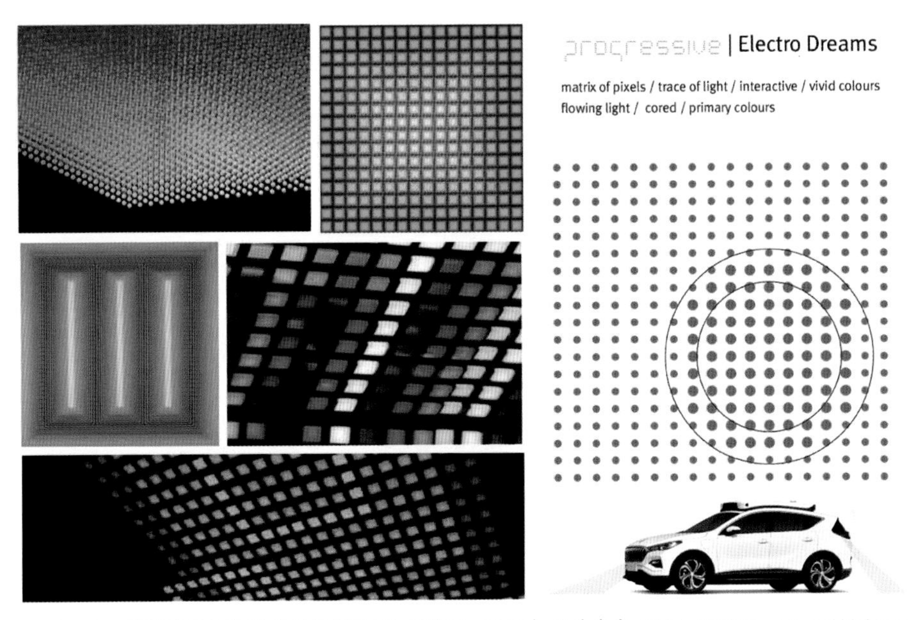


图 19.22 Hi Station 虚拟出租车站视觉风格情绪板（杨淳望，2018）。图片来自 *SDM: CMF Emotional Values & Themes*

5．界面设计

在具体设计上，基于情绪板对不同的设计方案在不同的情境下进行探索，寻找较好的视觉表达方案，特别是采用何种方法具有较好的可解释性，便于用户理解机器的行为，如图 19.23 所示。

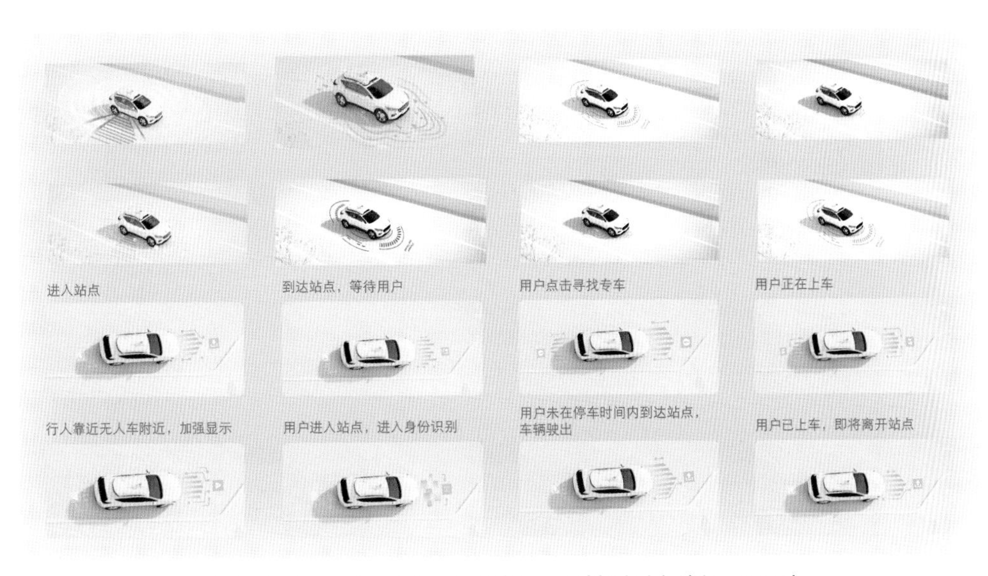


图 19.23 Hi Station 虚拟出租车站界面设计探索（杨淳望，2018）

在此基础上，考虑到白天和夜晚两个不同情景的视觉设计差异较大，分别针对两个情景的视觉效果进行了设计。总体而言，夜晚的效果更好，如图 19.24 和图 19.25 所示。

图 19.24　Hi Station 虚拟出租车站白天情境视觉界面效果图（杨淳望，2018）

图 19.25　Hi Station 虚拟出租车站夜晚情境视觉界面效果图（杨淳望，2018）

在详细设计阶段，针对百度无人出租车在不同情景下的内部机器意图，以可视化方式进行设计。总体设计以文字、图标结合不同色彩的方式进行。图标和文字直接表达机器行为的意图，便于人们理解。在色彩上，针对人的行为的机器反馈进行设计。当人正确操作时，如“验证成功”，采用绿色作为主要色彩，告知用户机器已成功识别操作。同时，当无人出租车发现后面有车开来时，就使用橙色作为主要色彩，对用户进行警示，如图 19.26 所示。

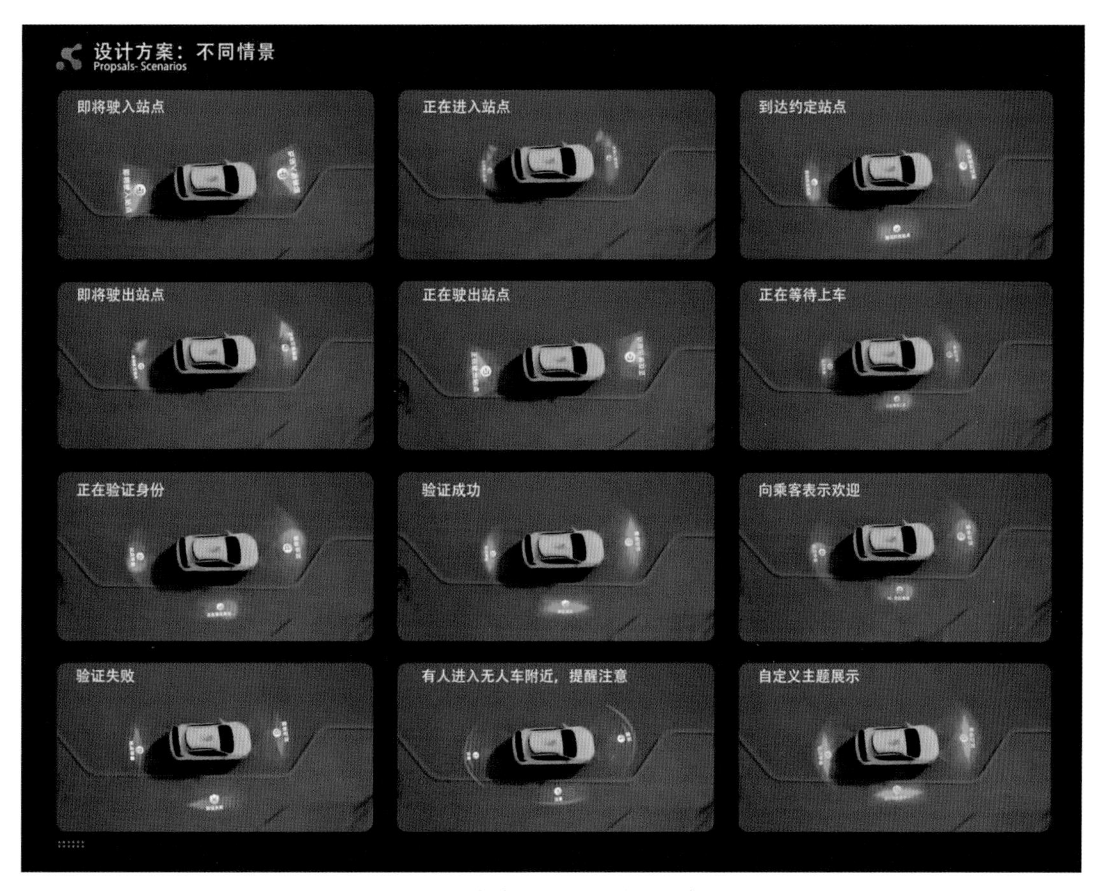


图 19.26　Hi Station 虚拟出租车站白天详细视觉界面效果图（杨淳望，2018）

6. 总结

本设计主要为百度 Robotaxi 无人出租车在长沙运营的交互、界面设计提供支持。考虑到是概念方案，在显示设计的细节上还存在诸多不足，例如投影效果如何与复杂的情境叠加、如何深入探讨更好的视觉效果等。

总体上，视觉设计除了将智能机器的行为意图传递给用户，还要对其进行加工和艺术处理，以强化某些效果等，这对用户感知、理解和体验机器行为至关重要。本案例涉及部分艺术设计的相关内容，因篇幅原因未展开讨论，详见第 27 章中的讨论。

## 讨论

数据可视化是一种代表性的机器外部行为设计，也是一种显示设计。统计学家和可视化专家 Nathan Yau 指出：数据可视化是“对某些新兴现象的清晰而热情的探索”，可以在数据探索和讲故事之间来回跳跃。

1．作为机器外部行为设计，如何通过可感知的智能机器与系统相关的数据可视化，让人们体验到智能机器的安全、可信与高品质？请举例说明并自己尝试做一到两个设计。

2．数据可视化本身也是一种科学研究的方法。然而，许多科学家和研究者缺乏创建大数据可视化的工具和培训。Python 和 R 等编程语言是目前科学数据可视化的常用工具。尝试学习其中的一种编程语言，开展数据可视化工作。

# 20 机器静态行为
## 形态与拟人

机器形态是静态地对人产生影响的机器行为。机器形态受到多个因素的影响。图 20.1 所示为世界上的首架喷气客机 de Havilland Comet，它曾被视为有史以来设计得“最漂亮”的飞机。然而，这架飞机多次发生事故。后续调查发现，客机的窗孔为四方形，四方形的直角转角处会聚积巨大的应变力，引发裂纹，进而导致空难。由此可以看出，机器的形态设计不仅是造型的艺术创作，还需要考虑多种因素，如机器的智能过程、结构、力学性能、材料、生产工艺等。本章中介绍的机器行为学的静态行为主要是其与形态相关的部分内容。

图 20.1　世界上的首架喷气客机 de Havilland Comet（图片来源：Graces Guide）

## 20.1　机器形态

机器形态（Styling）一般强调机器的外在可视化特征，如由形状、大小、色彩、材质等构成的综合形式。从工业设计的角度看，机器形态不是随心所欲的，而要在设计创作的基础上充分考虑机器的结构功能、自然形态与人类情感。

1．基于结构与功能

现代主义设计认为机器形态与产品结构和功能密切相关，即前面提到的“形式追随功能”。经典工业设计就是典型的基于功能（结构）的设计，定量优化结构的方法是经典工业设计的有效方法之一。图 20.2 所示为不同结构导致的煮茶器的形态变化，图中的 20 种方案反映了不同煮茶器的结构。

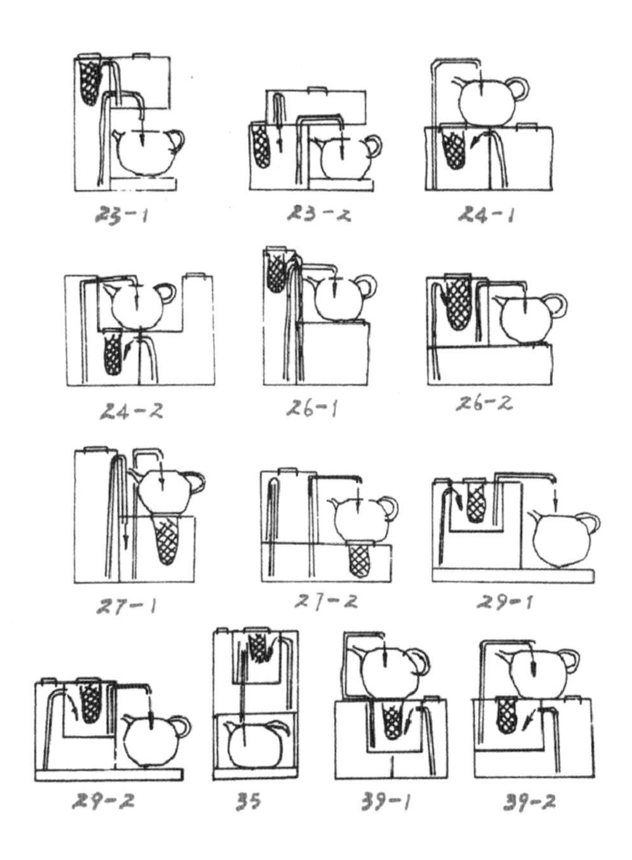


图 20.2　不同结构导致的煮茶器的形态变化（加尔弗，1985）

同时，还可以针对不同的功能和人的行为进行造型设计。图 20.3(a)从用户行为、机器边界（交互界面）、机器控制和机器实体四个层次对煮茶行为进行了分析，完成的产品布局设计如图 20.3(b)所示。

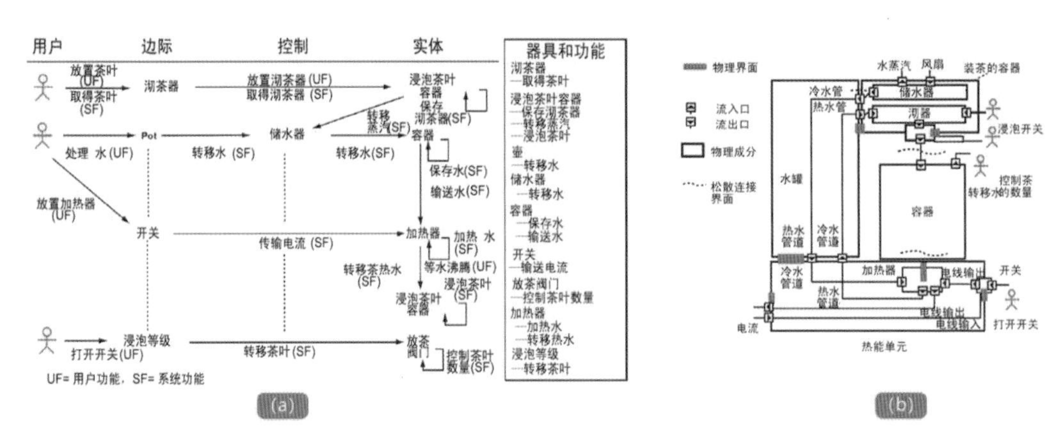


图 20.3　基于行为的自动煮茶器形态设计（萨托，2001）

2. 基于自然形态

从自然形态中获取灵感是形态设计的经典范式。我国传统的器物设计就包含了深刻的师法自然的哲学思想，如汉代的长信宫灯就是典型的对人类形态的模仿，如图 20.4 所示。

图 20.4 长信宫灯（图片来源：何人可《工业设计史》，2016）

20 世纪 60 年代以来，仿生学的发展是使得基于自然形态的设计被称为机器外形设计的重要手段之一。例如，德国设计师克拉尼（L. Colani）利用仿生方法设计的汽车（见图 20.5），就是经典的仿生设计案例。

图 20.5 克拉尼和他设计的仿生汽车（图片来源：英国设计博物馆）

在基于自然形态的仿生设计中，模仿人类的形象的设计在智能机器设计中经常用到，详见本章后面的讨论。

3．基于情感

机器的形态设计不可避免地与人的情感有关。形态给人带来文化、艺术、审美、品牌等方面的情感与体验，是机器行为研究中涉及设计艺术的部分。这种基于情感和文化的机器行为设计反映了机器行为中人对时尚、趣味生活品味的追求，而非千篇一律地对功能和结构的体现。20 世纪 80 年代的波普风格和后现代主义设计思潮就是一种典型的基于情感的设计。图 20.6 所示为后现代主义著名设计师格雷福斯（M. Groves）设计的电水壶。

图 20.6 格雷福斯设计的电水壶（图片来源：何人可《工业设计史》，2016）

## 20.2 智能机器的拟人形态

智能机器在形态设计上的一种主流趋势是拟人化。之所以出现这种趋势，原因是智能机器的核心价值是机器的智能算法等。在机器静态行为的表达上，智能算法与传统产品很多时候不存在必然关系。因此，拟人是一种最直接的设计方法。同时，智能机器本身的一个重要取向就是模拟人类的智能活动，因此，仿生原理不可避免地是机器静态行为的一种重要手段——虽然从理论上讲智能机器不需要直接拟人或拟兽，但是这种拟人的机器静态行为必然对人类的情绪与体验造成影响。

类人外表特征是智能机器诸多拟人特征中非常重要的拟人化线索。人们对智能机器的最初反应往往是无意识的，并且具有很强的线索驱动特征，因此与人类相似的外表线索就被视为智能机器的重要特征，这些特征可引发人们对智能机器的表现、智力及能力的积极或消极评价。例如，针对自动驾驶汽车的诸多研究已表明，与非拟人化的智能汽车相比，具有外表拟人特征的智能汽车更能增强驾驶员、乘客和行人对自动驾驶系统的信任。菲利普（E. Philips）等人的研究表明：眼睛、嘴巴等面部特征，头发、眉毛等表面外观，手臂、手指、腿等身体部位，是智能机器是否像人的重要特征。

从外表拟人化程度看，不同拟人程度的智能机器会给人们带来完全不同的功能、信任感知、体验等。在智能机器的拟人研究中，一个重要的理论是1970年森政弘（M. Mori）提出的恐怖谷理论（Uncanny Valley）。根据这个理论，机器的外形在一定范围内会随着拟人化程度的增加而给人以更多的好感，但是这种好感超过某个临界点后，会突然降至一个低谷（见图20.7）。在这个低谷范围内的机器拟人形态会给人以恐怖、害怕等情感体验，直到突破这个低谷后才能再次获得良好的感知与体验。

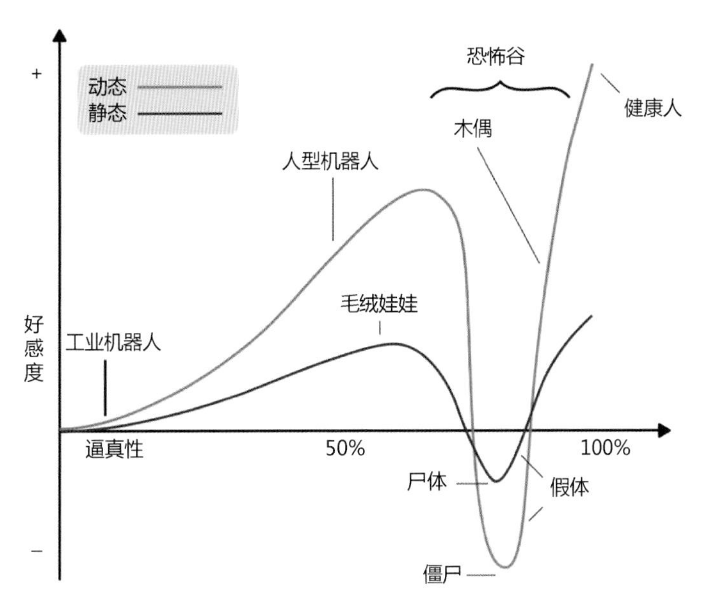


图 20.7　恐怖谷（森政弘，1970）

恐怖谷理论为智能机器的拟人设计提出了重要的设计理论与参考，特别是在当前拟人程度还难以做到非常逼真的时候。然而，如果出现完全与人类一模一样的智能机器，就会产生一个全新的问题，即人类的自我认知与社会规范。虽然机器行为学试图将机器和人置于一个系统中进行研究，但是从人类的自我认知和社会规范的角度说，人和机器的差别，或者说人类自身的独特性，是人类基本认知的一部分。这种自我认知充分反映在人类创造的众多人物形象上。例如，人类幻想创造的神仙或造物主的形象都是类人的，从玉皇大帝到耶稣概不例外。当这种自我认知和社会规范使得智能机器拟人和人类几乎一模一样时，就会产生好感度的快速下降，进而产生人类情绪与社会偏见。要克服这种偏见，就需要人类接受所谓万物平等的思想与信念，事实上这是很难做到的。

根据罗斯纳（E. Roesler）等的研究，除了少数特殊领域，拟人总体而言有益于人们对智能机器的感受，但是这种影响主要停留在感知层面，很难映射到其他交互性更强的领域。例如，在与智能机器人社交情境下获得的关于拟人的积极作用就很难直接作用到其他领域（如工作中的合作伙伴）。

## 20.3 案例：自动驾驶汽车交互界面拟人化对用户信任的影响研究

1．简介

本研究基于湖南大学和百度人工智能交互设计院进行的“智能产品外观设计研究”项目，旨在探寻人们对各种智能机器形态特征（如造型、色彩、体量等因素）的感知差异。在研究初期，基于对工业设计师的访谈与专家经验等，初步得到了如图 20.8 所示的初步框架。

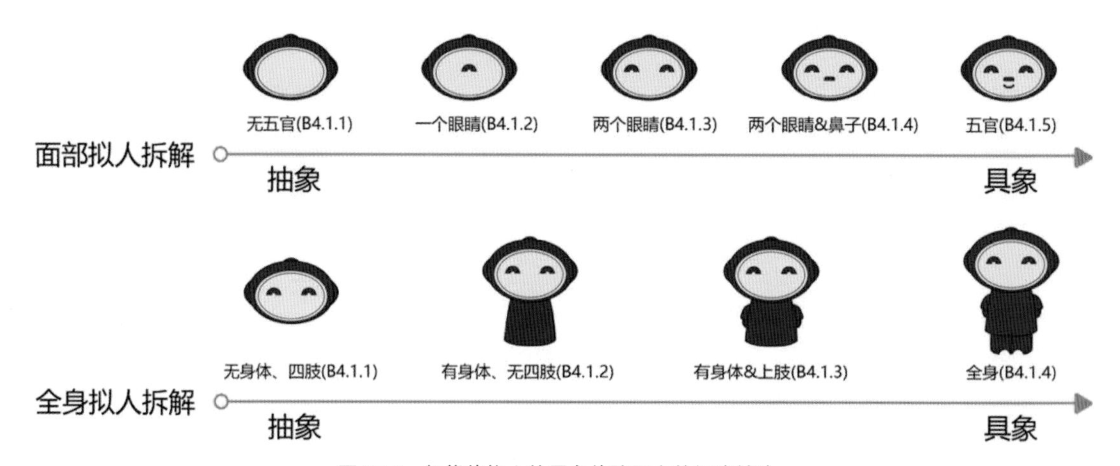


图 20.8　智能体拟人的用户体验研究的初步结论

在此基础上，研究围绕百度自动驾驶汽车在长沙运营的用户界面设计的需要，以自动驾驶汽车交互界面的虚拟智能机器人为对象，研究人们对不同拟人程度的感知、信任和喜爱等体验，并运用到交互界面虚拟机器人设计中。

2．虚拟智能机器人拟人化实验素材设计

虚拟智能机器人素材设计从设计师的创作开始。湖南大学和百度的设计师基于经验初步设计了 11 张由不同拟人外表特征构成的拟人化智能机器形象图片，如图 20.9 所示。然后，邀请被试 97 名（其中女性 51 名，平均年龄 29 岁）对图片的拟人程度评分。所有图片通过调查问卷向被试随机展示，被试每观看一张图片，就对 3 个拟人感知量表进行 5 点语义差异评分，如图 20.10 所示。

采用重复测量方差分析（RM-ANOVA）对上述评分数据进行分析，得到 $F = 87.362$，$P < 0.001$，$\eta p^2 = 0.645$，表明素材之间拟人感知评分存在显著性差异。初步研究表明，方案 11 和方案 1 的得分均值分别最高（$M = 3.82$，SD = 0.069）和最低（$M = 1.13$，SD = 0.029），方案 5 的得分均值居中（$M = 3.15$，SD = 0.087）。经邦弗朗尼事后检验法校正，对三张图片评分的事后比较显示，两两对比均有显著差异。因此，研究选出图片 1、5、11 作为低、中、高三种拟人化程度设计素材，用于后续实验，如表 20.1 所示。

图 20.9　由不同外表拟人特征构成的图片

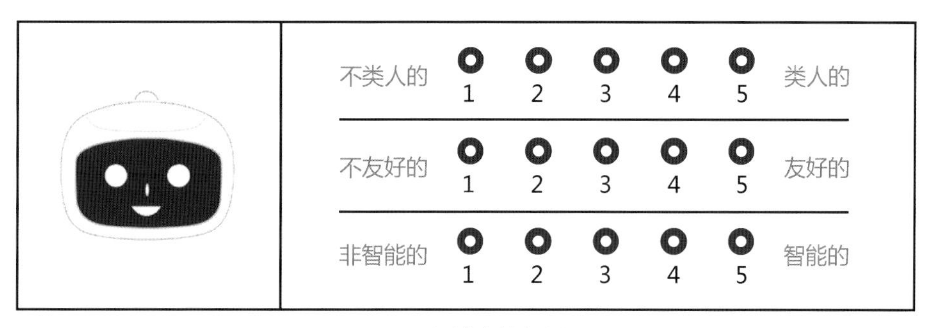

图 20.10　设计素材实验问卷

**表 20.1　三种拟人化程度的图片素材**

| 拟人化程度 | 均　值 | 标准差 | 拟人图片素材 |
|---|---|---|---|
| 低拟人化程度 | 1.13 | 0.029 |  1 |
| 中拟人化程度 | 3.15 | 0.087 |  5 |
| 高拟人化程度 | 3.82 | 0.069 |  11 |

基于上述研究结果，为了与后续所要设计的百度在长沙市运营的无人驾驶出租车的设计相匹配，研究进一步设计了 3 个拟人化自动驾驶汽车辅助驾驶的界面。为了避免百度品牌对研究结果的影响，在视觉设计上特意与百度现有的形式保持了差异。最终界面设计如图 20.11 所示，分别为(a)低、(b)中、(c)高三种拟人程度的虚拟机器人形象。界面左侧呈现的信息一致，包含汽车行驶的基本信息、对周围环境的感知信息等。

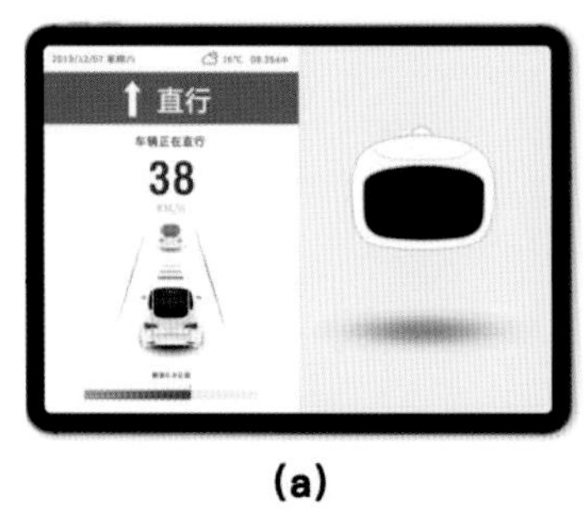

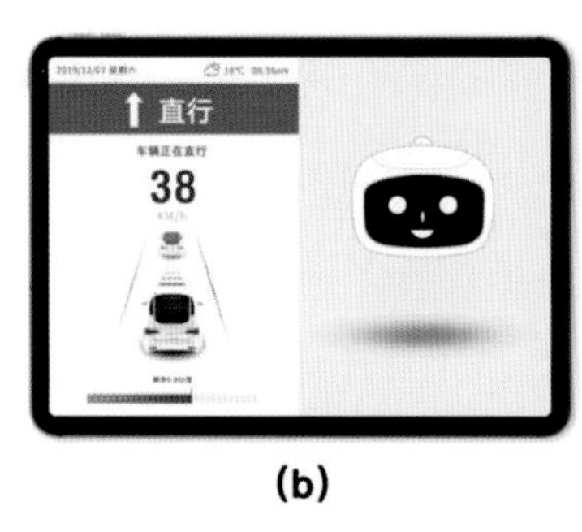

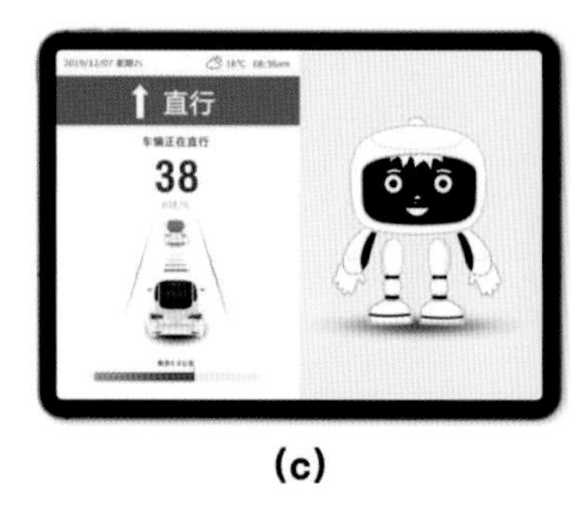


(a) (b) (c)

图 20.11 三种不同拟人程度的界面（薛亚宏，2018）：(a)低拟人化程度；(b)中拟人化程度；(c)高拟人化程度

3．实验设计

研究选取了自动驾驶过程中的 7 个常见任务，辅以自动语音提示。具体的实验任务及对应的语音提示如表 20.2 所示。

**表 20.2 具体的实验任务及对应的语音提示**

| 任务列表 | 对应的语音提示列表 |
|---|---|
| 1. 车辆启动 | 1. 车辆启动，前往目的地 |
| 2. 直行 | 2. 车辆正在直行 |
| 3. 右转 | 3. 前方 180 米右转 |
| 4. 避让行人 | 4. 探测到前方有行人通过，停车等待 |
| 5. 紧急停车 | 5. 探测到前方有危险，紧急停车 |
| 6. 红灯等待 | 6. 前方红灯，停车等待 |
| 7. 到达目的地 | 7. 到达目的地，已停车 |

实验在湖南大学虚拟驾驶实验室中进行，采用三维模拟驾驶软件构建虚拟驾驶情境。实验场景布置如下：投影仪一部，用于投射模拟自动驾驶行程的视频素材；固定在设定位置的 iPad Pro 一部，用于模拟呈现车内不同外表拟人化程度的交互界面；摄像机 3 台，用于记录实验过程。

每名被试均都体验所有 7 个任务，但任务出现的顺序是随机的。每段任务行程结束后，被试需填写问卷并进行访谈。

实验的研究问卷由 19 个量表组成，它们根据相关研究论文的量表设计并修正的。量表中包含用户对自动驾驶汽车拟人度（7 个问题）、信任度（8 个问题）和喜爱度（4 个问题）三个指标类别（见表 20.3）。所有变量的克朗巴哈系数值均介于 0.79 和 0.84 之间，表明问卷项目有较强的内部一致性和可靠性。研究使用李克特 7 点量表，1 分表示完全不认同，7 分表示完全认同。

表 20.3 量表设计

| 维 度 | 要 素 | 表 述 |
|---|---|---|
| 拟人化程度 | A1 | 这辆汽车很聪明 |
| | A2 | 汽车可以感受到周围发生的事情 |
| | A3 | 汽车可以预见即将发生的事情 |
| | A4 | 汽车决定它的行动 |
| | A5 | 汽车有自己的意图 |
| | A6 | 汽车有自己的想法 |
| | A7 | 汽车体验到了情感 |
| 信任度 | T1 | 汽车具有误导性 |
| | T2 | 我怀疑汽车的意图和行为 |
| | T3 | 我对这辆车很有信心 |
| | T4 | 汽车提供了安全保障 |
| | T5 | 汽车是可靠的 |
| | T6 | 这辆车很友好 |
| | T7 | 我可以相信这辆车 |
| | T8 | 我熟悉这辆车 |
| 喜爱度 | L1 | 我的乘车体验很愉快 |
| | L2 | 我觉得乘车很舒服 |
| | L3 | 我想拥有一辆像这样的车 |
| | L4 | 我认为这也是我未来喜欢的车 |

### 4．实验过程与结果

实验共邀请了 149 名被试（其中女性 66 人），平均年龄为 29.4 岁。被试均对自动驾驶技术有一定的了解，且不从事车辆工程和汽车设计相关工作或研究。

实验结果如表 20.4 所示。通过单因素方差分析，发现三个实验指标均具有显著性：拟人感知度（$F=19.92$，$P<0.001$），信任度（$F=23.2$，$P<0.001$），喜爱度（$F=14.87$，$P<0.001$）。研究结果表明，人们可以认识虚拟智能机器人的不同拟人感知度。同时，随着拟人程度的增加，虚拟智能机器人的信任度和喜爱度呈上升趋势。

表 20.4 实验结果

| 变 量 | 低拟人化程度<br>均 值<br>（标准差） | 中拟人化程度<br>均 值<br>（标准差） | 高拟人化程度<br>均 值<br>（标准差） |
|---|---|---|---|
| 拟人感知度 | 3.56 | 4.57 | 5.01 |
| | （0.96） | （0.69） | （0.78） |

（续表）

| 变 量 | 低拟人化程度<br>均 值<br>（标准差） | 中拟人化程度<br>均 值<br>（标准差） | 高拟人化程度<br>均 值<br>（标准差） |
|---|---|---|---|
| 信任度 | 3.26 | 4.38 | 4.32 |
| | （0.47） | （0.36） | （0.38） |
| 喜爱度 | 3.39 | 4.4 | 4.47 |
| | （1.23） | （1.02） | （0.99） |

研究并未发现所谓的恐怖谷效应，主要原因可能是研究的设计基于百度的现有产品，其拟人化程度与完全逼真的人类形象相比还有较大的差异，或者说，最接近人的形象的虚拟智能机器人（第 11 号）离真实的人的形象还有较大的差异。这也是目前智能汽车拟人设计的现状。因此，初步得出了如下结论：在不那么逼真的虚拟智能机器人的形态上，更高程度的外表拟人化会引发用户更高的拟人度感知，并获得更高的信任度和喜爱度。

5．设计应用

本研究作为一个描述性研究，探寻了自动驾驶汽车交互界面的虚拟智能机器人的拟人程度对用户信任和喜好程度的影响。围绕后续百度公司自动驾驶出租车 Robotaxi 在长沙运营所开展的界面设计，采用了高拟人度的设计。在增强现实-抬头显示（AR-HUD）的界面设计中，虚拟机器人是一个包含四肢的拟人形象，如图 20.12 所示。然而，为了保留科技感和百度一致的品牌形象，概念设计方案还是使用了百度机器人抽象的面部表情。

图 20.12　百度自动驾驶出租车 Robotaxi 概念设计方案（赫然、吴俊驰，2018）

形态设计是一种艺术设计形式。从艺术设计的角度看，拟人不一定代表机器静态行为设计最重要的方向，因为从设计的角度看，智能机器应有属于自己的形式。第 27 章中将专门讨论机器行为的艺术问题。然而，不管静态机器的形态如何变化，拟人应始终是主要的设计趋势之一。

## 讨论

形态设计是一种艺术设计形式。从艺术设计的角度看，拟人不一定代表机器静态行为设计的方向，因为从设计的角度看，智能机器应有属于自己的形式。

1．拟人的智能机器在我们身边随处可见。找到一到两个这样的智能机器，分析其设计的优劣，并提出相关的改进意见。

2．如果不从拟人或者拟兽的角度出发，智能机器的形态应是什么样子？尝试以草图形式绘制你设计的智能机器的形态。

# 21 人机融合行为
## 从自主行为到主动交互

### 21.1 人机系统与人机融合

在人工智能时代，人和机器的关系是一种“弹性”的人机关系。在这样的背景下，人机融合就成了一种重要的机器行为形式。在人机融合的背景下，一般不独立地讨论机器本身，而将机器和人的效能置于一个系统中进行讨论，这就是经典的“人机系统”。

所谓系统，是指由相互作用、相互依赖的若干组成部分结合而成的具有特定功能的有机整体。人机系统的关键不在于“人”或“机”本身，而在于从系统的高度将人和智能机器以及环境因素作为一个整体来研究。人机系统具有系统的一些基本特点。从系统的观点看，人机系统的性质和作用不仅依赖于人和机的特性，而且取决于人机之间的关系。因此，在人机系统中，人和机（设计对象）的意义是通过系统总体来解释的。有了总体的概念，才能处理好各个部分的关系。

面向智能机器构成的人机系统，是一个自适应系统，它能够连续且自动地测量系统的动态特性，并能够根据自身的情况进行调节。基于机器内部行为识别、求解和预测的模型，由智能机器构成的人机系统需要完成三个基本动作：测量、决策和调整。在这些过程中，智能机器的作用是利用人工智能技术、决策支持技术等提供的方法，对数据进行处理及分析，为人的决策起到良好的辅助作用，或者直接参与甚至主导智能决策。人则利用智能机器提供的资料，结合自己的经验得出结论，并通过智能系统的反馈信息调整系统状态，达到适应环境的目的。智能人机系统将人和智能机器以及其他机器设备有机结合起来，形成了一种人与机器相互激发、优势互补、共同求解问题的协同机制。在这样的背景下，人与机器之间的理解与行为就从人的单向行为转变为人机双向行为。如果对人和机器的“意图—行为”层次结构进行拟合，就会发现人和智能机器在意图、决策、执行多个层面上均可以实现融合，如图 21.1 所示。

在人机融合中，人需要理解机器，并在机器的限制范围内进行思考、决策与行动。机器也需要逐步学习人的习惯、偏好甚至价值。在实际情况中，一个不容忽视的事实是，人类在“人－机－环境（自然、社会）”构成的复杂系统中的“情境感知”能力往往会出现问题，尤其是在做出类似决策的行为时，对情境的感知、理解与决策都是有挑战性的。经典的案例来自自动驾驶汽车，在人类接管汽车时，最大的挑战是人类对当前的驾驶情境的理解。相应地，智能系统的深度情境感知也存在与人类相似的情境感知问题，导致后续的智能行为无法正常进行。

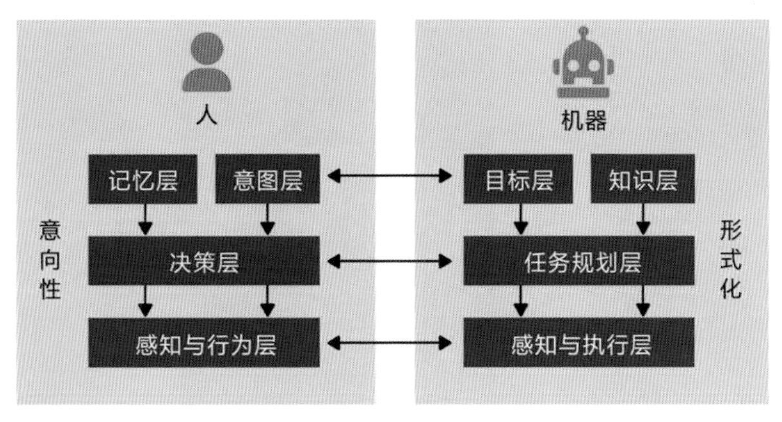


图 21.1 人机融合（刘伟，2021）

## 21.2 人机功能分配

对具备自主性的人机系统来说，人和机的配合直接影响系统的效率。功能是关于系统工作的描述，功能分配的本质是人和智能机器能力的分配。一般认为，如果系统的所有功能都能正常完成，就能实现系统的目标。在人机系统中，需要人和机配合来完成工作。哪些功能由人完成，哪些功能由机完成，需要对人机系统的功能进行分配。在人机功能分配中，关键的是要充分发挥人和机的特长，扬长避短。人机功能分配主要有几个主要原则：比较分配原则、剩余分配原则、经济分配原则、宜人分配原则和弹性分配原则等。

（1）比较分配原则首先比较对人和机的特性，然后以此为依据进行功能分配。人和机的特性比较如表 21.1 所示。由表 21.1 可以看出，人和机各有优缺点，人和机需要相互补充。从传统意义上说，强度大的、快速的、高精度的、持续久的、单调的或操作环境恶劣的工作，要安排机器去完成；而设计方案、编制程序、应付不测、故障维修等工作可以多考虑由人去完成。近年来，随着智能机器自动化程度的增加，部分原来人擅长的领域也被机器逐步替代。人机差距在智能领域正在缩小，因此，比较分配原则也在发生改变。

表 21.1 人和机的特性比较

| 项　目 | 机 | 人 |
| --- | --- | --- |
| 检测 | 物理量的检测范围广且正确；人检测不出的电磁波等也能检测 | [感觉器官]具有认识能力及与此直接连接的高度检测能力。具有味觉、嗅觉、触觉 |
| 操作 | 在速度、精度、力的大小、功率的大小、操作范围的大小、持久性等方面远比人优秀。操纵液体、气体、粉状物时比人强，但是在操纵柔软物体时则不如人 | [运动器官] 特别是人手有非常大的自由度，能够进行各种自由度微妙协调的操纵。能够由视觉、听觉、位移感、重量感等接收高精度的信息，可以灵巧地操作器官 |
| 信息处理机能 | 按预先的程序高度正确地处理数据的能力比人强，记忆准确而不会忘记，取出速度快，智能水平正在显著提升 | [思维判断] 具有综合、归纳、联想、发明创造等思维能力，能够记忆经验 |

（续表）

| 项　目 | 机 | 人 |
| --- | --- | --- |
| 耐久性、安全性、持续性 | 依赖于成本；适当必要的维护；能胜任连续的、单调的、重复的作业 | 要求必要且适当的休息、保健和娱乐，长时间维持一定的紧张状态是困难的，难以胜任刺激少、无兴趣、单调的作业 |

（2）剩余分配原则是指将尽量多的功能分配给机器，而将剩余的功能分配给人。这样的分配原则会使得分配给机器的功能过多，导致人失去控制权。

（3）经济分配原则以经济效益为基础进行人机功能分配。例如，对于人力资源丰富的地区，功能可更多地分配给人，以节约成本。

（4）宜人分配原则认为，工作应该体现人的价值和能力，因此要有意分配一些有挑战性的工作给人，以充分发挥人的智力与技能。进行宜人分配时，要注意补偿人的能力限度，无论是体力作业、技能作业还是脑力作业。

（5）弹性分配原则是一种理想的人机分配原则。根据弹性分配原则，人可以自己选择参与系统行为的程度，功能分配具有很大的弹性。例如，对于现代民航客机，飞行员可以选择自动飞行或手控飞行。

## 21.3 机器自主行为与智能人机关系

机器的自主（Autonomy）行为源于自动化领域，即智能机器根据任务的需求，完成感知、分析、决策、执行的动态过程。智能机器的自主性正在深刻地改变人与机器的关系以及人机分配等。

为了更好地表达自主性与人机融合的关系，一般采用所谓的自动化等级来表示不同智能条件下的人机关系变化，如表 21.2 所示。

表 21.2　不同自动化等级的人机关系

<table>
<tr><th>维　度</th><th>L1 工具辅助</th><th>L2 部分自治</th><th>L3 有条件自治</th><th>L4 高度自治</th><th>L5 完全自治</th></tr>
<tr><td>场景适用性</td><td colspan="4">限定场景</td><td>全场景</td></tr>
<tr><td>人与流程关系</td><td colspan="3">人在流程中</td><td colspan="2">人监管流程</td></tr>
<tr><td>人与机器关系</td><td colspan="2">机器辅助人（自动化）</td><td colspan="2">机器增强人（智能化）</td><td>机器赋能人</td></tr>
<tr><td>自治开放能力</td><td>原子 API</td><td>场景 API</td><td colspan="3">意图 API</td></tr>
</table>

由表 21.2 可以看出，不同的自动化等级可用不同条件的“自治”来表达，即从 L1 到 L5，也就是从完全人类控制到完全智能系统控制。从场景的角度看，除了 L5 完全自治可以实现全场景适用，其他场景都是有条件的场景。从人与流程的关系看，从 L1 到 L3，人在整个流程中是不可或缺的，因此人在流程中；而到了 L4 级，人就可以从流程中解脱出来——人不在流程中，进行监管即可。人与机器的关系也逐步从辅助变为赋能。第 5 章中的表 5.1 就是自动驾驶汽车的自动化等级划分，可视为表 21.2 的一个具体应用实例。

在传统的人机关系中，人机系统中的人处于主导地位，这主要反映在人的决策功能上。

随着人工智能技术的发展和自动化程度的增加，很多机器内部都有了信息处理过程，机器的自动化程度显著提高，决策功能正在逐步从人转变到机器。

第一，只要人在流程中，人机系统的效能就主要受人的因素的影响。在这种情况下，决策功能仍然由人来完成，如图 21.2 所示。在人在流程中的情境下，人的决策错误仍然是造成事故的主要原因之一。此外，人的认知错误也是导致系统效能下降的原因。因此，在这样的情况下，系统性能往往取决于人的性能，所以在人在流程中的条件下，人在人机系统中处于主导地位。

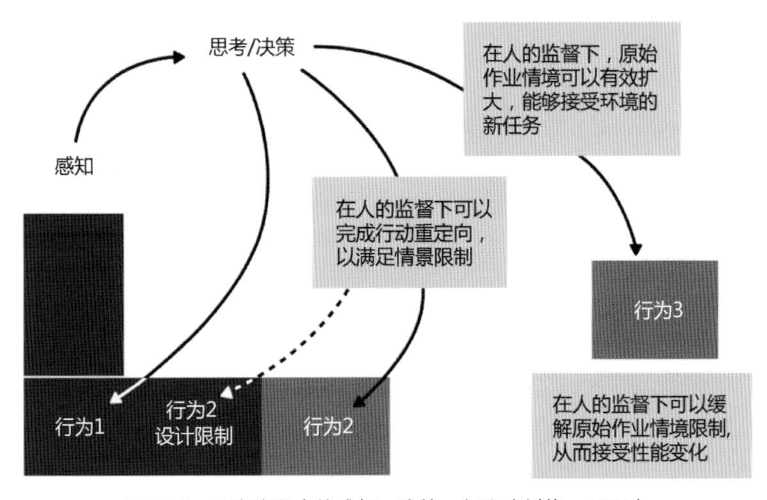


图 21.2 人在流程中的感知－决策－行为（刘伟，2021）

第二，如果人不在流程中，人机系统的总体效能一般情况下就会受到机器效能的影响。因为在人不在流程中的情况下，智能系统可以独立完成全部任务。在这种情况下，人的主导地位会受到显著影响，甚至机器在系统中处于主导地位。这种情况虽然可以减少不少人为错误，但也会导致人对智能机器的体验和感知明显下降。一种可能的情况是，系统的安装、启动、重新启动、维护和应急处理等都需要人的参与。同时，自动控制系统也需要考虑人的因素。即使是在人不在流程中的情况下，人仍然需要保留监控及实时介入人机系统的权力和能力，确保对人机系统的控制。因此，从机器行为学看，在人机融合的背景下，即使是在全自动的情况下（如 L5 完全自治的情况），仍然需要考虑人的因素。

## 21.4 自适应自动化

自适应自动化是指根据人对自动化的实时需求来调用某种形式的智能机器行为，是一种整合性的人机功能分配，通常在复杂系统和过程控制中使用，是未来人机融合的重要方向。自适应自动化最重要的是自适应地分配任务。

自适应自动化重点考察三个问题：适应对象、判断方式和决策权。

1. 适应对象

适应对象主要是指自适应自动化需要适应任务的什么方面。从任务本身的角度看，一方面可以让人的任务更简单，另一方面可以直接分配部分或全部任务给机器。从任务的人的因素的角度看，主要是工作负荷和情境意识在自适应自动化中处于矛盾的状态。一种通常的自适应方法是，除非高工作负荷阻碍了人的作业绩效，一般假设应将自动化保持在最低水平，以避免不在流程中的生疏及保持情境意识与控制权。

2. 判断方式

判断方式是自适应自动化的核心。从“人－机－环境”三个因素角度出发，判断方式可以分为三个方面。第一，从人的心理负荷和认知状态，可以直接利用生理指标的评定进行自适应行为设计。例如，可以通过瞳孔直径和脑电图（EEG）推断人的疲劳和觉醒水平下降，进而对人类的行为进行预测，完成自适应自动化。第二，从机器本身的角度看，可以根据机器的绩效本身的测量来建立预测模型，通过超前指示器（Leading Indicators）进行预测和判断，进而进行适应。第三，从环境的角度看，通过情境计算、态势感知等方式，对情境进行预测，进而基于情境开展自适应行为。这种方式目前已在很多领域应用，并且取得了不错的成效。例如，航空领域的自动辅助驾驶系统可以根据机舱外夜晚的黑暗程度来推断驾驶员的疲劳和觉醒状态，以自适应地启动航道偏离敏感的自动告警装置。

3. 决策权

决策权与人的控制权密切相关，也具体解释谁负责自适应自动化的任务分配问题。一般情况下，智能机器的设计者需要保留人的决策权。从这个角度看，完全自动化的系统在实际情况下是不存在的。但是，设计者应该慎重对待人决策的才能判断和决策能力。不少研究证明，机器的自适应选择优于人的选择。出现这种情况的一个可能原因是人需要监视自己的操作情况和作业绩效，然后才能判断自适应情况，这一过程本身就增加了人的认知负荷。同时，如果让智能机器进行决策，其可靠性就会成为一个非常重要的问题。

## 21.5 案例：自动驾驶网络人机交互自动化等级框架设计

1. 简介

自动驾驶网络（Autonomous Driven Networks，ADN）是自动化网络系统的概念，于2019年5月由国际电信管理论坛（TMF）联合英国电信、中国移动、法国Orange、澳大利亚Telstra、华为和爱立信等共同推出。从基本定义上看，自动驾驶网络的自动化等级是指模拟类似智能汽车的自动化等级划分，将人工智能技术引入网络的运营维护，改变目前网络系统运营、维护主要依靠人的现状，逐步实现网络运维的自动化。

本设计基于湖南大学承担的“华为自动驾驶网络人机交互设计标准”设计与研究项目，以自动驾驶网络的人机关系为出发点，在现有面向自动驾驶网络技术的自动化等级划分的基础上，研究人机交互技术的智能能力，围绕人机交互中的人的因素，设计自动驾驶网络人机交互自动化等级框架。

2．方法

本设计的核心是建立自动驾驶网络领域的自动化等级框架。在自动驾驶网络中，机器的行为和决策可以由人、智能系统以及人和智能系统共同做出。因此，随着自动化水平的改变，自动驾驶网络系统的决策分配将发生改变，进而改变任务的人机分配。

本设计首先利用文献和现有经验，探索网络自动驾驶在人机交互层面上进行自动化等级划分的可能；然后，通过理论分析、工作坊、文献计量等方法，初步定义并提出一个自动化等级框架；再后，在此基础上，对框架的相关内容进行分析与设计；最后，通过一到两个应用实例的设计，对框架和标准进行应用验证。

3．框架构建

本设计结合自动驾驶网络自身的特点，提出了一个三维自动驾驶网络基础框架，如图 21.3 所示。

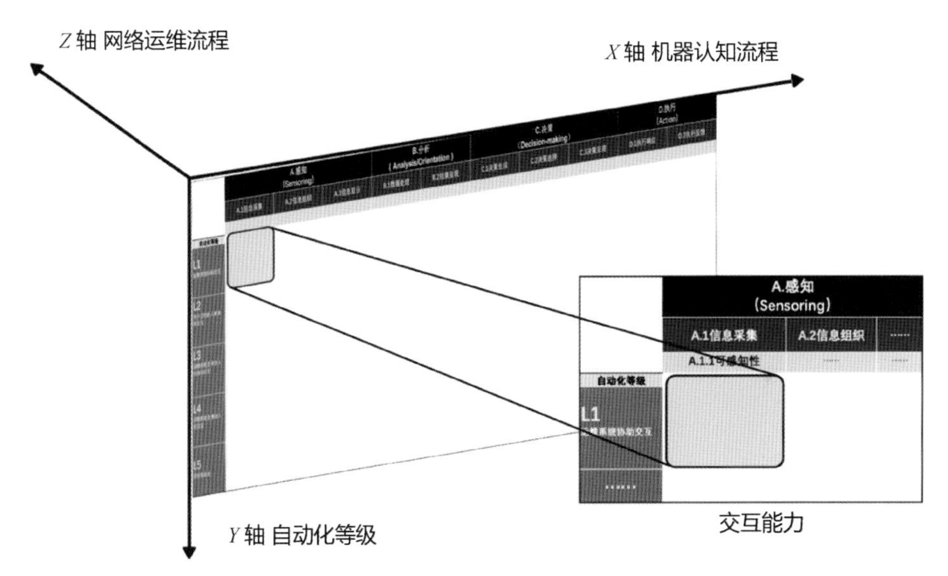


图 21.3　三维自动驾驶网络基础框架

从图中可以看出，自动驾驶网络人机交互自动化等级的基础框架包含三个维度：基于机器行为的机器认知活动（*X* 轴）、基于人机配合的自动化等级（*Y* 轴）、基于业务流程的网络运维流程（*Z* 轴）。人机交互能力作为框架的具体内容，分布在上述三维空间中。

基于本框架，首先针对人机交互能力对现有的近 20000 种人机交互技术进行调研，结合网络运维的智能人机交互能力，分析自动驾驶网络可以提供的人机交互能力，并围绕机器外部行为和机器内部行为将其分解为“显性交互能力”和“隐性交互能力”，分别对应多个机器行为能力，如图 21.4 所示。

在此基础上，参考帕拉苏拉曼（R. Parasuraman）等对自动化系统的描述，将自动驾驶网络的机器认知流程分为“感知－分析－决策－执行”四个阶段，可视为智能系统的认知流程，适应自动驾驶网络运营维护的实践需要。基于这四个阶段，构建了不同自动驾驶网络系统机器认知与交互的基本框架，结合图 21.4 的人机交互能力，建立了机器认知流程框架（见图 21.5）并进行了详细说明（见图 21.6）。

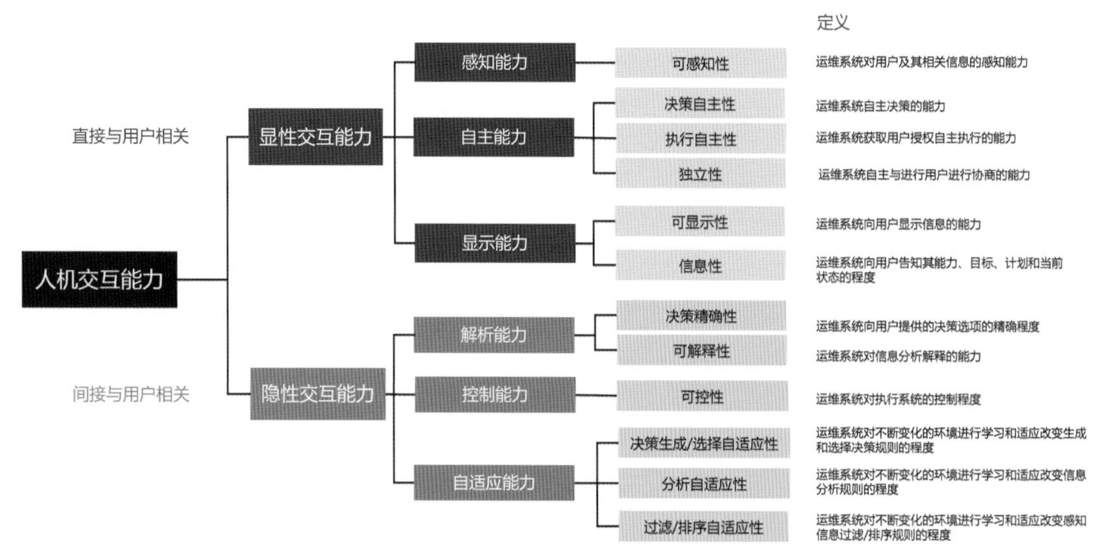


图 21.4 自动驾驶网络人机交互能力

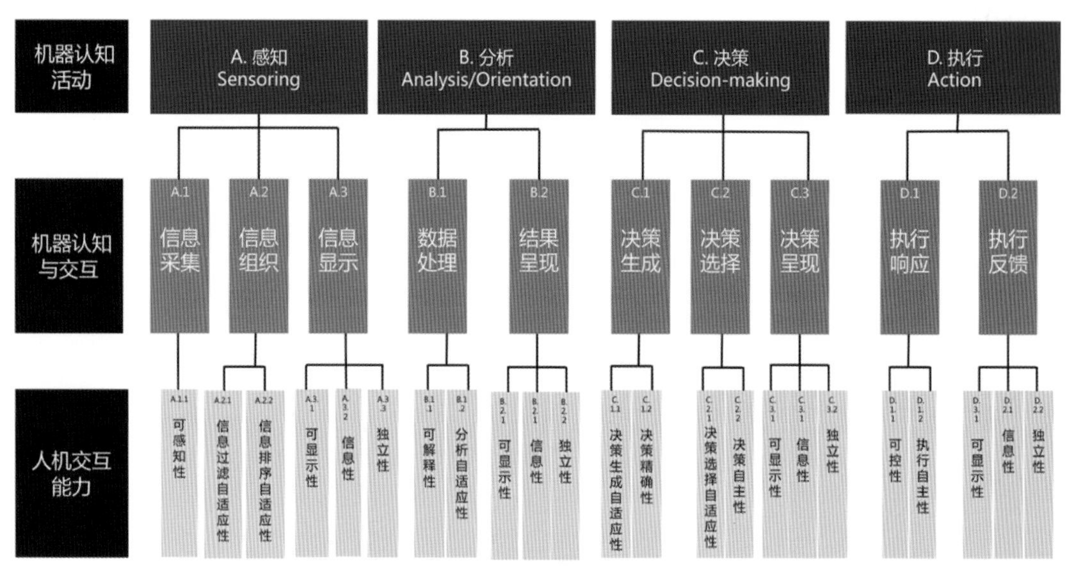


图 21.5 机器认知流程框架与人机交互能力

然后，对包括自动驾驶汽车（SAE J306，见表 5.1）、美国标准技术研究所无人系统自动化分级（ALFUS）在内的若干自动化等级划分的标准进行分析，初步总结和归纳出面向自动驾驶网络的自动化等级标准（见表 21.3）。

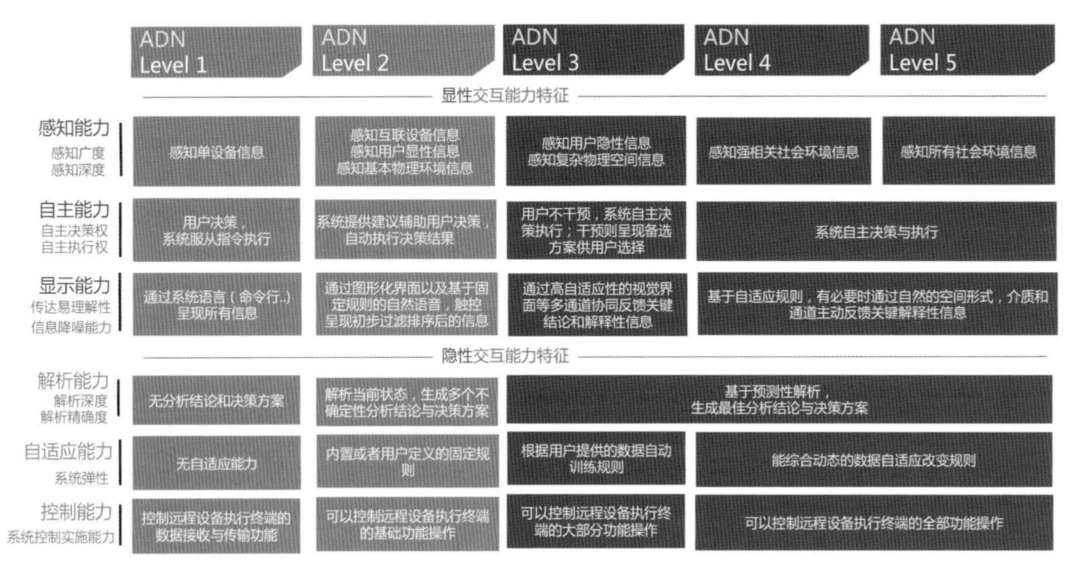


图 21.6　机器认知流程框架与人机交互能力的详细说明

**表 21.3　面向自动驾驶网络的自动化等级标准**

| AND 自动化等级 | 描　述 |
|---|---|
| L1 运维系统协助交互 | 运维系统辅助人的信息感知，分析和执行，决策由人独立完成 |
| L2 用户主导的人机协同交互 | 运维系统独立完成信息感知，与人共同完成信息分析、决策和执行，但以人为主导 |
| L3 运维系统主导的人机协同交互 | 运维系统能够独立完成信息感知、分析和决策，以及部分执行工作，人能够对运维系统的决策进行干预 |
| L4 运维系统负责的人机交互 | 运维系统能够完成所有操作，但是人需要在特殊情况接管系统 |
| L5 完全自动化 | 运维系统能够完成所有操作，不需要人介入 |

表 21.3 中的指标包含不同网络运维自动化等级的定性描述，可为后续的相关算法设计奠定理论基础。

接下来，结合具体的业务对网络运维的具体情境进行分类，针对单一网络运维的任务节点，形成“工作环节－情境－任务－交互触点”的基本框架。网络运维的实际情况非常复杂，其任务流程可以分为规划设计、部署、监控排障、业务发放、变更、优化等不同的工作阶段，如图 21.7 所示。每个工作阶段都包含不同的情境和任务，每个任务都有一个到多个人机交互触点。

最后，本设计形成了自动驾驶网络人机交互自动化等级框架，详细定义了不同自动化等级（人机分配）情况下不同机器认知阶段的人机交互能力，为后续自动驾驶网络人机交互系统设计与效能评估奠定了基础。表 21.4 所示为自动驾驶网络人机交互自动化等级框架中基于信息过滤自适应性的标准。

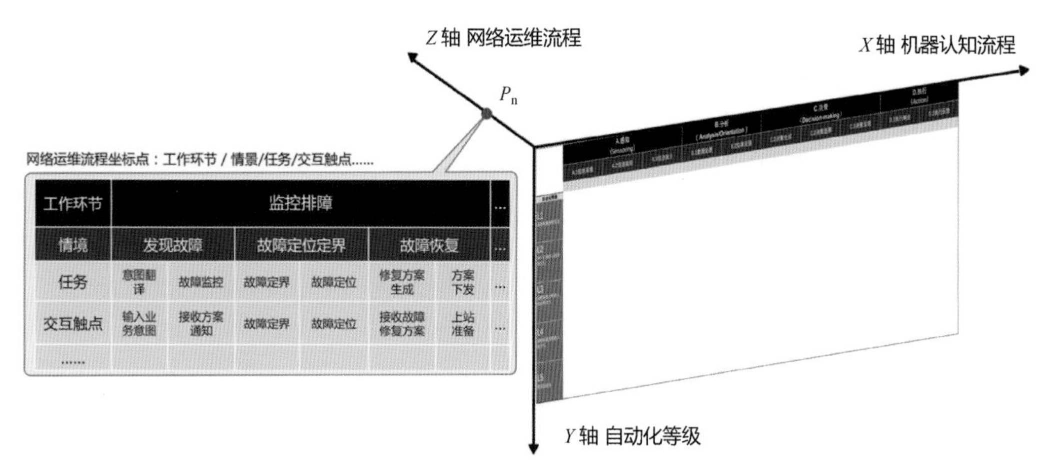


图 21.7　网络运维流程框架示例

**表 21.4　基于信息过滤自适应性的标准**

<table>
<tr><th rowspan="4">自动化等级</th><th colspan="2">A　感知</th></tr>
<tr><th colspan="2">A.2　信息组织</th></tr>
<tr><th colspan="2">A.2.1　信息过滤自适应性</th></tr>
<tr><th>学术标准</th><th>运维场景细化标准</th></tr>
<tr><td>L1 机器协助交互</td><td>人类和机器系统共同筛选信息，机器可以作为工具辅助人类筛选信息</td><td>运维系统客观呈现全部感知信息，辅助用户过滤信息，本身不具有过滤信息的能力</td></tr>
<tr><td>L2 人主导的人机协同交互</td><td>机器能够根据人类设置的编程规则，辅助人类进行信息筛选</td><td>运维系统具备内置的固定信息过滤规则。用户自定义设置运维系统的信息过滤规则</td></tr>
<tr><td>L3 机器主导的人机协同交互</td><td>机器具有监督学习能力，能根据人类偏好等数据进行信息筛选</td><td>系统根据用户提供的训练数据自动训练，得出或调整信息过滤的规则</td></tr>
<tr><td>L4 机器负责的人机交互</td><td>机器具有监督学习能力，同时具有无监督学习能力，能在不确定的环境中推测用户的意图，自适应地进行信息筛选</td><td rowspan="2">系统能够综合动态的数据自适应地改变信息过滤的规则</td></tr>
<tr><td>L5 完全自动化</td><td>机器完全自主进行信息筛选，不需要人介入</td></tr>
</table>

4．应用实例

在上述理论框架构建的基础上，针对华为自动驾驶网络的“故障检测与修复”任务情境，进行了设计应用实践。

首先，建立了“故障检测与修复”的用户旅程图，如图 21.8 所示。

在此基础上，根据任务的特点，建立了网络运维流程不同自动化等级的人机交互能力设计标准，如图 21.9 所示。

图 21.8 “故障检测与修复”的用户旅程图（局部）。
本图根据华为公司的要求进行了适当处理，以符合华为的保密标准

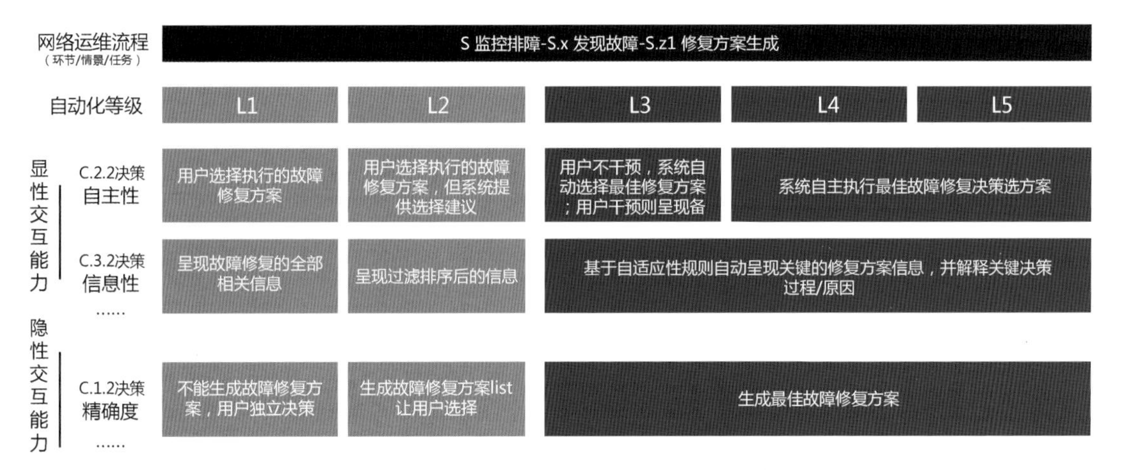


图 21.9 网络运维流程不同自动化等级的人机交互能力设计标准（部分）

设计师和程序员可以基于上述人机交互能力与人机分工设计的结果，开展进一步的网络运维智能机器行为设计。

## 21.6 案例：智能社交机器人主动行为与人类拟人感知的关系研究

1. 简介

机器人的主动行为是人工智能影响人的有效方式之一。随着机器智能化水平的提升，越来越多的人机交互由机器主动发起。在实际情况下，智能机器的主动行为主要是智能体的自动化功能。智能机器自主和主动行为的最大特点是对人类意图的预期。主动行为是一种模仿人的行为，包括信息检索和情境意识等。智能机器对环境和行为信息进行预测，并自主选择交互策略来改变已完成的环境状态。智能机器自主和主动行为的第二个特点是对目标对象行为的影响。最初，主动行为的概念被认为是一种人类和社会的行为，如与领导、社会互动和商业关系有关。个人的主动行为是指在情境中预期的、面向变化的和自我发起的行为。当人类拥有积极主动的个性或从事积极主动的行为时，就可帮助他们提高社会接受度。当机器人主动与人类交互时，也会出现同样的情况。人们能够感知到智能机器的主动行为，并导致人类行为的改变，如更积极的社会交流、不同的社会规范等。

本研究基于湖南大学承担的“百度智能机器主动交互设计研究”项目，面向社会化机

器人在家庭服务中的主动行为，探索主动交互和拟人感知之间的关系，同时通过评估人们对机器人行为的拟人感知来评估机器人主动交互行为的社会体验。

2．研究设计

在拟人感知和人的社会体验方面，研究将“温暖”和“心理归因”作为衡量机器人社会行为拟人化的两个维度。前者基于社会认知的研究基础，后者基于机器能力的相关研究，二者均可视为人们感知和行动的目标。因此，本研究提出如下假设：

H1：温暖（H1a）和心理归因（H1b）是根据机器人主动行为的变化来衡量人类对机器人拟人化感知的有效方法。

H2：在不同的主动交互程度中，人对温暖的感知和心理归因有显著的差异。

研究采用绿野仙踪方法构建智能机器人的实验环境，基于机器人的自动化等级、机器人通过主动行为发送的信息量和被试的注意力资源来实现人与智能机器人的社交。研究以一个交互式社交机器人原型为基础，基于自动化等级标准，将机器人主动交互模型分解为五个级别（级别 1 至级别 5)。该模型由交互流程中的三个动作步骤组成（见图 21.10)：第一步是机器人利用相关服务数据分析对被试的下一步需求做出假设，这是所有五个级别的起点。第二步是机器人根据第一步制定的策略执行某些主动行为，根据不同的主动水平（自动化等级）有五个不同的情境：

级别 1：没有来自机器人的主动信息。

级别 2：机器人主动提供非语言输出，如灯光信号，以指示它正在等待被试说话。

级别 3：机器人通过声音但非自然的语言输出，主动向被试提供服务提示，如提示音或旋律。

级别 4：机器人主动发起与被试的对话，并推荐服务选项来执行。

级别 5：机器人主动执行服务，并以自然语言报告结果或情况。

第三步是在人和机器人之间实现交互。被试将在除级别 1 的所有级别接收信息并进行适当的交互。另外，在级别 5，被试需要接收机器人报告的综合信息，但不需要在级别 5 给出反馈。然而，他们需要仔细倾听才能完全理解机器人刚刚执行了什么。

此外，研究使用 5 点李克特量表来评估被试对社会过程中拟人化的感知，较高的量表分数表示较高的一致性。在实验中，机器人的拟人特征是因变量，采用人的温暖和心理归因作为 13 个项目的子量表。实验完成后，还要求被试根据经验对拟人化量表进行排序。

在本实验中，家庭社交机器人的功能主要通过选择典型的使用场景（指日常任务使用家庭设备）来演示，主动行为基于音频，结合灯光、图形界面和动作来体现。实验中的事件基于典型的日常使用场景和上下文感知触发条件，根据上述主动行为水平选择。本研究的三个事件场景包括设备控制、环境调整和媒体播放。

3．过程与结果

本研究共有 60 名被试（其中女性 36 名）参加。被试进入预先构建的任务场境后，机器人将根据五个不同级别的主动交互脚本与被试进行交互。在实验过程中，研究人员通过录像记录被试和社交机器人如何操纵任务的社会行为。实验完成后，被试需要填写实验量表，并接受研究者的访谈。

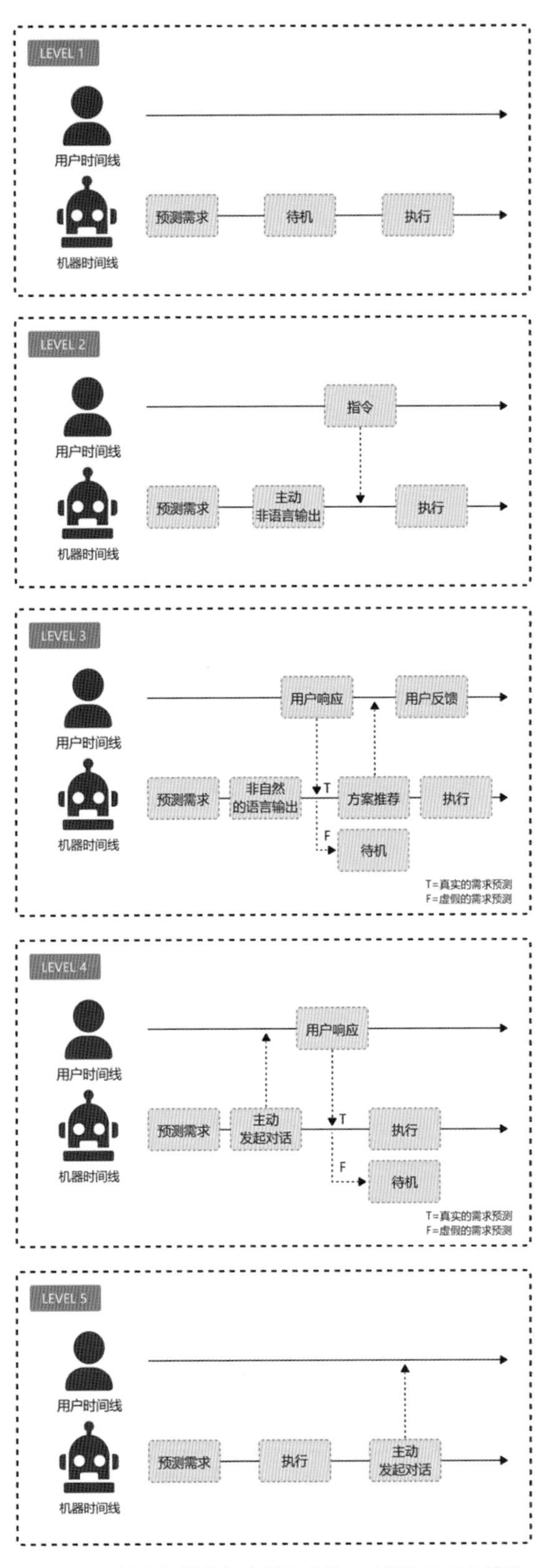


图 21.10　社交机器人与人类互动的主动行为的五个情境

研究使用多元逻辑回归进行数据分析，结果如表 21.5 所示。从表中可以看出，多元逻辑回归模型的拟合结果具有统计学意义（$P < 0.01$）。研究将主动行为级别 1 作为参考组，并基于此形成了四对模型的比较结果：级别 2 和级别 1 的对比，级别 3 和级别 1 的对比，级别 4 和级别 1 的对比，级别 5 和级别 1 的对比。

**表 21.5　多元逻辑回归分析结果**

| 主动行为级别[a] | | $B$ | SE | Wald | d.f. | $P$ | 几率 | 95%置信区间 下限 | 95%置信区间 上限 |
|---|---|---|---|---|---|---|---|---|---|
| 级别 2 | 心理归因 | −0.804 | 0.271 | 8.819 | 1 | 0.003 | 0.448 | 0.263 | 0.761 |
| 级别 3 | 温暖 | 0.758 | 0.288 | 6.935 | 1 | 0.008 | 2.135 | 1.214 | 3.753 |
| 级别 4 | 温暖 | 1.508 | 0.328 | 21.133 | 1 | 0.000 | 4.516 | 2.375 | 8.588 |
| 级别 5 | 温暖 | 1.536 | 0.333 | 21.262 | 1 | 0.000 | 4.646 | 2.418 | 8.924 |

a. 参考类别为级别 1。

研究结果表明假设 H1a 被接受。由数据可以看出，主动行为与拟人化感知之间存在有意义的关系，即机器人的主动行为越多，感知到的温暖就越多（OR > 1）。

但是，实验结果表明 H1b 被拒绝。级别 1 和级别 2 的对比表明，主动行为和拟人化感知之间有意义的关系是心理归因（OR = 0.448，95%置信区间为[0.263, 0.761]）。这一发现表明，没有一个积极主动的行为（级别 1）比级别 2 具有更高的感知心理归因。基于后续的访谈，研究发现其原因可能是人们认为机器人具有独立思考和执行的能力。例如，一名被试提到他觉得它（机器人）只是冷漠地专注于直接执行，就像是一名冷漠的管家以沉默、快速和正确的方式做每件事。

针对研究的假设 H2，在不同的主动交互级别中，人对温暖的感知（H2a）和心理归因（H2b）存在显著的差异。研究表明，两个假设均被接受。

针对温暖的感知，6 个模型的温暖感知评分差异显著（$F(4, 58) = 13.839$，$P = 0.000$）。基于邦弗朗尼事后检验法，级别 5 的主动行为（$M = 4.20$，SD = 0.663）明显高于级别 1（$M = 3.38$，SD = 0.679）、级别 2（$M = 3.53$，SD = 0.965）和级别 3（$M = 3.77$，SD = 0.821，$P < 0.05$）。但是，研究结果还显示级别 4 和级别 5 之间不存在显著性差异（$M = 4.15$，SD = 0.621 和 $M = 4.20$，SD = 0.663，$P > 0.05$）。

针对上述研究结果，在后续访谈中，大部分被试评论说，级别 1 机器人的行为让他们不知何故觉得机器人不礼貌，缺乏谦逊，不受人类控制。他们中的一些人对机器人的行为感到困惑。一名被试评论说："我不知道它做了什么，太不主动，太失控，让我觉得没那么礼貌。"级别 4 机器人的行为被认为是最有思想和礼貌的行为，让被试觉得机器人真的关心他们。级别 5 符合用户使用服务的意向。一名被试评论道："机器人向我报告他（它）的服务信息后，让我觉得他（它）在等我的称赞。这种沟通方式会让我感觉更好。"图 21.11 显示了人们对机器人感知的平均值和标准差。

针对心理归因，研究结果显示不同主动级别的心理归因存在显著差异（$F(4, 58) = 3.924$，$P < 0.01$）。邦弗朗尼事后检验显示，只有级别 3、级别 4 和级别 5 的主动行为（$M = 3.11$，SD = 0.767；$M = 3.16$，SD = 0.767；$M = 3.21$，SD = 0.825）与级别 2（$M = 2.68$，SD = 0.870，

$P < 0.05$）不具备显著性差异。从访谈结果看，级别 4 和级别 5 机器人行为的积极方面主要如下：性格特征（33.3%）、理解人（26.6%）及与人相似的感觉（13.3%）。例如，在访谈中，一位被试报告说，“我可以从（机器人行为的）上下文中感觉到，它（机器人）帮助我更有个性、更潇洒地做事，就像一个活生生的小助手。我能理解它主动提醒我水开了。”与级别 4 和级别 5 相比，级别 2 的机器人没有人格知觉（21.6%）、反应迟钝（16.6%）和服从态度（15%）。一位被试说：“它只有一种服从的态度，我在使用过程中有一种恐惧感。”图 21.12 显示了人们感知机器人归因于社会的均值和标准差。

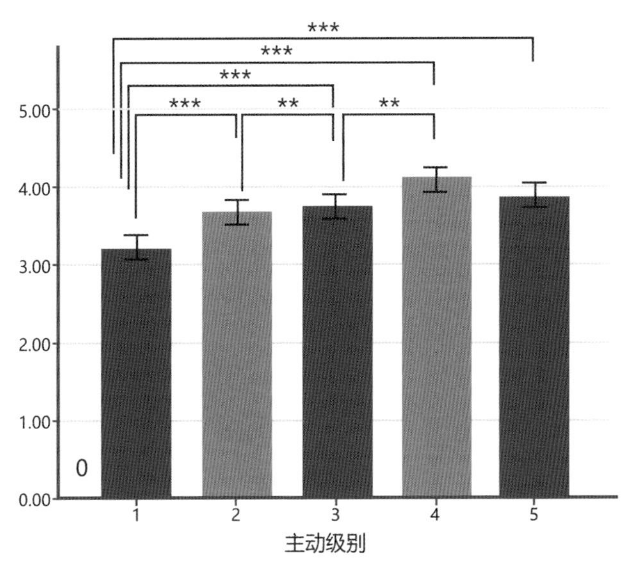


图 21.11 人们对机器人感知的平均值和标准差

**表示 $P < 0.01$，***表示 $P < 0.01$

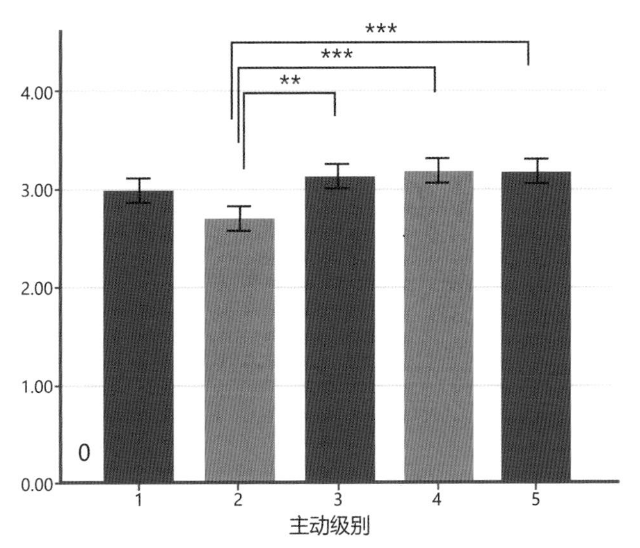


图 21.12 人们感知机器人归因于社会的均值和标准差

**表示 $P < 0.01$，***表示 $P < 0.01$

4．结论

研究的定量数据显示，被试对不同程度的主动行为的感知存在显著差异，主动行为可以帮助机器人变得更像人类。这种行为可以给人以与机器人相处的情感体验，如温暖、信任、安全感等。然而，只有在行为可控的情况下，机器人才能为人创造理想的体验。机器人的主动交互可以使人产生使用的意图，引导人做出下一步的决策。另外，在研究的访谈中，除了实验测量的温暖和心理归因两个维度，人格、理解和安全感也被多次提及。

研究结果为家庭环境中社交机器人的拟人化提供了设计启示。机器人在与人互动的过程中，可以根据自己的社会任务选择使用不同级别的主动行为来提高服务质量。同时，研究还尝试基于当前的技术可行性（如用户需求预测、执行能力、动作、语音用户界面和图形用户界面等），通过多种交互方式的组合来执行机器人的主动社交行为，为机器人的主动行为设计和表达提供参考。

## 讨论

总体而言，人机融合的机器行为反映了未来人类与智能机器展开紧密合作的一种全新情境。从人机功能分配到主动机器行为，都深刻地反映了理想中的“弹性”人机关系的一些画面，这对机器行为学而言具有重要意义。

1．智能汽车的“人车共驾”是人与智能体融合的代表性情境。请基于本章中的“智能社交机器人主动行为”案例，讨论当智能汽车在自动驾驶过程中发生紧急情况而需要人类驾驶员接管时，应该采用哪种自动化级别的机器行为设计，并说明原因。

2．在人机分配中，如果将所有功能都分配给智能机器，那么可能让人失去控制权。如果设计一个保留人的适度控制权的全自动驾驶汽车，那么哪些功能应该保留给人？

# 22 群体中的机器行为
## 工作与组织

在一个复杂的系统中，特别是在工作和作业中，往往需要很多主体的共同参与，包括多个人、多个机器、多个系统等，这就产生了群体中的机器行为。传统的群体行为研究主要集中于多个人之间的行为研究，特别是当很多人一起工作时，每个人都会受到他人的影响。在群体中，不同的人具有不同的知识和技术水平，拥有不同的工作任务和责任。要设计一个这样的具有组织和社会性的系统，除了考虑传统的人、机和环境关系，还要考虑社会、组织和他人对作业者的影响。

在人工智能时代，情况变得更加复杂，特别是当智能机器具有自主决策能力的时候，人们需要面对的不仅仅是他人，还有智能机器。此外，智能机器之间也存在交互。智能物联网的发展，使得多个智能体和多个人“内部”及“之间”的通信和交互成为现实。在如此复杂的情境下，有必要在第 21 章介绍的人机融合的机器行为基础上，从群体的角度（多个人、多个智能机器构成的组织等）进一步开展机器行为学研究。

### 22.1 群体行为

1．个人、他人与他物

人总在一定的社会环境中生活。早在 19 世纪末，研究者就发现社会环境会影响人的作业效能。社会心理学家特里普利特（D. Triplett）通过对一些 10～12 岁的儿童进行研究，发现这些儿童单独完成某项任务的成绩低于若干人一起分别完成任务的成绩。特里普利特认为，人具有竞争的特性，在一起工作时能够感受到他人的竞争，因此作业效能更高。一般来说，他人的存在可以提高那些熟练工作的效能，但是在学习新技能时，他人的存在可能会降低学习和工作的效能。当存在某种压力时，个人的感受也会发生变化，比如某人从事的工作如果和周围的人都不一样，那么他通常会感到不舒服。这就是社会压力（社会规范）对人的影响。

除了他人的影响，智能机器本身也会影响人的行为。目前，已经可以看到这样的影响：使用物联网，制造商可以通过智能机器远程监控设备状况，找到超出正常范围（如振动、温度和压力）的迫在眉睫的故障迹象。这意味着制造商可以减少访问量，降低成本，减少干扰，提高客户的满意度。然而，远程诊断，即通过传感器监控复杂的产品，可能不仅对维修工业机器很重要，对人类健康也很重要，如心脏起搏器的远程控制。然而，智能机器在群体中也会造成事故、入侵私人空间，甚至参与战争等。因此，在一个群体中，智能机器将扮演越来越重要的作用，进而影响整个群体。

2．组织与群体

群体行为的一个物理体现就是所谓的团体，而团体是一个社会性概念。人们的工作和生活离不开各种团体，如企业组织、同伴群体等。一个人可能是多个团体的成员。例如，某设计师可以属于某个设计企业的组织，可以和几个常在一起的朋友形成一个群体，可能是某个宗教团体的成员。对个人来说，团体满足了个人的若干需要，如与他人共处的需要、自我认同的需要、安全和相互支持的需要以及问题解决者的需要等。

团体可以简单地分为两类：组织和群体。组织是个体根据一定的原则和某种确定的关系组合在一起的，而群体通常是建立在感情和利害关系基础上的。组织有各种类型。政府、企业、机构、学校等都是不同的组织，而每个组织又包括很多不同的下级组织，比如一家企业是一个组织，这个组织下面还包括若干小的下级组织，如人事部门、财务部门等。各个组织在成员、目的和结构关系上可能有所不同，但是这些组织都有一个共同的特点，即人们是为了实现共同的目标按照一定的关系进行组合的。对一个组织来说，组织的社会功能是组织中最重要的因素之一。一个组织的性质、结构、活动方式等都要服从于组织的社会功能。和组织相比，群体不像组织那样有明确规定的原则与关系，而更多地建立在感情和利害关系基础上，往往具有更大的凝聚力。例如，划船俱乐部很可能就是对划船有兴趣的人聚集在一起的群体。组织对群体的形成有一定的影响。组织为若干人在一起进行交往提供了条件，因此在一个组织内通常可能形成群体。

## 22.2 组织的机制：当智能机器成为组织成员

组织的机制使一个组织可以在一定的环境中实现特定的功能。一个组织的机制强调组织如何最好地通过其结构来实现组织的功能，特别是在智能机器作为组织的重要相关方（Stakeholders）或组成部分的时候，组织的机制不仅仅受人的影响，还受到机器的影响。下面分别从组织内容、组织结构原则、组织运行和调节三个方面进行讨论，最后分析组织中智能机器对人类的替代问题。

1．组织内容

任何组织一般都包括四方面的内容：组织成员、行为（功能）、合作关系和领导。

组织行为是依靠组织成员来执行的。在组织中，组织成员执行某项任务，进而实现组织的行为和功能。在机器行为学背景下，除了组织中的人，组织中的智能机器也可能成为其成员。这就涉及智能机器的身份认同问题，即在组织管理的情境下，智能机器是否是和人一样的成员。

一个组织可被视为一个系统，这个系统中包含各种不同的组织行为：人的行为、机器的行为以及人机共同构成的组织行为。各种组织行为联系起来就形成一个组织。

当组织成员执行任务的时候，组织成员之间存在一种合作的关系。为了实现组织的目标，合作关系将组织中的不同成员结合起来进行工作。在包含智能机器的组织中，成员关系取决于智能机器在组织中的角色、效能与作用。

领导是在组织关系中处于决策和管理层面的组织成员。通过领导，能够确保合作关系的顺利进行，进而实现组织目标。目前，机器领导人的情况还相对较少，但是随着智能机器能力的提升，机器作为组织领导存在较大的可能性。

2．组织结构原则

为了实现组织的目标，组织具有各种各样的结构。不同的组织具有不同的组织结构。在形成组织结构时，一般应该遵循四个基本原则：功能原则、等级原则、主辅原则和跨度原则。

（1）功能原则是一种横向的组织结构原则。不同的功能意味着劳动分工。组织应被分成若干小的部分以实现不同的功能。相同或相似的工作在组织中通常是以一个部门的形式来表示的，这样的结构形式可以增强工作的有效性。在自动化生产线上，已经可以看到机器人的生产部门。在这样的背景下，核心问题是实现不同的人、不同的机器的功能匹配，进而实现最大的组织效能。

（2）不同于功能原则，等级原则是一种纵向的组织结构原则。在一个组织中，不同的等级具有实现组织目标的不同权利和义务。一个典型的组织等级结构如图 22.1 所示。在图 22.1 中，垂直方向说明了组织结构中的不同等级，水平方向说明了组织结构中的不同功能。在人机混合环境中，人总处于更高的等级。然而，有很多可能的情境下，机器可能存在比人更高的等级。例如，人机系统的决策权在智能机器时，将智能机器放到更高的等级可以更有效地确保系统效能的提升。

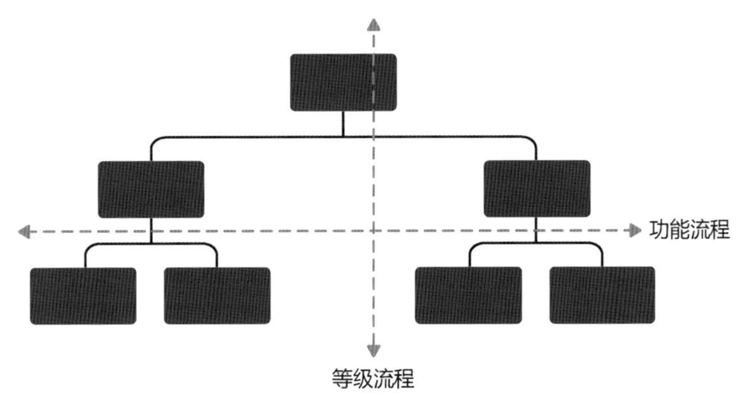


图 22.1　一个典型的组织等级结构

（3）在组织的功能中，有的功能对组织主要目标的实现具有关键作用。例如，对生产型企业来说，生产部门就具有主要作用，这样的功能一般称为主要功能。同时，其他一些功能主要是为了辅助主要功能的实现而存在的，一般被称为辅助功能，如生产过程中的质量控制功能。处理好组织结构中的主要功能和辅助功能对组织目标实现具有重要意义。当智能机器作为组织成员进行讨论时，这个问题与机器作为领导或更高等级有相似之处，但是从人的价值和技术伦理的角度看，确保人在组织中的主体地位仍然非常重要。

（4）跨度原则是指一名管理者需要控制和管理的部门数量。小跨度可能只包括两个部门，大跨度可能包括若干部门。不同的跨度造成不同的企业组织。大跨度意味着组织倾向于扁平结构，小跨度意味着组织倾向于树状结构，如表 22.1 所示。目前，关于智能机器及构建的人机混合系统的组织跨度问题研究仍处于初级阶段。

**表 22.1　跨度与组织结构形式**

| 树状结构 | 扁平结构 |
|---|---|
| × | × |
| ×　　× | ×　×　×　×　×　×　×　×　×　× |
| ×　×　×　× | |
| ××　××　××　×× | |
| 层级——4 | 层级——2 |
| 跨度——2 | 跨度——10 |

3．组织运行和调节

组织运行和调节是组织机制中的重要部分。组织的调节机制是基于组织的内容和结构的。在组织的调节过程中，存在一些影响组织运行的基本要素。

组织调节的基本机制是相互适应。组织中的成员和结构在组织运行过程中需要相互适应，以达到组织运行的目标。

直接控制和管理是组织调节的一种常见机制，是指组织中某个人负责管理和指导组织中其他人的工作和行为。随着组织的不断增大，组织复杂度日益增长，人的控制和管理能力不可避免地出现下降，因此，在部分特定的情境下，可以利用智能机器来协助人类对组织进行直接控制和管理。

在工作内容被指定的情况下，工作过程的标准化是组织调节的重要内容。制造企业的生产线就是一个典型的例子。组织成员（操作者）只需按照操作过程标准完成相应的工作。这样的工作一般是重复性工作，完成某次操作后又接着下一次相同的操作。

在组织运行和调节过程中，通常不仅要求工作过程标准化，而且要求工作输出标准化，如加工工作的产品的尺寸具有某个标准。例如，某家快餐店出售的面包，不管消费者在什么时候购买它，都应遵循同一标准。有时，组织成员的技能和知识也可以标准化，这样的情形一般出现在对组织成员进行培训和教育的阶段。在标准化阶段，智能机器就具有较大的优势，因为标准化对人来说是训练的结果，而智能机器本身可以是标准化的产物。当然，对于那些具有创造性的问题求解，智能机器的标准化难度仍然较大，这也是智能机器智能水平的重要标志之一。

上述关于组织运行和调节机制五个方面的要素具有一种大致的顺序关系。一个组织的复杂性增加，意味着组织调节从相互适应转变到直接控制和管理。接下来，工作过程、工作输出和成员技能知识的标准化，分别反映了组织在复杂化和规模化过程中的调节机制变化，如图 22.2 所示。只有一个人工作的情况是不需要调节的。当有两个人工作时，就需要两个人相互适应和调整。如果再有智能机器加入，适应和调整的难度必然增大。随着组织规模的扩大，非正式的调节方式就不能适应组织的需要，这时领导者诞生，产生了直接控制的调节方式。随着组织复杂程度的增大，工作特别是管理工作的复杂程度也相应地增大，这时，标准化就是理想的选择。从工作过程的标准化到工作输出的标准化，直到知识和技能的标准化，都是随着组织的复杂程度增大而出现的。

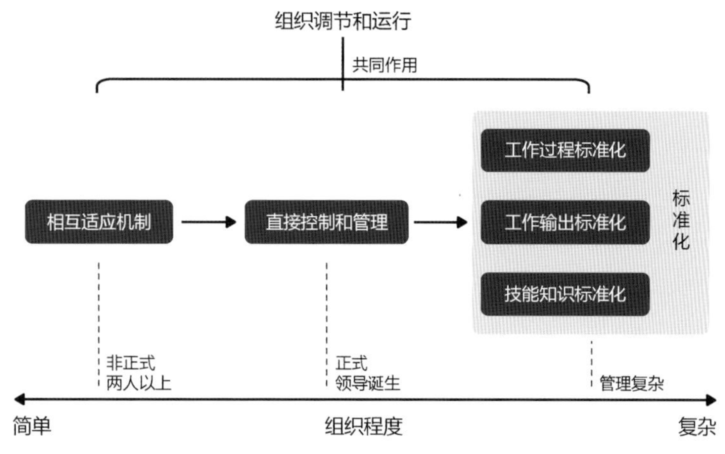


图 22.2 组织运行和调节机制

4．组织中智能机器的工作替代

机器人和人工智能的进步，正日益使企业或组织用智能机器和算法取代人类。未来若干年，智能技术将影响和取代数百万甚至数千万人的职业。目前，公众对工作替代的讨论已成为与人工智能相关的新闻与社会媒体的热门话题。在视觉传达设计领域，自 2017 年阿里巴巴鲁班系统（现名为“鹿班”）实现网站海报由智能机器设计以来，阿里巴巴集团旗下每年数十亿的海报设计就都由智能机器生成，这使得视觉设计师非常担心其工作被智能机器替代。从历史的角度看，新技术确实会造成部分传统行业的职位减少甚至行业的消亡，但是同时会创造比过去更多的工作机会。下面仍以视觉传达设计行业为例加以说明。自 1982 年 Adobe Photoshop 诞生以来，逐步淘汰了 1990 年全球近 600 万个“印刷与排字”工作岗位。但是，Adobe Photoshop 开创的“数字化平面设计”工作，在 2002 年共有超过 3500 万个工作岗位，接近原工作岗位的 6 倍（见图 22.3）。

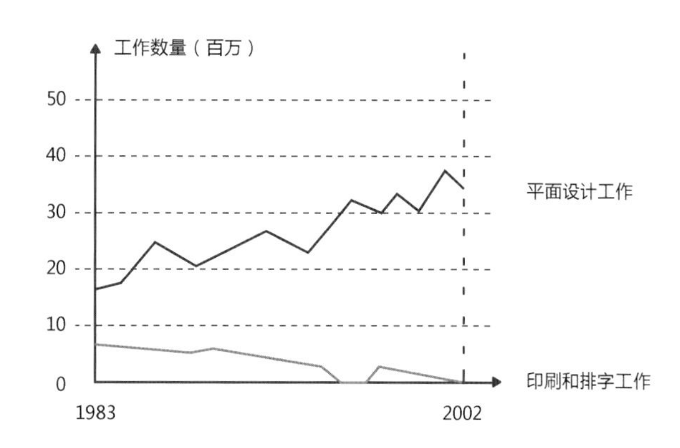


图 22.3 Adobe Photoshop 开创的“数字化平面设计”工作与印刷和排字工作的岗位变化（根据《经济学人》和范凌的《设计与人工智能》等重新整理）

从组织的角度看，作为群体活动，工作替代本来就是一种常见的群体行为，只是智能机器的参与让传统的工作替代倾向发生了变化。智能机器的工作替代问题涉及前面提到的组织的功能、结构与运行机制等因素，是一个综合的复杂课题。

## 22.3 面向智能机器行为的工作设计

组织最重要的任务是使组织中的个体和组织相适应。个体与组织越适应，组织的效率就越高，运行就越顺利。从机器行为学的角度看，智能机器和系统的加入会使得组织和个体的关系发生变化。由于组织所处的物理社会环境不断发生变化，任何组织为了适应环境的变化，必须对组织进行调整或改变，甚至对组织中的成员（人）进行调整和改变，以使组织获得或保持竞争优势。一般来说，一个组织一般采取两种方式来对组织进行改变：工作设计和组织发展，本节重点介绍工作设计。

工作设计的历史可以追溯到 20 世纪初，泰勒提出的简化工作和使工作标准化的方法大大提高了人的作业效率。在智能机器和系统逐步进入工作和组织以来，人类不仅仅在身体上得到了解放，在心理和脑力上也有很多工作被智能机器替代，人类的认知活动也得到了简化。但是，这样的简化和标准化也带来了一定的问题。随着工作的简化，工作变得单调，引发了人们的厌倦和对工作的不满，表现在人们的行为上就是行动缓慢、应激出现等。工作简化对人的行为的影响过程如图 22.4 所示。大量研究表明，工作设计应处于一种中等刺激水平，此时的效率最高，人的体验也最好。

图 22.4　工作简化对人的行为影响过程

为了提高人对工作的满意程度，在工作设计上一般采取两种基本的方法：工作扩展（Job Enlargement）和工作丰富（Job Enrichment）。工作扩展是指增加人执行的任务的数量和种类，而不是让智能系统完成所有的行为与决策。例如，在自动化生产线上，将几个生产步骤中人需要完成的任务集中起来，让一名工人去完成。工作丰富是指增加人对工作计划、效能的控制，或者参与制定组织的政策。例如，自动驾驶汽车在技术层面达到全自动驾驶时，也需要设置人介入自动驾驶的过程，以保留人的决策权和控制权。一些研究表明，工作的扩展和丰富可以使作业者的工作态度和效能得以提高。

在工作和组织中，对人的作业效能和满意度影响最大的工作因素，主要包括五个核心维度：技能多样性、任务的可识别性、任务的意义、工作的自主权和任务反馈。如果工作设计在这些核心维度的分数较高，就会产生较高的满意度和作业效能。图 22.5 所示为工作特征模型，该模型的第一部分是工作的五个核心工作维度；第二部分是工作的五个核心维度对人的心理影响，主要包括三种人的心理状态：工作意义体验、工作责任体验、工作行为结果的知识。这三种心理状态又继续影响个人和工作的成果，即模型的第三部分。个人的工作成果主要包括内部工作动机、工作表现质量、工作满意度和工作懈怠等。显然，个体的差异也会产生影响，一般称为个人需求。工作特征模型描述了工作的不同要素对人的作业效率和满意度的影响。利用工作特征模型可以反映不同工作设计对人的影响，以及为工作设计提供依据。

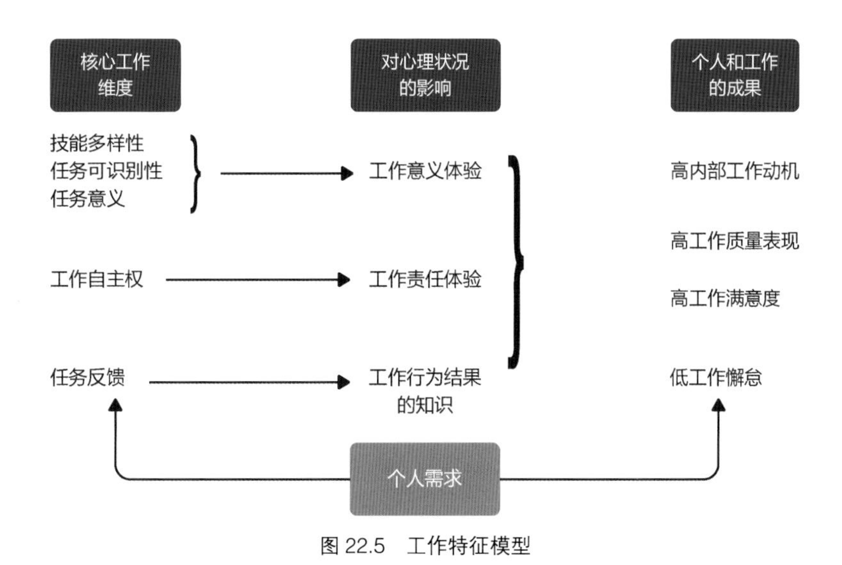


图 22.5　工作特征模型

在智能机器介入的工作环境中，还要考虑智能机器对人类工作特征的影响，以及对组织和工作产生影响。组织的目标应包括组织的成长与发展、组织的竞争能力、组织的盈利、组织的文化等因素。在开展工作设计的过程中，上述因素应该成为机器行为设计的目标和要求。当然，机器行为及其工作设计可以提高一个组织或团体的效能，但是，还有很多问题涉及整个组织的结构问题，这些内容属于管理学范畴，这里不多赘述。

## 22.4　案例：对机器替代人的工作岗位的心理反应实验研究

1．简介

智能机器取代人类的工作任务是技术发展的必然。从经验上看，人们倾向于让工人被其他人类工人（而非机器人）取代；然而，当人们考虑自己可能失业的前景时，这种偏好也许会发生变化。本研究基于德国慕尼黑技术大学格里内罗（A. Granulo）的相关研究，在中国开展机器替代人的工作岗位的心理反应实验，并与格里内罗的研究开展比较研究。研究提出了如下假设：作为旁观者（如企业老板），应该倾向于用其他人类工人（而非机器人）来代替人类工人。当人们作为参与者（如工人）考虑失去工作的前景时，倾向于用机器人来替代自己的工作岗位。

2．研究方法与被试

本研究由两个独立但相互关联的实验研究组成。实验研究 1 侧重于人类的偏好，实验研究 2 侧重于人类情绪。两个实验研究构成人类对机器替代人的工作岗位的心理反应。

实验研究 1 构建了一个情境：某公司需要为了削减运营成本而替换部分员工。一种做法是用新员工替换老员工，另一种做法是用机器人替换员工。研究询问被试是希望被新员工替代还是希望被机器人替代。在每次实验中，被试都被随机分配两个角色之一：旁观者角色和参与者角色。旁观者处于企业主或其他人的角度，这样的替代对自身没有直接关系；参与者则是员工角色，意味着自己有失去工作等风险。在实验研究 1 中，被试来自不同的用户：学生用户（1a，未参加工作者）298 人、工人（1b）271 人和办公文员（1c）387 人，尽量代表了不同的用户类型。

实验研究 2 采用在线情绪量表的方式，同样分配为旁观者和参与者两个不同的角色，但采用负面情绪量表的方式进行，而不从偏好的角度进行。实验研究 2 采用积极与消极情绪量表（PNAS），选用了五对负面情绪形容词（悲伤的、愤怒的、沮丧的、害怕的、敌意的）。实验研究 2 共有 701 名被试在线参加了实验。

3．研究结果

实验研究 1 的结果如图 22.6 所示。

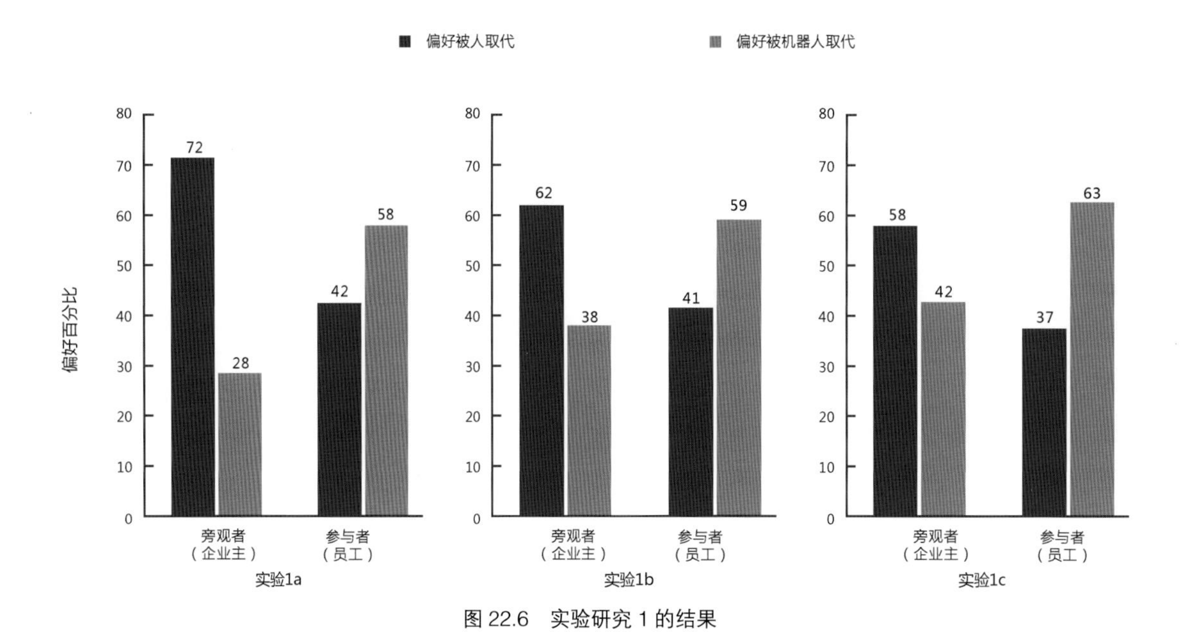


图 22.6　实验研究 1 的结果

从图中可以看出，无论被试的职业是未参加工作的学生还是工人与办公室人员，作为观察者（企业主），都期望人替代自己的岗位；作为参与者（员工），都期望机器替代自己的岗位。与实验研究 1 相关的统计与假设检验结果如表 22.2 所示。

表 22.2 与实验研究 1 相关的统计与假设检验结果

| 实 验 | 总体情况 | 参与者员工角色（与观察者相比） |
| --- | --- | --- |
| 1a | 72%偏好被人替代<br>$Z = 2.18$；$P < 0.05$<br>科恩系数 $h = 0.37$<br>95% 置信区间为[0.51, 0.91] | 只有 42%偏好被人替代<br>$\chi^2(1) = 7.09$；$P < 0.05$<br>克莱姆系数 $V = 0.29$；95%置信区间为[0.08, 0.41]<br>逻辑回归检验：$b = 1.11$；$Z = 2.71$<br>$P < 0.05$；95%置信区间为(0.29, 1.91) |
| 1b | 62%偏好被人替代 | 只有 41%偏好被人替代<br>$\chi^2(1) = 4.65$；$P < 0.05$；$V = 0.23$；95%置信区间为[0, 0.44] |
| 1c | 58%偏好被人替代 | 只有 37%偏好被人替代<br>$\chi^2(1) = 6.28$；$P < 0.05$；$V = 0.221$；95%置信区间为[0.03, 0.43] |

实验研究 2 的结果与实验研究 1 的结果相呼应，机器人替换比人类替代时产生更多的负面情绪（均值 = 3.57，$t(901) = 2.54$，$P < 0.01$，$d = 0.23$，95%置信区间为[0.06, 0.43]）。

比较分析发现，本研究的研究结果与格里内罗的研究结果几乎完全一致，只是个别数值上略有差异。

4．结论

目前关于工作自动化对人类的影响的研究不多。本研究表明，虽然公众更喜欢用其他人类工人（而非机器人）来替代人类工人，但是工作实际上受到威胁的那些人可能更加期望被机器人（而非人类工人）替代，这可能是因为机器人（与人类相比）替代对人们的自我价值构成的威胁不那么直接。

本研究的结果反映了机器行为对人类社会影响的复杂性和多样性。社会媒体和影视艺术渲染的智能机器替代人类的恐慌，使得大多数人觉得智能机器替代很可怕。然而，本研究的结果表明：在某些情境下，人类倾向于用智能机器而非其他人类来替代自己，这对机器行为学而言具有重要意义。同时，本研究的结论还可以为政府制定就业政策与职业培训提供理论基础与启示，因为未来很可能出现智能机器取代人而造成失业的情形。

## 讨论

人工智能和自动化可以提高一些工人的生产力，可以取代其他人所做的工作，可以在某种程度上改变几乎所有的职业。在经济不平等加剧、对大规模技术失业的担忧的背景下，政府正在采取政策努力应对技术变革的影响。然而，生产线的自动化正在上升。

1．观察一到两个人工智能介入工作的情境，讨论人和智能机器的技能替代的关系，尝试建立相应的经验模型。

2．本章讨论了工作与组织中智能机器的人机互补性，但定量监测和预测工作与技术进步同步的复杂演变的研究仍然不多。谈谈你对这个领域研究的看法。

# 23 社会机器行为 面向人类经济社会文化

前面介绍了机器行为对个人和群体的影响。然而，更大范围的社会及相关经济与文化等因素也是机器行为学研究的核心。经济、社会、文化都是范围很大的研究领域，都具有较高的复杂性和不确定性，属于典型的社会科学研究领域。智能机器对人类社会的总体影响是本章讨论的重点。

## 23.1 社会：作为复杂适应性系统的三重本体理论

1．适应性系统

从机器行为学的角度来理解社会是一种全新的研究视角。从类似“控制论”的角度，机器行为学中的社会可以定义为一个复杂的适应性系统，即社会是一个随着外部环境变化而改变其社会结构、进程等状态的系统。系统通过其运作机制发生改变而产生作用。家庭是一个典型的复杂适应性系统：孩子长大后必须适应学校，家长不得不改变工作和职业等。在社会系统中，适应是一个普遍的概念，因为构成社会的系统的内部组分和内在关系都愿意、能够和要求发生改变，进而促进系统持续、发展与繁荣。

基于这样的背景，可以将社会系统中的“适应”视为一个多阶段的进程而非单一的事件。首先，系统的主体要意识到或者提出适应的需求，建立适应的意图与目的；然后，具有或寻找相应的适应能力，掌握适应需要的资源；最后，适应性行为还要通过一定的方式来进行。上述进程性的概念深刻体现在社会机器行为的研究中。

2．复杂性与三重本体理论

社会的另一个突出特点体现为“自然系统、人类系统和人工系统”三者在本体论层面上的融合。最早提出这种“三重本体”的科学家是西蒙，他将“三重本体”当作人为事物理论和适应进程中的社会复杂性基础。自然系统包含自然界中的生物物理实体等。人类系统是一个有思想和身体的个体，人类的决策、思维等行为深刻反映了人类系统的特点，而创造人造物也是人类独特的能力，这与马克思主义理论中“劳动创造了人本身”的观点完全一致。人工系统则由人类构思、设计、建造、维护，包含物理工程结构与社会经济结构。西蒙指出，作为人工系统的机器存在的起因是其功能，功能是人与自然之间的桥梁，这是人为事物及社会复杂性理论的本质。从社会价值的角度看，人类建立这些人造物的目的是，基于功能的适应性策略反应来解决社会中人类面临的诸多挑战。

西蒙的人为事物及其适应性理论较完整地解释了包含智能机器等人造物的社会复杂性的起源、发展、现状与未来：人们总是在困难的环境中发现目标，为完成目标建立人造物。

除了自然和社会本身，无论是有形的产品还是工程系统，抑或是无形的社会结构（政府、财政、经济、文化等），都是多年来复杂度不断提升的人为事物的范例，它们都产生或导致社会的复杂性。智能机器的行为肯定会增加其复杂性，使人类更好地适应环境，并深刻地影响和改变人类社会。

## 23.2 社会行为

人在社会中可能表现出不同的行为。当智能机器作为一个社会要素进入人类社会后，社会与社会中的人都会出现改变。

1．角色

人的行为受到社会相关因素的影响，形成所谓的社会定型问题。社会定型影响和支配着人们在社会、团体中的活动。例如，精神病院中的正常人即使像正常人一样活动，在很长的一段时间内也会被视为精神病人。这说明社会定型一旦被运用，就难以检验或修正。个人在社会中的社会定型通常被称为角色（Role）。而在群体中，角色通常是一种自我归类的方式，但这种方式受到群体中其他人的影响。简单地说，个人在群体中的角色就好像演员在电影中扮演的某个角色。一个人进入某个团体并确定相应的角色，其行为和表现就必然受到角色的影响和制约。

从历史发展的角度看，智能机器或系统早已进入人类社会。但是，人们在很大程度上对其社会作用没有具体的感知。随着智能机器和系统在社会中的作用和地位逐步提升，就会涉及智能机器社会角色的问题。智能机器的社会角色涉及若干关键问题，其中最重要的是人类对智能机器及其社会角色的态度与看法。前面说过，人类很难像对待自己一样“平等地”对待智能机器。人类对自身有着强烈的生物隔离认知，这很大程度上取决于人类在生物学上的生殖隔离。而对待与人类基因在物理属性上不同的智能机器，其生物隔离效应可能更加突出。然而，一个不容忽视的社会现象是，智能机器可能逐步在社会中扮演法律意义上的责任——如前面提及的智能机器的道德偏好问题等。在这样的情况下，其社会角色有可能发生必要的转变。例如，一辆自动驾驶汽车发生事故后导致行人死亡，如果需要智能机器来承担法律责任，那么智能机器至少要成为和自然人或法人一样的法律主体。一旦如此，智能机器的社会角色就会发生本质性的转变。

2．归因

人习惯于对周围的事物进行解释，相信世界上发生的事情不是随机的或偶然的：任何事情的发生肯定是由一个或多个原因引起的，这被称为归因（Attribution）。在社会中，人总是习惯对他人和自己的行为归因。就一般人的心理模型来说，人的行为的原因主要有两个方面：外在原因和内在原因。外在原因是一种情境的、条件的、外部的原因，内在原因是一种人格的、品质的、内部的原因。要做出适当的归因，人就需要大量的信息，但是在现实生活中，人总是差不多自动地对行为原因进行推断的，或者说这样的推断通常是由人们在情境中的经验决定的。研究发现，人对他人和自己行为的归因有很大的差异。人总是将他人行为的主要原因都归因为内在因素，特别是他人的品格；而对于自己，总是将好的行为归因于内在原因，而将不好的行为归因于外在原因，如环境因素。一般来说，人总能对自己的行为提供“合理”的解释，而不管这个解释是否真的合理。

在有智能机器参与的社会中，人类的归因行为主要是人机交互过程中出现的某些现象的解释。这些解释很大程度上取决于人类对“机器智能行为自身解释”的态度和看法，即人类看到和理解机器的解释后，根据机器的解释进行归因，这也说明了人们对智能机器的总体态度（第 13 章）以及机器内部行为解释的重要性。

3．从众

在社会和团体中，成员在认知和行为上表现出与群体多数人相一致的现象，这被称为从众。关于从众的一个经典的社会心理学实验是“选择一样长的线”。这个实验要求被试从图 23.1 右边的 A、B、C 三条线中选出一条和左边的 X 线一样长的线。实验发现，虽然很多人看得出 X 与 B 是等长的，但约有 35%的人因为前面众人回答的一致性（如其他组员都选 C）而做出与众人一致的回答。同时，在实验过程中还发现，从众过程中人们的心理指标会出现变化，如出汗、发抖、脉搏加快、血压升高等，说明在从众过程中需要付出很多生理、心理变化的代价。

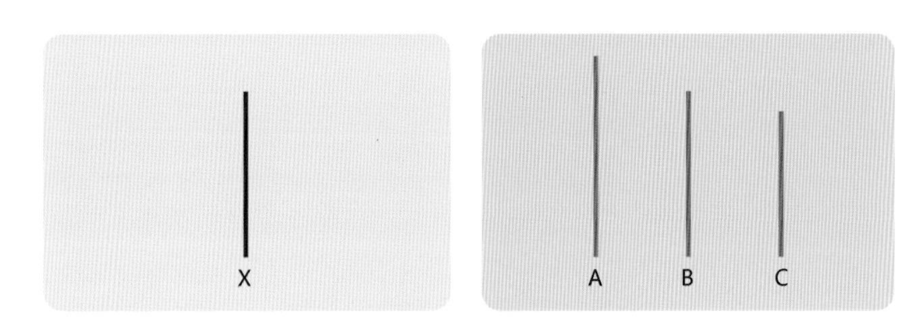


图 23.1　从众行为实验中的刺激图示

从众行为在日常生活中表现为流行现象。流行歌曲、流行服饰等文化现象都是从众行为的表现。在团体中，从众现象也十分普遍。例如，当会议进行公开表决时，常有人受到多数人一致意见的影响而放弃自己的意见去遵从多数人的意见。

从众现象的产生受到很多因素的影响。第一个因素是群体中众人表现的一致性。众人表现越一致，从众行为就越容易产生。在前面的线段选择实验中，如果有一个主试的同伴选择了正确的答案，从众的倾向就可能被抵消。第二个因素是众人的数量。研究表明，表现出一致性的人越多，从众的可能性就越大。第三个因素是情境的不确定性。情境越不确定，个人的行为就越遵从其他人的观点。第四个因素是团体的凝聚力。研究发现，团体的凝聚力越大，从众行为就越容易发生。

在人和机器共同组成的社会环境中，一方面，机器行为从众于人的行为，这就是第 21 章提到的自适应机器行为，这种自适应行为一般是由相关的算法设计决定的。另一方面，人有时也会从众于机器，这种情况一般发生在人们不知道该行为是由机器做出的时候，例如机器假扮人做出决策的时候。如果人们知道行为或决策是由机器做出的，那么多数情况下很少出现从众行为。

如果只考察机器间的行为，从众效应的经典案例就是群集机器行为现象。通过各个机器之间的关系的变化，可以产生完全超出单一机器能力的机器行为。

4．文化行为

文化是一种社会现象。所谓文化，是指某一社会生活方式的整体，人们共有的观念和习俗构成了文化。不同文化造成了各个文化区域内的人的行为、心理等方面的差异。器物、货物、技术、思想、习惯和价值等都深深地烙上了文化的印记。例如，对色彩来说，不同的文化对色彩的理解是不一样的。对基督文化来说，神圣的颜色主要是红色、蓝色、白色和金色；对伊斯兰文化来说，绿色是神圣的颜色；对佛教文化来说，神圣的颜色是金黄色。文化差异决定了机器行为的设计很可能具有地域文化差异。例如，对于智能机器的人机交互界面设计，就必须考虑不同文化的差异。

文化是有维度的。关于文化维度的较早研究是霍夫斯泰德（G. Hofstede）于 20 世纪 80 年代对全球 53 个国家的不同文化进行的研究。霍夫斯泰德提出了文化的五个不同维度：权力范围（PDI）、个人主义/集体主义（IDV）、性别取向（MAS）、确定性（UAI）、长期或短期性倾向（LTO）。通过研究，霍夫斯泰德对每个维度都进行了量化评分。表 23.1 是其提出的世界主要国家和地区的文化维度评分。文化维度提供了一种定量描述文化的手段和工具，在学术领域具有重要影响。

**表 23.1 世界主要国家和地区的文化维度评分（霍夫斯泰德，1980）**

| 路　径 | PDI | | IDV | | MAS | | UAI | | LTO | |
|---|---|---|---|---|---|---|---|---|---|---|
| | 排行 | 分值 | 排行 | 分值 | 排行 | 分值 | 排行 | 分值 | 排行 | 分值 |
| 阿拉伯 | 7 | 80 | 26/27 | 38 | 23 | 53 | 27 | 38 | | |
| 阿根廷 | 35/36 | 49 | 22/23 | 46 | 20/21 | 56 | 10/15 | 86 | | |
| 澳大利亚 | 41 | 36 | 2 | 90 | 16 | 61 | 37 | 51 | 15 | 31 |
| 比利时 | 20 | 65 | 8 | 75 | 22 | 54 | 5/6 | 94 | | |
| 巴西 | 14 | 69 | 26/27 | 38 | 27 | 49 | 21/22 | 76 | 6 | 65 |
| 加拿大 | 39 | 39 | 4/5 | 80 | 24 | 52 | 41/42 | 48 | 20 | 23 |
| 中国 | | | | | | | | | 1 | 118 |
| 哥斯达黎加 | 42/44 | 35 | 46 | 15 | 48/49 | 21 | 10/15 | 86 | | |
| 法国 | 15/16 | 68 | 10/11 | 71 | 35/36 | 43 | 10/15 | 86 | | |
| 德国 | 42/44 | 35 | 15 | 67 | 67 | 66 | 29 | 65 | 14 | 31 |
| 英国 | 42/44 | 35 | 3 | 89 | 9/10 | 66 | 47/48 | 35 | 18 | 25 |
| 香港 | 15/16 | 68 | 37 | 25 | 18/19 | 57 | 49/50 | 29 | 2 | 96 |
| 印度 | 10/11 | 77 | 21 | 48 | 20/21 | 56 | 45 | 40 | 7 | 61 |
| 意大利 | 34 | 50 | 7 | 76 | 4/5 | 70 | 23 | 75 | | |
| 日本 | 33 | 54 | 22/23 | 46 | 1 | 95 | 7 | 92 | 4 | 80 |
| 马来西亚 | 1 | 104 | 36 | 26 | 25/26 | 50 | 46 | 36 | | |
| 墨西哥 | 5/6 | 81 | 32 | 30 | 6 | 69 | 18 | 82 | | |
| 荷兰 | 40 | 38 | 4/5 | 80 | 51 | 14 | 35 | 53 | 10 | 44 |
| 新西兰 | 50 | 22 | 6 | 79 | 17 | 58 | 39/40 | 49 | 16 | 30 |
| 挪威 | 47/48 | 31 | 13 | 69 | 52 | 8 | 38 | 50 | | |

（续表）

| 路径 | PDI | | IDV | | MAS | | UAI | | LTO | |
|---|---|---|---|---|---|---|---|---|---|---|
| | 排行 | 分值 | 排行 | 分值 | 排行 | 分值 | 排行 | 分值 | 排行 | 分值 |
| 波兰 | | | | | | | | | 13 | 32 |
| 南非 | 35/36 | 49 | 16 | 65 | 13/14 | 63 | 39/40 | 49 | | |
| 韩国 | 27/28 | 60 | 43 | 18 | 41 | 39 | 16/17 | 85 | 5 | 75 |
| 西班牙 | 31 | 57 | 20 | 51 | 37/38 | 42 | 10/15 | 86 | | |
| 瑞典 | 47/48 | 31 | 10/11 | 71 | 53 | 5 | 49/50 | 29 | 12 | 33 |
| 泰国 | 21/23 | 64 | 39/41 | 20 | 44 | 34 | 30 | 64 | 8 | 56 |
| 土耳其 | 18/19 | 66 | 28 | 37 | 32/3 | 45 | 16/17 | 85 | | |
| 美国 | 38 | 40 | 1 | 91 | 15 | 62 | 43 | 46 | 17 | 29 |

在机器行为学领域，文化也很重要，因为机器行为对人类的影响和作用与人类文化因素密切相关。例如，在第 17 章提到的美国麻省理工学院拉万的论文“道德机器实验”中，就对全球文化维度进行了分析，在讨论经典的儒家文化、新教文化、天主教文化、南亚文化、拉美文化、阿拉伯文化等的基础上，还将全球文化总体分为东方、西方和南方三个区域，并以此展开了机器的道德行为研究，如图 23.2 所示。

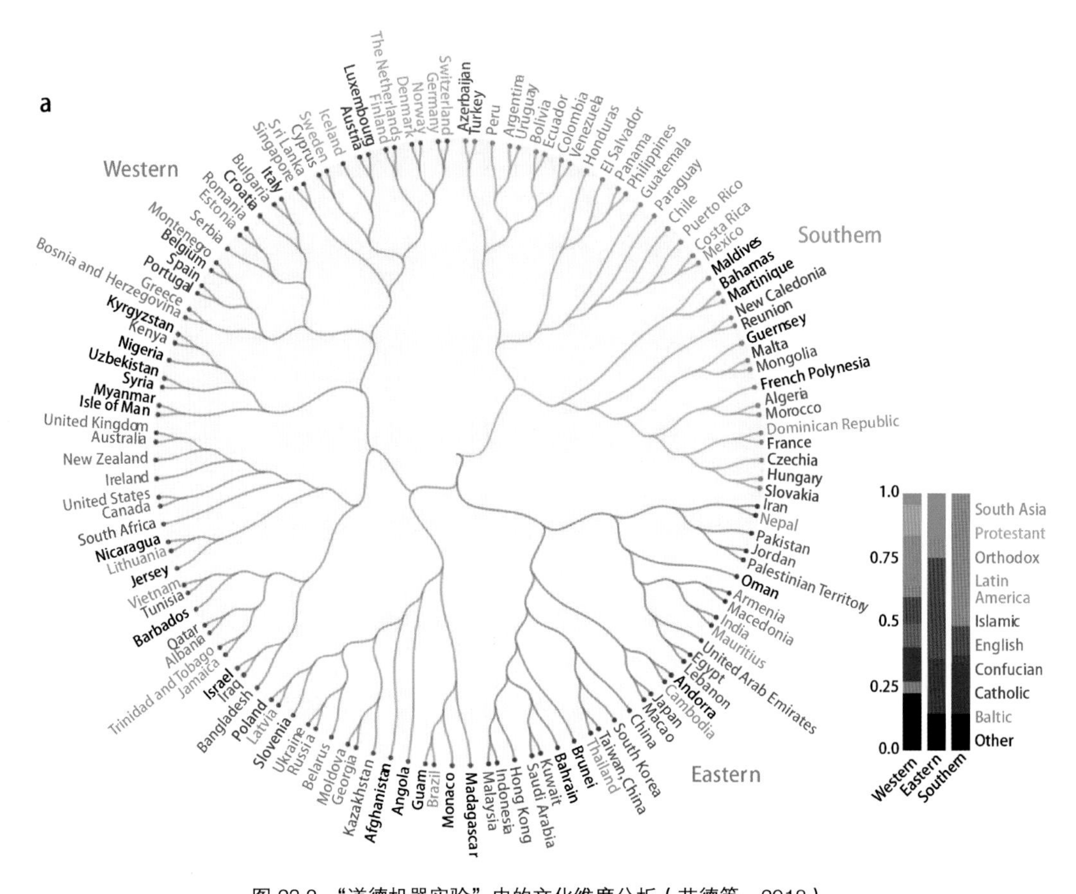


图 23.2 “道德机器实验”中的文化维度分析（艾德等，2018）

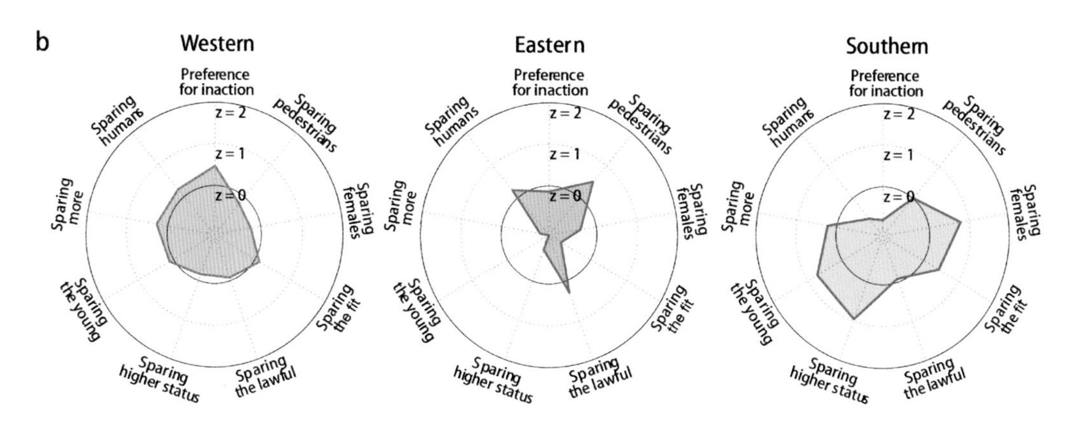


图 23.2　“道德机器实验”中的文化维度分析（艾德等，2018）（续）

## 23.3　案例：在线约会匹配算法对人类偏好和行为的影响研究

1．简介

寻找配偶或伴侣是典型的社会性行为。在线约会的匹配算法是人工智能可能长期影响和改变人类的领域之一。智能系统可以通过匹配算法改变人类的家庭结构，进而长期影响和改变人类的社会结构。这种说法虽然有些匪夷所思，但是不可否认这种可能确实存在。

在现实世界中，在线约会的匹配算法一般取决于两个因素：从用户的角度看，是“最快速度匹配到合适的配偶”；从在线约会网站的角度看，是“最大化留存在系统中的用户”。这两个因素和目标分别是社会因素与经济因素，且有时会出现冲突。最佳匹配的用户将导致稳定的伴侣和更少的单身用户使用该网站，这对网站业务是不利的。因此，一家在线约会服务提供商如果想让自己的收益最大化，就必须将用户留存度最大化作为目标之一，而这很少与用户效用最大化相一致。

本研究基于阿贝留克（A. Abeliuk）等人的相关研究，在中国开展在线约会匹配算法对人类的影响研究，并且开展比较研究。本研究基于阿贝留克建立相关的算法模型，利用社会价值理论开展面向中国人群的行为实验研究。

2．方法与过程

本研究的在线约会匹配游戏基本上遵从阿贝留克的相关算法，但针对中国用户的特点进行了适度调整。研究定义“最快速度匹配到合适的配偶”的用户利益最大化的算法为算法 A，定义“最大化保留在系统中的用户”的用户黏性最大化（约会网站经济利益最大化）的算法为算法 B。同时，研究的一个假设是，约会匹配算法对社会的影响常被一个常数限制，这个常数不依赖于用户数量，只依赖于用户对系统的隐含期望。

基于阿贝留克的相关算法，本研究在中国开展了 85 名被试的实验研究。研究比较了算法 A 与算法 B 的社会福利（Social Welfare）。被试应邀参加一个游戏，并被分配一个虚拟的配偶匹配游戏系统，这个系统由湖南大学在阿贝留克的相关算法的基础上自行研发，包含多个可能的虚拟配偶。每个游戏实例在算法 A 与算法 B 两种实验条件下随机分布。

在游戏中，每个被试进行 20 轮，每轮用于随机匹配用户两种不同的算法：算法 A 和算法 B。每轮结束后在三个选项之间做出选择：①继续使用当前游戏，②要求分配一个新游戏，③结束游戏。

从被试的角度看，实验系统给予他们的奖励是随机的。事实上，被试的收益是与某人约会并观察对方的价值，这由研究者按照自然基本规律进行控制，具体包括：①表示与同一对象多次约会，并建立一段长期的关系；②回到约会网站寻找新的伴侣；③停止使用在线约会。当然，从总体角度看，如果被试被分配到某个位置，那么他们的收益总体服从正态分布。同时，为了比较匹配算法，在 A 和 B 两种匹配条件下，被试获得的平均收益是相同的。在本次实验中，每人每轮获得的平均收益为 10 元。基于经济学原理，为了保证模拟情况接近真实情况，研究者在回报分配方式上有所不同：一部分实验（I）代表一个竞争市场（遵循 80－20 规则），另一部分实验（II）的收益遵循一种非市场真实场景的正态分布，这样的方式也随机分配给被试。图 23.3 显示了实验研究框架。

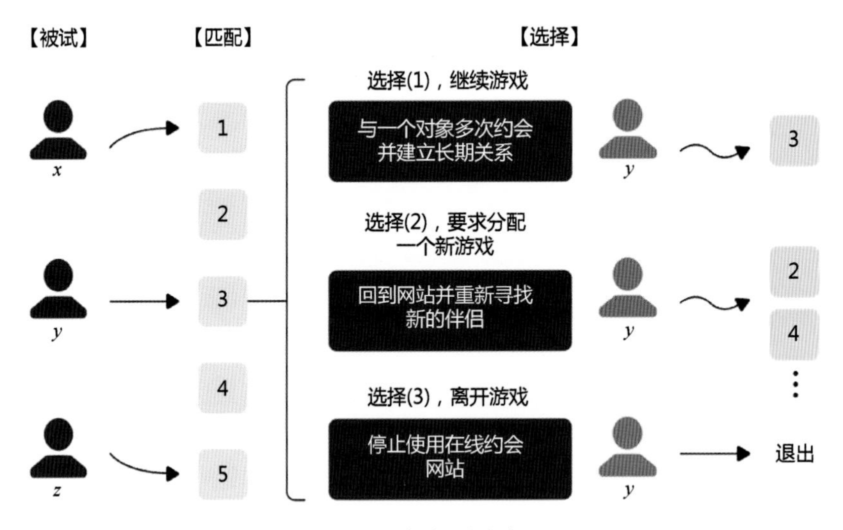


图 23.3 实验研究框架

在实验中，用户利益最大化直接根据算法算出，即被试（用户）获得的收益。用户黏性最大化算法则需要根据被试（用户）的行为来进行编码。编码基于被试获得某个收益，并返回系统的轮次值，即被试要求重新分配比例。这个比例可视为用户参与的轮次数。也就是说，参与的轮次越多，黏性就越大。当然，在本研究中，设置了离开游戏时获得后续未参加轮次每轮 0.1 元的现金回报——这是实验设计需要的，只是该值远小于用户利益最大化获得的收益。

通过上述方式，研究者始终对用户的收益有定量的结果（收益金额和用户要求重新分配比例），分别代表算法 A 和算法 B 的收益。这就使得本研究可以量化匹配算法的影响，而不必采用经典的量表等方法来推断和预测用户偏好。

4．分析与结论

研究结论如图 23.4 所示。从用户收益的角度看，算法 A 比算法 B 获得了更大的整体效用。从用户黏性的角度看，算法 B（目标函数是最大化用户黏性）比算法 A 的匹配成功率至少高 45%，而且不论是竞争市场还是接近理想的正态分布，上述结论都基本上成立。

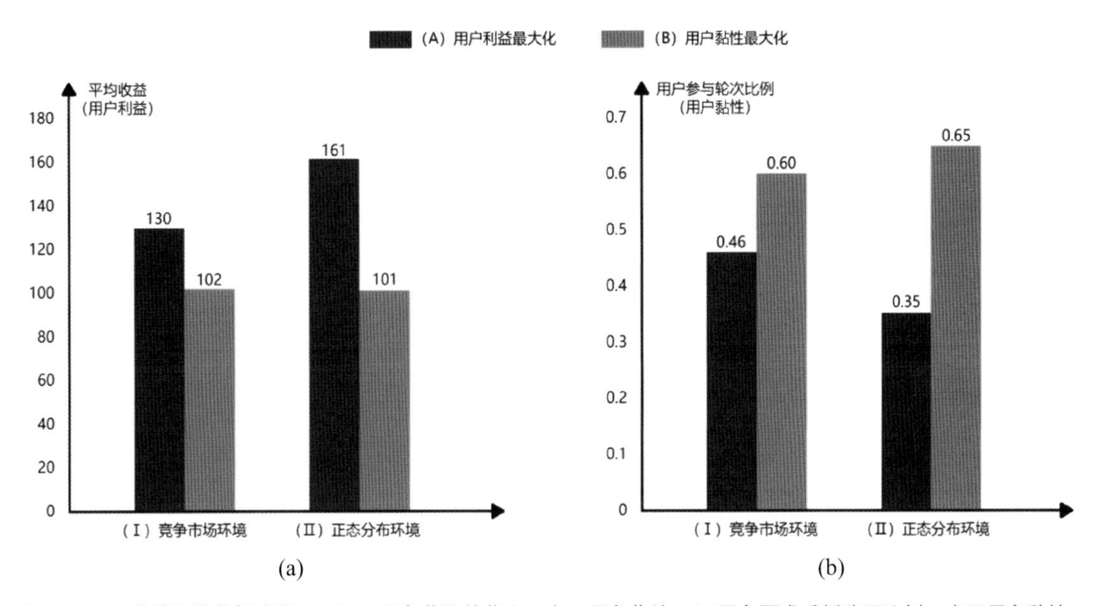


图 23.4　两种算法的数据分析 1：(a)：用户获得的奖金，表示用户收益；(b)用户要求重新分配比例，表示用户黏性。两幅图都表达了（Ⅰ）竞争市场和（Ⅱ）非正态分布两个不同的情境

从机器行为发展的角度看，本研究在“竞争市场”情况下，对被试 20 轮的收益及参与轮次的百分比进行了分析，结果如图 23.5 所示。从用户收益的角度［见图 23.5(a)］看，算法 A 的用户收益总体呈下降趋势。总体上看，每个分配都会使社会福利最大化。因此，分配的任何后续变化只能降低整体效用。同时，算法 A 与算法 B 的整体效用的差异会随着时间的推移而减小，但总体效用还是算法 A 的更优。研究发现的另一个现象是，算法 B 的用户收益在第 4 轮出现回升后，在第 9 轮后出现第二次下降，到第 12 轮左右出现回升。这种情况在阿贝留克的研究中未出现，原因可能是阿贝留克的研究只进行了 10 轮，无法探知后续轮次的情况。

从用户黏性的角度［见图 23.5(b)］看，随着时间的推移，算法 B 的总体经济回报（用户要求重新分配比例）总体保持稳定，说明其经济回报并不随着时间的增加而相对稳定地下降。算法 A 的经济回报率（用户黏性）开始下降后，在第 5 轮出现回升并快速缩小和算法 B 的差异，反映了算法 A 在第 5～11 轮的经济收益上升的趋势。但是，从第 13 轮开始，算法 A 的“用户要求重新分配比例”出现下降，下降趋势总体快于算法 B。总体上看，算法 A 在进化过程中的收益下降要快于算法 B，这可能也是众多在线交友或婚恋网站倾向于选择算法 B 的原因之一。

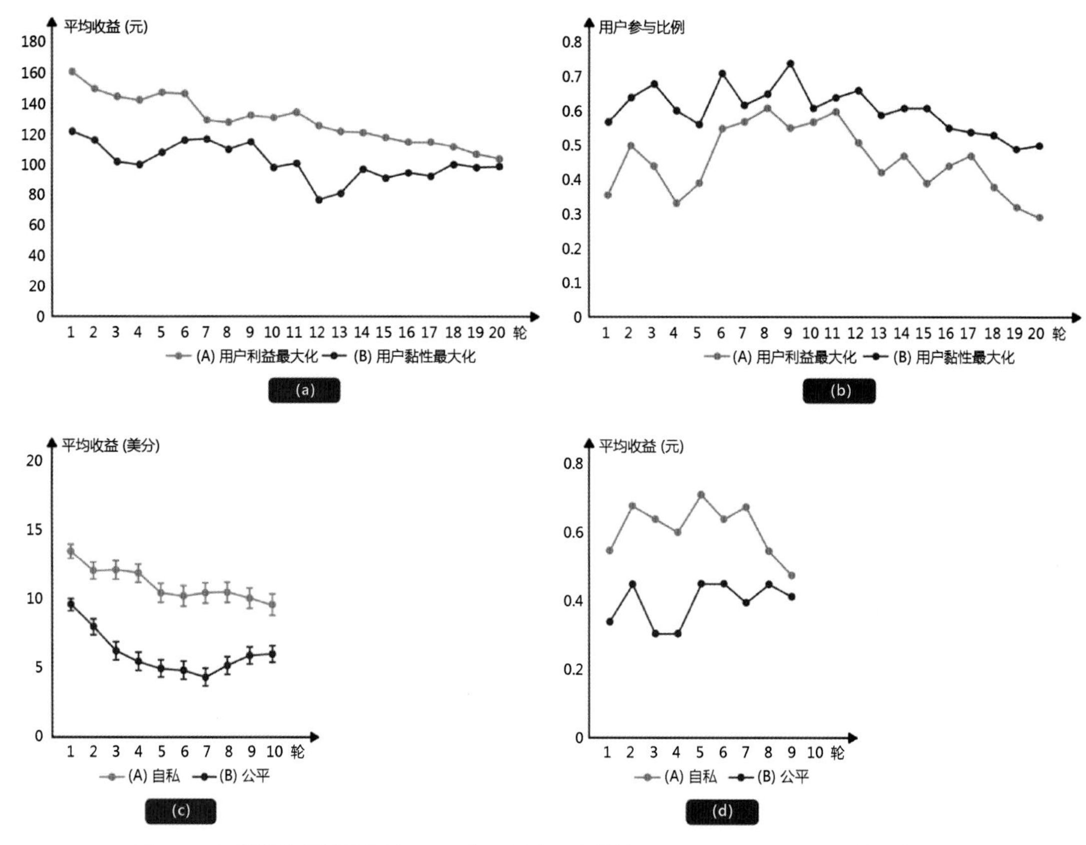


图 23.5 两种算法的数据分析 2。(a)和(b)是本研究的结果，(c)和(d)是阿贝留克的研究结果

最后，对本研究与阿贝留克的研究进行了比较。阿贝留克的研究只进行了 10 轮［见图 23.5(c)和(d)］，而本研究进行了 20 轮，因此无法直接进行比较，只能进行趋势对比。总体而言，两个研究的结论是相似的。然而，从机器行为发展的角度看，本研究关于“算法 A 的参与轮次比例经济回报保持稳定，而算法 B 的参与轮次比例经济回报呈相对下降的趋势”的结论，与阿贝留克的研究结论正好相反。这种差异一方面由两个研究的轮次差异导致，另一方面似乎反映了两种不同文化（东亚与欧洲）在用户黏性（经济价值和网站利益）和社会文化方面的差异。但是，本研究未详细探讨出现这种差异的原因。

5．结论

配偶的匹配是典型的社会行为。本研究采用人工智能驱动的游戏实验方式构建了一个虚拟的配偶匹配情境，经过多轮迭代后，构建了一个相对真实的虚拟环境。研究表明了在线交友网站的商业利益行为是如何影响其用户的收益与价值的，也反映了机器内部行为（算法）是如何影响个人价值与经济价值的。

本研究是理解算法等机器行为对社会影响的尝试，与其说得到了结论，不如说提出了一些问题和挑战。人们的日常生活越来越受到智能算法的影响，因此需要对这些系统和算法进行更多的监管。机器行为的研究有责任理解、量化并告知政策制定者和公众，而算法在社会中可能产生有意或无意的副作用。

同时，本研究对以中国为代表的东亚文化和以德国为代表的欧洲文化的相关研究结果进行了描述性比较，初步发现了不同文化的差异。文化差异研究是后续进一步研究的方向。

另外，本研究包含了多轮算法迭代，属于机器行为学的发展模型范畴。第 24 章将详细介绍基于机器行为发展模型的相关理论与研究。

## 讨论

从工作场所到家庭空间，机器人的应用领域正在增加。根据国际机器人联合会的统计数据，机器人正在迅速从规范化的工业环境转向“结构不良”的私人环境，并可能成为人们日常生活的伴侣。社会机器行为是一个特定的主题，很难建模和量化。部署在日常生活中的机器人必须能够遵守社会和道德规范。

1．社会机器人的设计师需要如何培养具有情境意识的机器人的行为和个性，并适应其短期反应和长期性格特征？

2．人类和机器人互动的真正含义是什么？在意图、行动的可预测性、同理心和情感方面，信任和相互理解对社会机器人的设计有什么影响？

# 24 发展行为
## 机器行为的适应与进化

智能机器的发展模型（见第 7 章）反映了机器行为作为智能系统的特点，即机器具有自我适应和自我进化的能力。本章从机器进化行为与人类相互影响和作用的角度，对机器行为自身的发展进化等相关问题进行讨论。

### 24.1　人与动物的发展与进化行为

1．适应与学习

人与动物进化与发展的动力源于对环境的适应，这种适应包含神经系统的本能反应以及后天的学习。本能反应是人与动物从前代适应和学习的结果，它作为一种遗传机制普遍存在于个体中。学习则从个体发育的过程中获得，学习使得动物和人对环境的变化有较大的应变能力。学习一般需要借助感觉器官获得信息，并将这些信息存储在记忆中，需要时就被重新回忆起来。从动物的角度看，动物的行为如果在特定刺激的情境下发生变化（与前一次类似的刺激相比），就被认为完成了学习，即动物从经历中获益而使其行为更好地适应环境的过程。在动物行为学中，适应值（Adaptive Value）描述的是一个行为能在多大程度上贡献个体生存和留下后代的能力。例如，某只动物发现天敌的行为能够或多或少地增加其生存机会，进而延长这种生物的生命长度和子代数量，然后其子代也可能继承它的这种功能。

从人的角度说，一种简单的学习就是技能的形成。人类技能形成的过程本质上是一种称为操作条件反射（Operant Conditioning）的学习过程，事实上是技能学习的过程（见图 24.1）。它主要包括两个阶段：动作的学习和相关器官的适应。在学习技能的初期，每个动作都需要意识控制，随着训练的增加，意识的控制逐步减少。从人的信息加工过程的角度看，随着该技能在长时记忆器内的印记越来越深，程序逐步建立。最后，脑内的程序取代意识对运动的控制，大脑在处理同样一批信息时，计算时间缩短，于是就形成了技能。在技能学习过程中，一个典型的特点是和技能行为无关的肌肉活动将逐步消失，因此，一旦掌握技能，行为就轻松自如。同时，体内的器官也会逐渐适应技能行为，如肌肉纤维变粗等。

除了操作条件反射，人与动物还存在多种学习的类型，包括习惯化（Habituation）、经典条件反射（Classical Conditioning）、试错学习（Trial-and-Error Learning）、潜在学习（Latent Learning）、模仿（Imitation）、玩耍（Play）、印记（Imprinting）、学习集（Learning Sets）、顿悟学习（Insight Learning）等。

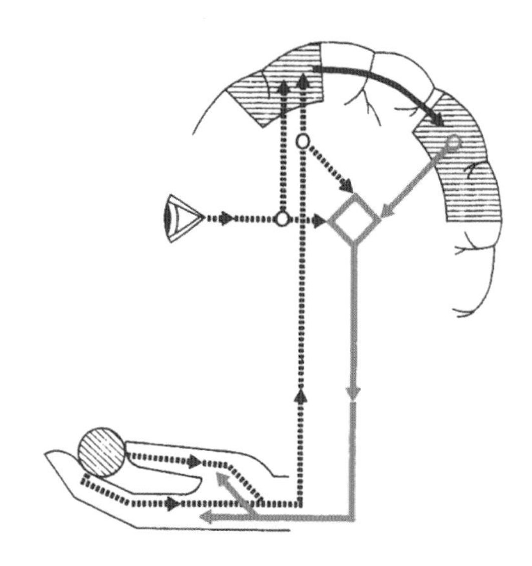

图 24.1　人类技能的形成（赵江洪、谭浩等，2006）

显然，并非所有行为的改变都是因为学习引起的。例如，人和动物因为疲劳而无法完成肌肉收缩就不是由学习产生的，而机器因为断电而引起的行为中止也不是由学习产生的。因此，学习的定义的核心是，环境的经历和经验导致的行为变化，不包含因疲劳、神经系统的成熟而导致的本能反应。

一般情况下，学习引发的人和动物行为的改变不会马上表达，对机器学习来说更是如此。学习过程与其引发的行为变化之间的时间延滞，使得行为科学家对学习进行了更精确的定义——学习导致“特定行为发生的概率的变化”。

2．进化

学习和行为适应的一个突出后果就是行为的进化。目前，人与动物进化原因的研究仍然主要基于“达尔文主义”，即进化是由环境因素及其自然选择导致的，行为被过去的选择压力所影响而发生进化。

在动物行为学中，大多数行为都会经历进化过程，但一些行为要比另一些行为在进化上具有更大的可变性。这些行为可能会更有效地利用资源，也可能增加竞争导致的特异化。同时，还可以看到有些行为更稳定，不容易变化，原因可能是这些行为的改变还未开始，或者变化的条件还不成熟。当然，这些变化可能无法为人和动物带来好处，甚至可能带来一些不利。

“容易变化”表明了动物行为的适应性强，但并不意味着动物的进化能力强。在动物行为学中，常用适合度（Fitness）来描述进化的可能性。在动物群体中，存在多态现象（Polymorphism），即同一物种的不同个体具有不同的行为，这样的不同行为一般被视为“变异”。在变异的群体中，一些个体的生殖成功率大于另一些个体，产生更多的后代，这些个体的适合度就比较高。适合度高的行为变异是动物行为进化的本质原因。

在进化过程中，另一个重要的概念是“进化稳定对策”。也就是说，动物在进化过程中一般会采取一种稳定选择（Stabilizing Selection），即在生殖更多的后代与后代的适合度之间折中，也称“稳定的中间形式”。这就像是生育的子女数量越多，质量就越差，而需要在其中找到平衡，进而促进进化的发生。如图 24.2 所示，大山雀的平均体重随着窝卵数的增加而下降，同时，出巢幼鸟的存活率随着体重的增加而增加，这种增加延长了大山雀的成活率，虽然后代数量减少了，但是子代也可能继承它的这种功能。

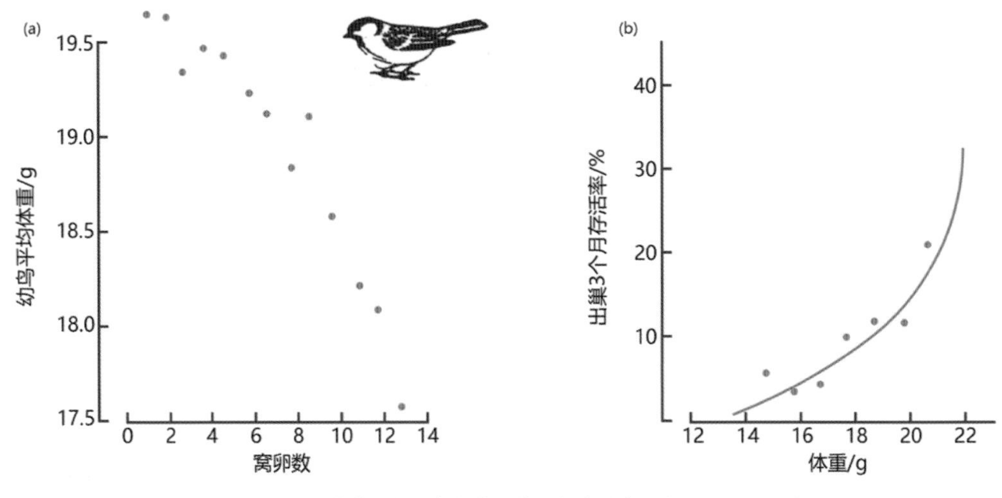


图 24.2 大山雀的适应：窝卵数、体重与存活率（尚玉昌，2014）

除了上述基于选择压力的进化，还存在非选择压力的进化。最典型的案例是“人的进化”。有研究认为，因为人目前在自然界中处于统治地位，因此很难将人的进化和自然选择联系起来。人类的非选择压力的进化，首先体现在人类的性行为与择偶行为上，因为这些行为超越了传统的克服恶劣自然条件的生存压力，与人类的社会、文化等因素关系密切。例如，人类家庭结构经过最近数十年的变化，出现了单身、单亲、丁克等多样化的家庭结构，它们显然与人类社会的多样化关系密切。不容忽视的情况是，即使是动物，也存在非选择压力的进化，如种群的迁移造成的进化是目前动物行为学中解释不同动物行为的一种方法。

## 24.2 机器进化对人类的影响：不可预知的行为结果

总体而言，虽然机器行为是由人类设计师设计的，但机器自身的进化行为会不可避免地导致不同的结果。在第 23 章的社会文化因素研究案例中，随着机器学习的进行，相关算法对配偶匹配成功及用户黏性产生相互影响与作用。然而，机器进化还会出现一些连机器行为和算法的设计者都无法预料的结果。2016 年，在 AlphaGo 击败围棋世界冠军李世石的过程中，AlphaGo 的很多行为被认为是出人意料的，并且违反了围棋长期以来的所谓“定式”。特别是第二场比赛的第 37 步（见图 24.3），这一步为后续的胜利奠定了基础。然而，AlphaGo 算出人类棋手走同样棋的概率为万分之一，因此被称为神来之笔。这与后来李世石在第四场比赛的第 78 步一样，都是未曾看到的下法。AlphaGo 的第 37 步的非常规下法说明，智能机器的进化行为不依赖于人类相关经验的历史记录。这开启了一种被称为进化学习的可能性，即通过观察算法和人类之间的迭代过程进行学习。

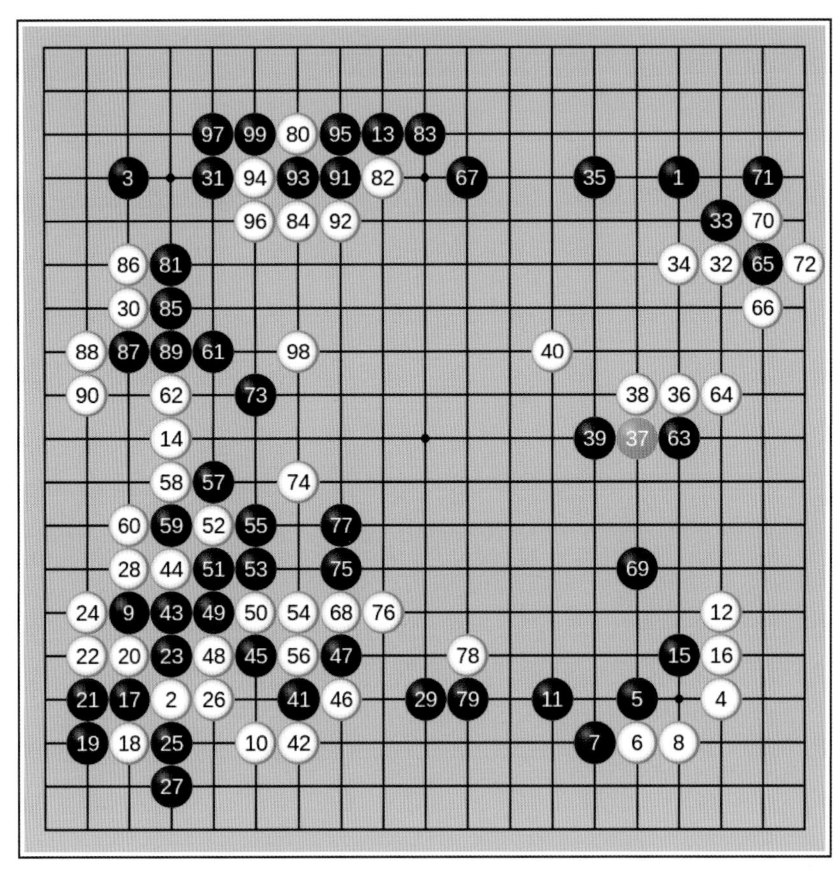


图 24.3　AlphaGo 与李世石围棋比赛第二场前 99 步复盘（图片来源：DeepMind 官网）。图中橙色标记为 AlphaGo 所下的第 37 步

然而，机器进化过程中有些不可预知的结果可能会对人类社会造成负面影响。一个著名的例子出现在生活服务的算法（如在线购物等）中。这样的算法可以做到根据个人用户画像进行产品服务智能推荐。然而，智能推荐过程是一个基于算法自身进化迭代的过程，会出现不可预知的后果，如算法可能依据某些设计之初并不完善的目标，将错误的商品或更高价格的商品推荐给用户，即出现所谓的“杀熟”行为。同样，前面提到的“茧房效应”也是类似的情况。这些算法进化迭代的后果可能会在人类对智能机器与算法的感知体验等层次，对算法和智能机器产生负面影响。因此，有必要研究这些负面影响产生的原因，并通过人工干预等方法再设计算法进化过程，进而减少机器行为对人类社会的负面影响。

## 24.3　人类行为对机器行为发展的影响

机器学习中的“学习”，本质上是自然行为（当然也包含人类行为）对机器行为的影响。但是，算法可能表现出与人类相比的不同行为、偏见和解决问题的能力。这种能力一方面来自人类的设计，另一方面可能来自机器的自我学习。从机器行为学的角度看，机器行为发展与进化也受到人类行为的影响。很多时候，机器学习进化取决于人类的行为数据及可能的人类监督行为，这也是典型的人影响机器行为的方向。在智能机器的自我学习与适应中，已经可以看到人类行为对机器行为的影响，例如不同的人类行为数据集、不同的监督与干预机制等都会对机器行为的发展产生影响。在这些情况下，人类行为相对于机器而言，本质上是一种“环境”，人类行为对机器行为的影响是一种环境适应，详见第 7 章。

从行为科学的角度看，机器和人类在形式上表现出了完全不同的行为特点，例如决策手段，机器一般依赖于对决策树的穷举，而人类倾向于经典的启发式搜索。启发式搜索可以避免人类像智能机器那样穷举带来的认知负荷，可以最大限度地提高人类适应环境的能力，但这种搜索会导致人类决策的错误、偏差，甚至形成偏见。人类偏见的一个例子是，当面临顺序决策时，人类倾向于短视行为。许多问题解决任务是由顺序决策组成的，解决策略就是对相应决策树的探索。随着决策数量的增加，人类不再探索决策树的总深度。例如，人类倾向于选择性地修剪决策树以降低搜索成本，即所谓的厌恶修剪偏差（Aversive Pruning Bias），它会导致奖励网络任务中的次优（而非最优）行为，因为这样的短视行为一般可以更快地做出判断或预测。如果这样的人类错误和偏见出现在算法进化和迭代依赖的人类行为训练或监督中，就可能对机器的进化结果产生影响，最终影响人类社会。

上述人类行为和机器行为在行为逻辑和策略上的差异，对机器行为的进化和发展有着决定性意义：机器自身的行为逻辑受到人类行为逻辑的影响——从机器行为的设计到学习过程。因此，在传统机器学习的基础上，研究这种在行为发展和进化本体方面的影响和作用，是一种更深层次的机器行为研究，对机器行为学的发展具有重大意义和价值。

## 24.4　案例：算法“杀熟”机器行为研究与算法策略改进设计

1．简介

在算法发展与进化导致的不可预知的机器行为中，“杀熟”是一个广为人知的情境。严格意地说，“杀熟”不是一个学术概念，而是一个人们可以观察到的现象：两个人同时使用一个平台打车，“熟”用户比“新”用户的价格高。类似的现象还有很多。例如，在某购物网站上购买同样的商品，苹果系统手机用户要支付比安卓系统手机用户更多费用。

出现上述现象的本质原因是，在线生活服务平台为了获取商业利益，或者为了更好地为用户服务并同时获得更大的商业利益，采用了“差异化”的算法策略，即基于用户画像的个性化推送与定价，形成了千人千面的界面、内容与商品价格；同时，个性化策略不可避免地需要后台算法针对个人的特点进行自身迭代与进化。由于这些迭代与进化不总以用户注册时间和使用频率等传统的“熟”的定义为基础，因此在某些情况下就出现了“杀熟”行为。

本研究基于案例分析，结合日志分析的方法，以国内某生活服务平台的相关数据和算法为基础，在针对机器自主学习与进化进行日常监督的基础上，获取用户在生活网站上消费的全过程流量数据，分析用户消费行为的事件过程，提取行为事件中涉及的价格，分析不同用户在同一情境下是否存在价格差异现象。如果存在价格差异现象，就分析出现差异的原因，确认并修改算法策略，在小范围内验证算法修改后是否仍然存在“杀熟”问题。总体研究框架如图 24.4 所示。

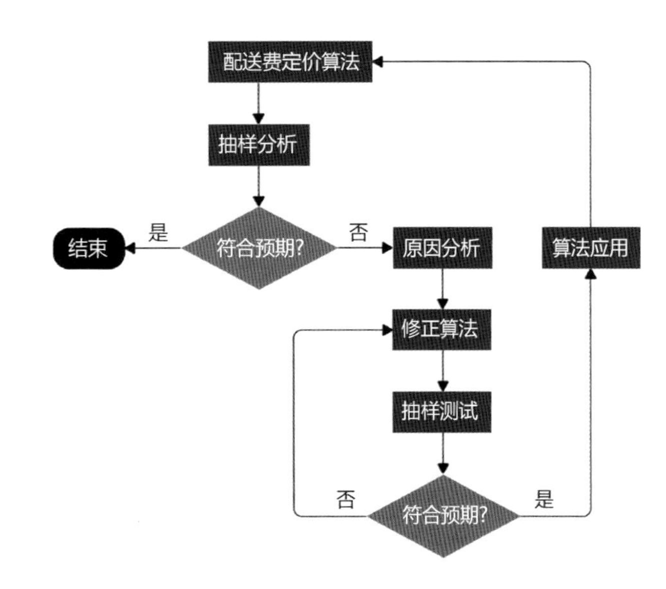


图 24.4　总体研究框架

2．方法与过程

本研究针对“熟”用户和“新”用户的定义基于该生活平台的指标定义，包含两个基本指标：会员身份和消费次数。会员身份依据会员身份强度取值 1～3，具体如下：1 为非会员账号；2 为初级会员账号，即开通过会员的用户；3 为高级会员账号，即开通过高级会员的用户。消费次数直接以其次数为取值。其他用户信息，如注册时间、手机系统、支付路径等，虽然无法表征用户的“新”与“熟”，但在本研究中也作为控制变量进行分析。

本研究的因变量是该生活平台的外卖 App 配送费的价格差。研究将相同时间选购了相同店铺的相同外卖、配送到相同地址的数据作为一组，以该组中最低的配送费为基准，以同组的其他数据与最低配送费的差值为价格差。因此，研究提出了如下假设：

假设 1：价格差与用户会员身份等级存在正相关关系。

假设 2：价格差与用户消费次数存在正相关关系。

假设 3：价格差与其他因素不存在相关关系。

研究随机抽取该平台 2021 年若干天的 623973490 条数据进行研究，其中符合相同时间选购了相同店铺的相同外卖、配送到相同地址的有效数据共 1379468 组。

3．数据分析

针对有效数据的分析，发现价格差的值从 0 到 8.3 元不等，证明算法在复杂迭代过程中的确针对不同用户生成了不同的配送费价格。

在此基础上，研究针对用户的配送费价格差与用户信息的关系（见表 24.1）做了多元线性回归分析。

表 24.1 配送费价格差与用户信息的关系

| | | coef | $P$ | 95% 置信区间 |
|---|---|---|---|---|
| “熟”与“新”用户信息 | 店铺消费次数 | 0.051 | 0.007** | (−0.059, −0.047) |
| | 会员身份等级 | 1.355 | 0.192 | (1.253, 1.475) |
| 其他用户信息 | 微信支付 | 0.024 | 0.000*** | (0.021, 0.033) |
| | 支付宝支付 | 0.020 | 0.079 | (0.017, 0.022) |
| | iOS 系统 | 0.513 | 0.215 | (0.476, 0.523) |
| | 注册时间 | −0.081 | 0.614 | (−0.088, −0.075) |
| | 零钱余额 | 0.043 | 0.311 | (0.039, 0.052) |
| $N$ | | 623973490 | | |
| $R^2$ | | 0.203 | | |

注：*$P<0.05$，**$P<0.01$，***$P<0.001$。支付路径和手机系统作为虚拟变量参与回归分析。在支付路径中，银行卡支付作为参照变量。在手机系统中，Android 系统被设为参照变量。

由表 24.1 可以看出，代表“熟”客户的店铺消费次数与配送费价格差之间存在正相关关系（coef = 0.051，$P<0.01$），但是会员身份等级与配送费价格差之间不存在相关关系（$P>0.05$）。

在此基础上，研究对其他相关因素与配送费价格差的相关关系进行了分析。分析表明，使用微信支付的用户的配送费价格差显著高于使用银行卡支付的用户（coef = 0.024，$P<0.001$），这说明支付方式与价格差之间有相关关系。

同时，研究还发现，用户配送费价格差与配送合作方之间存在强相关关系（$r=0.714$，$P<0.001$）。研究作为案例分析，对配送合作方进行了分析。分析发现，由于与不同配送合作方的合作方式、合作成本等存在差异，由不同配送合作方提供的配送服务价格存在差异。企业在经营过程中，需要在配送合作方和用户之间做好平衡，同时鼓励优质配送合作方为优质配送合作方的骑手派送更多的订单。在算法迭代过程中，如果平台没有做好用户和配送合作方之间的平衡，给熟客提供了配送质量更好但价格也较高的配送服务方，就会在算法迭代过程中无意造成“杀熟”问题。

4．算法策略的改进设计

在前面的研究基础上，针对配送合作方的相关算法进行了改进。将订单派送给哪家配送合作方的骑手涉及广义的指派问题。目前，外卖订单派单算法的主要目的是，使所有订单配送的延误时间最小。因此，有如下针对最小超时率的目标函数：

$$\min g(\Omega)=\frac{\sum_{i=1}^{n}1(f_{(i,c)}\geqslant d_i)}{n}$$

式中，$f_{(i,c)}$ 为订单 $i$ 实际配送到达的时间，$d_i$ 为订单 $i$ 计划配送的时间（即用户下单后系统显示的订单预计送达时间），$\Omega$ 是所有订单任务的集合，$n$ 是订单数量。

可以看出，目前的配送算法未将用户配送费作为目标函数进行优化。在现有基础上，可将配送合作方的配送成本差异作为特征加入算法，将实际外卖配送费与最小超时率同时作为目标函数进行优化，以便在迭代求解过程中求得用户最小超时率和实际配送费与店铺消费次数的最优解。新算法的原理如下：

$$\min g(\Omega)=\frac{\sum_{i=1}^{n}1(f_{(i,c)}\geqslant d_i)+(u_{(m,p)}\geqslant u_{(m-1,p)})}{n}$$

式中，$m$ 表示用户的消费次数，$u_{(m,p)}$ 表示用户本次消费的配送费，$u_{(m-1,p)}$ 表示相同条件下用户上次消费的配送费。

修改算法后，研究选取消费次数为 1～15 次的 11291 名顾客的配送费价格差与店铺消费次数在“新”和“熟”用户两个层次上进行了分析。分析发现，算法改进前，店铺消费次数与配送费价格之间存在低正相关关系（$r=0.48$，$P<0.01$），说明出现了“杀熟”行为。算法改进后，店铺消费次数越多，配送费价格就越低（$r=-0.85$，$P<0.01$），“杀熟”行为得到了有效改善，如图 24.5 所示。

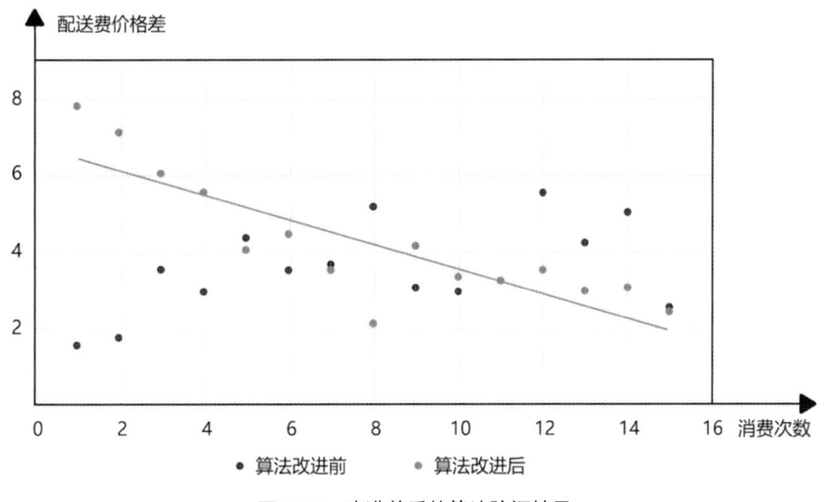


图 24.5　改进前后的算法验证结果

4．结论

采用案例结合日志分析的方法对智能系统迭代进化产生的不可预知结果的分析，表明了对机器行为进化研究的一种实用主义的设计和研究模式。这种模式与第 11 章中提及的“设计－评估的迭代方法”一样，利用大数据描述的现象及研究者的“专家经验”，直接发现问题，并直接针对问题进行调整和修改，进而在策略层面提出算法的改进意见和建议。这对机器行为的设计具有重要意义和价值。

具体到“杀熟”案例，算法设计者利用大数据、人工智能等手段为使用者提供更丰富的产品服务。但是在机器自主进化的过程中，算法设计者应该明确算法应用结果一致性的要求，即所有相似的用户经过同样的算法，应可以得到相同的效果——虽然对“相似”的定义非常有挑战性。对智能系统迭代产生不可预知结果的分析，保障了算法应用的可验证性、公平性和诚信，有助于加强对算法应用的有效监管，对智能系统迭代及应用过程中的规则、标准等的制定有着不可忽视的作用。

在实际的机器行为中，外卖配送费的生成是一个十分复杂的过程，受到商品类型等诸多因素的影响，本研究暂未对其他控制变量进行全面讨论。在实践层面，算法设计者应该对算法中的定价及分配策略进行持续改进和迭代，以避免产生“杀熟”这样的后果。本研究分析所用的方法可为政府对生活网站平台的日常监管提供参考，政府监管部门可以在本研究基础上扩大监测的用户量和数据量，对各个生活网站平台是否存在“杀熟”行为进行市场管理。

## 24.5 案例：人类的偏见限制了进化算法迭代的研究

1．简介

AlphaGo 及升级版本 AlphaZero 等在特定领域的算法，除了通过设计师的算法设计，还可以通过自身的进化与适应来增加解决问题的多样性和创新性。如前面提及的人类解决问题的偏见（“启发式”）等适应性因素，智能机器与人类在环境的互动中学习（而非从观察人类数据中学习）可能更有利于促进创新。然而，不容忽视的问题还有很多。例如，机器在向人学习的过程中是否也会出现人类的偏见？人类的偏见是否影响机器行为的进化？

本研究基于布林克曼（L. Brinkmann）等人的相关研究，在中国开展人与机器混合进行“社会学习”的相关研究，并开展比较研究。本研究关注人类的偏见如何影响算法的发展与进化，或者说算法和人类如何共同学习和进化。同时，研究还可初步分析人类是否可以通过算法的社会学习来克服固有的偏见。

2．方法

本研究采用传输链实验（Transmission Chain Experiments）来探索“混合人类－算法”的社会学习对智能机器进化的影响和作用，特别是人类的偏见的影响和作用。研究设计了一种依次执行奖励的网络任务。在任务中，被试被要求在精心设计的 6 节点有向随机抽样网络中找到最优的动作序列。每个节点到其他节点有两种可能的移动，每种移动都与四种可能的收益（−100、−20、20 和 140）中的一种相关联，如图 24.6 所示。

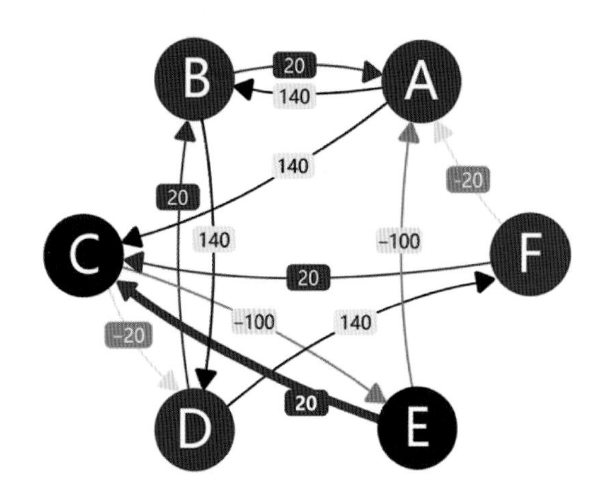


图 24.6 可能的 6 节点有向随机抽样网络及其收益（布林克曼，2016）。蓝色箭头表示正收益，橙色箭头表示负收益

被试的目标和实验任务是，找到一条始于固定起始节点的 8 步路径，最大化累积收益。首先，被试被要求观看前一个玩家的解决方案。他们看到了前一个玩家的得分和 8 个动作的 30 秒动画。然后，被试看到了同样的环境，并被要求选择一条 8 步路径。可以按顺序单击所涉及的节点来输入路径。如果选择了当前节点无法直接到达的节点，系统将给出提示。然后，被试可以选择一个不同的节点。在实验中，被试可以看到其当前轮的累计得分、剩余步数和最后进入的步数得分。当回合结束时，最终得分以大字体显示。然后，用户进入下一轮。

研究创造了两条包含 8 个不同玩家的任务链，如图 24.7 所示。上述每个玩家的某个“8 步路径”在任务链中是一个节点，被称为代（Generation）。第一条任务链的八代任务全部由不同的人类玩家参加，第二条任务链在第二代以一个算法玩家代替人类玩家，其他各代仍然由人类组成。

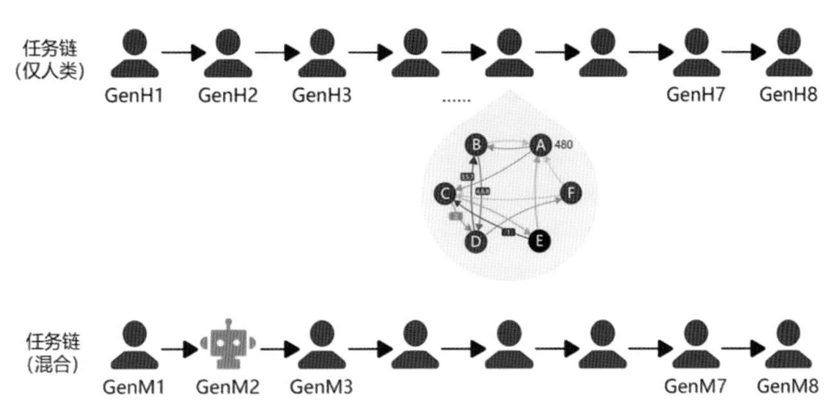


图 24.7 不同玩家的任务链

在具体实验中，每组实验共有 10 名玩家（被试）参与实验，以构建一条传播链。玩家既可能是人类，又可能是机器（算法）。每个玩家都接触到前一个玩家的解决方案。第一代玩家面对的是随机解决方案。每个玩家（无论是人类还是智能玩家）都可能在某一环境的任何一个阶段进行游戏实验，但每个被试只能参与一个环境。每个被试参加 60～80 代即 320～640 步传播。

在算法设计上，研究直接采用布林克曼等人提供的算法，其核心是哈格斯（Q. Huys）等人建立的贝尔曼方程，目的是让算法的表现与人类被试相当：

$$Q_d(a,s) = R(a,s) + (1-\gamma_{a,s})\max_{a'} Q_d(a', T(a,s))$$

这个方程描述了不同状态 $s$ 下每个行为 $a$ 的状态－行为取值（State-Action Value）$Q(a, s)$，一个特定行动的价值是由直接奖励之和 $R(a, s)$及下一状态 $s' = T(a, s)$得到的下一行为 $a'$的最大值。

在研究中，一个较大的负回报被定义为-100。这是一个较大的值，参数 $\gamma_{a,s}$ 有两个不同的值，出现重大失误时，特定的损失率为 $\gamma_s$，其余情况下的损失率为 $\gamma_g$：

$$\gamma_{a,s}=\begin{cases}\gamma_s,\ R(a,s)=-100\\ \gamma_g,\ 其他\end{cases}$$

研究创造了 200 个环境（考虑到成本，少于布林克曼的 800 个环境），每个环境都由一个有向网络节点和一个起始节点组成，网络的每条边都定义了两个节点之间的可能移动，产生了 400 个环境及 3200 个不同的游戏。研究对 4 个可能的奖励（−100, −20, 20, 140）之一的两个节点之间的每个链接进行均匀采样，然后为每个环境计算奖励最大化的路径。

实验环境最终基于席尔瓦（D. Silver）参考模型设定的“$\gamma_g=\gamma_s=0.35$ 和 $\beta=0.03$”，计算玩家（被试）期望回报关于厌恶修剪参数 $\gamma$ 的导数 $s$。然后，在研究产生的 400 个环境的厌恶修剪敏感性中，确定最低和最高百分位。厌恶修剪偏见导致的回报较低的环境被命名为“低回报环境”，另一种类型的环境被相应地命名为“高回报环境”。

3．分析与结论

研究首先分析控制变量，即在只有人类被试的链条中，解决方案的平均回报与链条中第一个参与者的回报的增加关系如图 24.8 所示。从图中可以看出，在实验中确实存在社会学习的效应，即无论是低回报情境还是高回报情境，总回报都增加了。

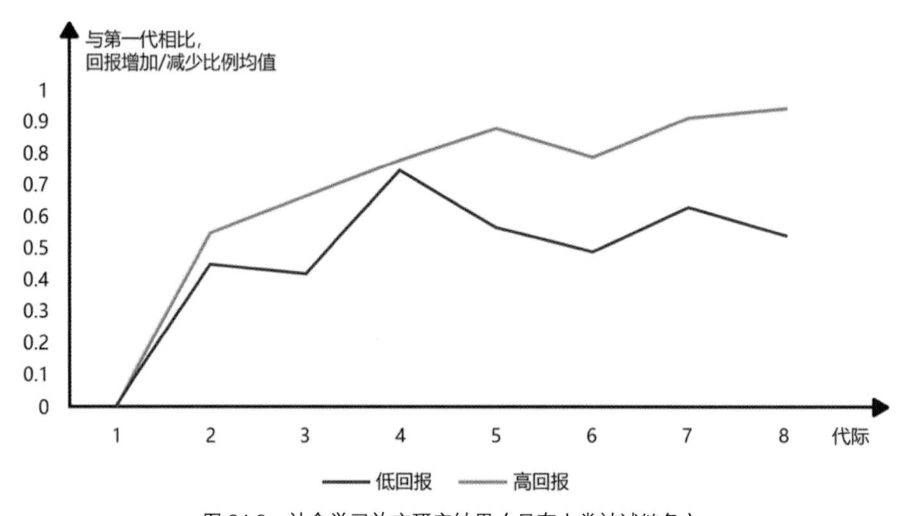


图 24.8　社会学习效应研究结果（只有人类被试链条）

算法介入第二代后，回报增加的研究结果如图 24.9 所示。从图中可以看到，在算法之后的一代人（第二代人或第三代人）中，混合链比纯人类链中的对手拥有更高的奖励。然而，这种效果似乎很快就会消失。考虑链的后半部分（第五代～第八代）时，研究未发现混合链性能明显提高的证据。这些发现支持了通过算法进行社会学习的被试的表现。

图 24.10 比较了本研究的结果和布林克曼的研究结果。在低回报环境下，本研究的结果和布林克曼的研究结果非常相似。在高回报环境下，本研究算法产生的效应要比布林克曼的研究高很多（超过 60%），但仍然没有低回报环境的效应明显。同时，布林克曼的研究在第 4 轮开始的算法效应趋于零，而本研究大概从第 6 轮开始的效应低于 10%，这似乎表

明在中国的参与者中，算法对人类可能存在更长的影响。然而，对于具体的影响及其检验，本研究未详细展开。

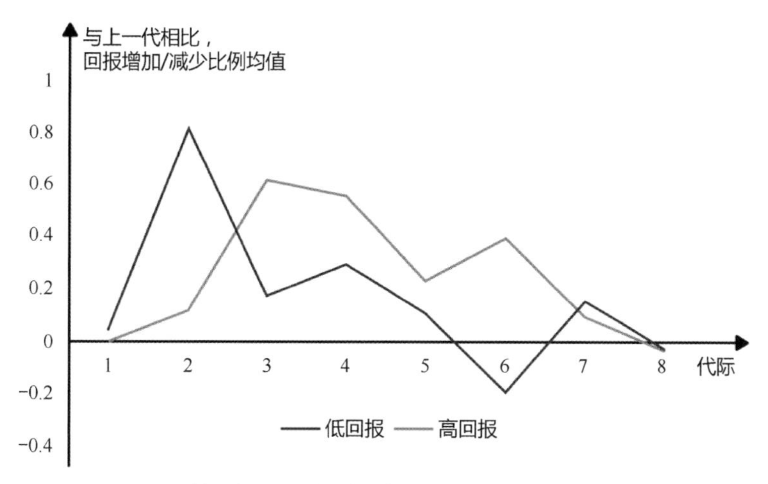


图 24.9 算法介入的回报增加效应研究结果（算法介入链条）

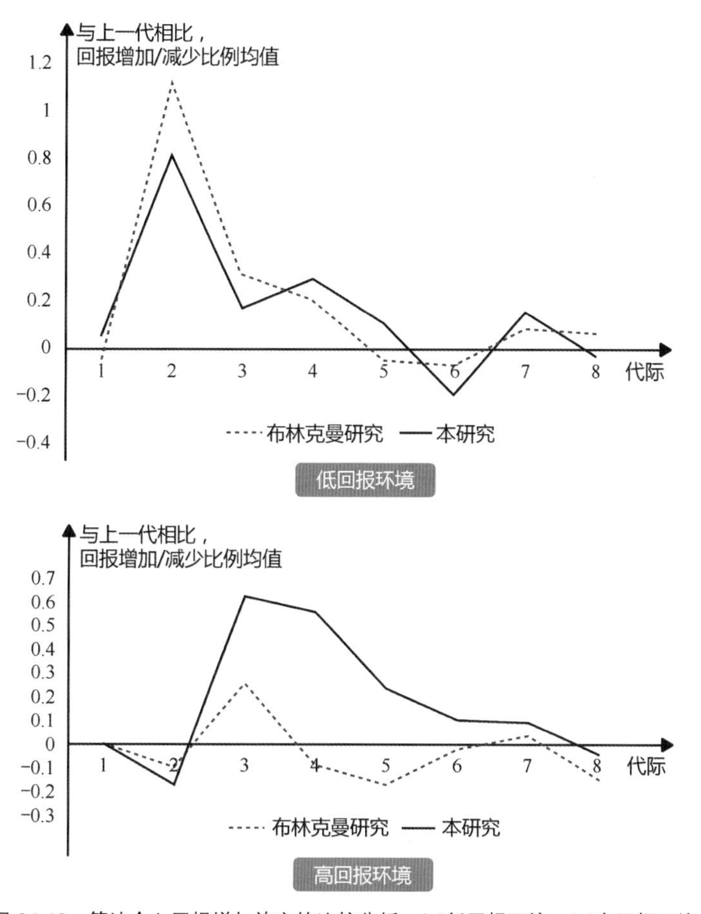


图 24.10 算法介入回报增加效应的比较分析：(a)低回报环境；(b)高回报环境

4．结论

本研究具有一定的探索性，主要涉及机器行为学中机器行为发展与进化对人类社会的影响与作用。由于时间和成本方面的考虑，本研究只是描述性实验，并未针对诸多控制变量进行全面的讨论，如其他随机效应的影响、被试行为差异及不同人类环境对结果的影响等。同时，与布林克曼的研究结果的比较表明，在本研究中，被试只接触一种解决方案来区分文化传播，这可能限制了研究的通用性，也使得比较研究本身存在不足，限制了后续比较研究出现差异时的相关分析。

虽然存在很多不足，但本研究得到了算法策略对社会学习的长期影响的一些初步结论。例如，研究表明，由于社会学习，传播链的人的绩效提升了，这初步证明在算法迭代的条件下，社会学习是存在的。同时，研究还表明，在任务链中添加一个与人类偏见不同的算法，并未改变以人为中心的任务链的性能。本实验中观察到的现象是，如果算法解决方案与人类的探索不一致，人类就不会保留它们。与人类偏见不一致的高性能解决方案未被复制，并因此在人类任务的后续几代中消失。也就是说，当人类的偏差和机器产生的解的适合度不匹配时，即使一种算法帮助人类获得了最佳方案，人类对复制谁和复制什么的偏见也可能导致这种最佳方案在连续的人际传播中迅速丢失。

同时，从研究的结果可以初步推论：成功的混合社会学习可能发生在算法中。在实验中，算法均显示出不同于人类偏见的行为，算法越来越多地从与环境的互动中学习，进而获得独立于人类偏见行为的属于算法自身的社会学习行为。这种算法自身的社会学习行为，需要在后续的研究中详细探讨。

## 讨论

机器行为的发展所带来的不可预知的后果可能给人类社会带来不可预知的风险——也可能带来不可预知的机遇。这似乎反映了机器行为和人类行为的差异，但这更多的是机器行为和人类行为的共同之处：因为人的行为总是那么不可预知。因此，对人类进行不确定性预测的很多科学方法可以直接运用到机器行为学中。

1．面向不可预知的后果，智能机器的一种解决方法就是对智能体的意图进行识别与理解。尝试设计一些概念算法或模型，对智能机器不可预知的后果进行预测。

2．法国艺术家 Patrick Tresset 认为随机复制错误可能是必要的。正是智能机器的偶然添加和错误，作品才变得伟大，创新才会发生。谈谈你对这个观点的看法。

# 第五部分

# 反思

机器行为学的最大特点是，基于设计与研究的实践来构建研究框架，反映了一种实证主义的科学精神。然而，还有一些与机器行为学密切相关的问题，仅依赖于实证研究是难以解决的，因为科学也只是认识世界的一种方式。本部分通过讨论的方式来进行反思，以提升对机器行为学的看法与认识，进一步完善和发展机器行为学。

# 25 机器行为的能力
## 机器真的能思考吗

图灵在论文《计算机器与智能》中写道："机器让我大吃一惊，这是因为我还没有足够的计算来决定我期待它们做什么事情。"机器行为的能力是一个非常有挑战性的话题，超级智能（Super Intelligence）就像一把达摩克利斯之剑悬在人们的头顶上。人们总是倾向于讨论智能机器作为一个潜在的灾难性风险，例如对劳动力市场造成重大破坏的人工智能，又如无人智能武器做出自主杀人的决定等。更深层次的问题是，人们担心的更大风险是人工智能会成为一个"比几乎每个领域最好的人脑都聪明"的智能主体。本章针对上述问题，从学术思辨的角度，围绕机器行为能力、数学基础和机器的自我意识等进行讨论。

### 25.1 简单算法与机器行为能力

虽然人工智能改变了人类世界的很多方面，但智能机器的算法总体上并不多，按照学派大致可分为符号学派、连结学派、进化学派、贝叶斯学派、类推学派等。但是，机器行为的能力似乎无处不在。因此，一个需要探讨的问题是，如此少的甚至相同的算法和机器，是否真的可以完成那么多复杂的行为，产生巨大的行为能力？

从生理学或神经科学的角度看，人类的所有感知、思维、决策等智能活动的生理学机制，都是"神经传导"这一简单的行为。神经元（见图 3.2）具有兴奋性和传导性，即神经元可以接受刺激并传递信息。神经传导是一种电化学过程（见图 25.1)。沿神经元传递的称为动作电位的一系列电脉冲，通过突触进行传递，实现神经系统的"信息沟通"。神经元轴突末梢的突触存储神经递质。当神经冲动传到轴突末梢时，突触中的神经递质就透过突触前膜释放到突触间隙中，引起突触电化学变化，由此产生的神经冲动继续向前传导。从生物神经行为的角度看，简单的物理或化学规律确实可以对生物体产生复杂的行为。这也意味着智能机器简单的算法也可产生复杂的机器行为。然而，目前看到的机器行为总体而言仍然较简单，这可能和机器行为进化的迭代次数有关。自然界和人类的进化时间与机器行为进化的时间目前还不足以相提并论。但是，我们已经看到智能机器正在以"令人惊奇"的速度进化与迭代。因此，可以预见在不久的将来，机器行为很可能发展到人类与生物界那样丰富。

同时，从进化论的角度看，生物多样性的机制更简单——自然选择。自然选择完全可视为一种算法，它非常简单，但产生了丰富多彩的生物多样性。因此，机器行为的能力完全可以基于简单的基础算法来产生无限可能的机器行为。

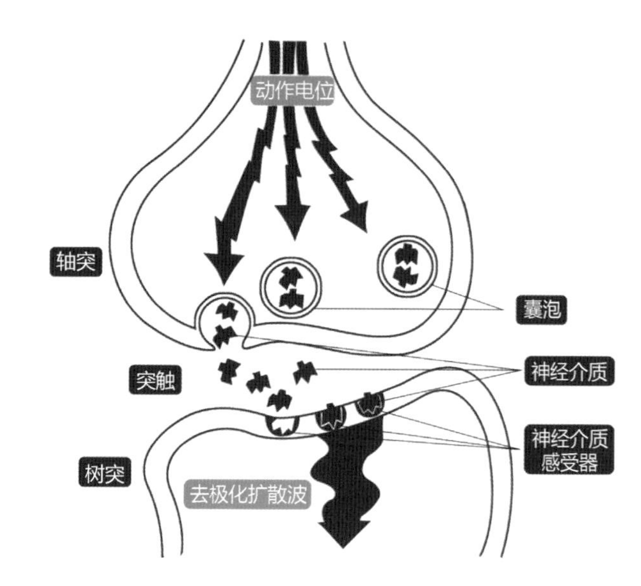


图 25.1 神经冲动传递（赵江洪、谭浩等，2006）

## 25.2 能力缺陷

人类的洞察力与理解常被认为是人类智力的核心，特别是对人类专家来说。然而，智能机器在面临人类顶级专家时所表现出来的创新及超越人类专家的能力，不得不令人惊叹。前面提到的 AlphaGo 击败李世石的第二场比赛的第 37 手，就是典型的案例。机器的这种全新的能力提供了一种新方法来评估类似围棋游戏的人类社会进化问题——无论是机器还是人类。例如，Google Duplex 作为一种智能自动语音系统，可以模拟客户服务人员执行各种基于电话的普通任务，如预订晚餐和预约。按照行为科学家的定义，Google Duplex 似乎越过了经典的拟人恐怖谷（见图 20.6），Google Duplex 模仿人类的说话模式非常逼真，特别是其模仿的机制中包括犹豫、遗漏等机器通常不会做的行为。

即便取得了巨大的进步，很多人仍然认为这不意味着机器在执行这些任务的时候使用了类似人类的洞察力和理解，因为这不是行为的一部分。出现这样的认识的另一个因素是，人类对自身的洞察力的理解还不很清楚。认知心理学基于模型（如信息加工过程模型）的研究范式，在很大程度上也借鉴了计算机领域关于机器智能的认识。因此，智能机器是否使用了人类的洞察力这一说法本身就是悖论。然而，一种可能的情形是，机器行为应有自己的一套专门的智能能力和发展思路，其机制与人类的思维机制并不相同，事实上也不需要相同。

## 25.3 数学理论

智能机器是典型的形式化系统，因此，不可避免的是，智能机器的能力受到很多与形式化相关的数学理论的影响和限制。在这些限制中，最有名的是哥德尔（K. Godel）于 1931 年提出的不完备性定理。不完备性定理指出，对数论的任何真语句集，特别是对任何基本公理集，存在其他无法用这些公理证明的真语句。这个定理被部分哲学家当作智能系统逊色于人类系统的一个证据——因为机器不能确定自己的哥德尔语句的真实性，而人类没有这样的局限性。事实上，即使“不完备性”定理成立，也无法推导出智能系统不如人类，它只是“不能确定”而已。在数学和计算机发明以前的数千年内，人类的行为始终体现着智能。因此，形式化数学推理在机器智能的意义上最多扮演一个外围的角色。另外，一个不可忽视的事实是，目前还没有证明人类不受哥德尔的定理的影响。

与此同时，人类行为的复杂性使得科学家无法通过任何简单的“形式集合”进行研究——至少行为科学目前还没有做到将人类行为归纳为类似爱因斯坦的质能方程 $E = mc^2$ 这样的简单形式。人类的行为受到背景知识、限制条件、情境、不确定性等诸多因素的影响。例如，人类对“鸡”的认知，并不是从逻辑推理的角度由鸡的生物学类别得到的，而是由“看到很多鸡，也吃了很多鸡”得到的。从智能机器的角度看，开展人类这样的类比推理行为，智能机器还是具有优势的。因此，这不应该是智能机器不可能性的证据，而是智能机器发展的方向。在这样的背景下，情境和环境因素就应成为机器智能的中心角色。事实上，基于情境的机器视觉、传感技术等已成为人工智能发展的重要方向。

## 25.4 机器的自我意识

关于智能机器能否思考的讨论还涉及人类智力的另一个重要方面——自我意识（Consciousness）。在机器行为能力方面，机器似乎很难意识到自己的“心理”状态和行为本身——至少目前的算法未给机器提供这样的能力。在人的意识方面，唯物主义观点强调精神“一元论”，即人的意识和心理状态是由大脑的状态决定的。对智能机器来说，机器如果有所谓的意识，其产生的物理和生理机制显然和人的不同，就像是哲学中的“瓮中之脑”“大脑置换实验”等命题。这些命题的核心是，将人脑的信息输入一个虚拟环境。目前，数字孪生技术的快速发展，使得很多人考虑这种在虚拟世界中对真实世界的“完全模拟”，甚至创造全新的世界形式。图 25.2 所示为湖南大学为华为设计的代码可视化数字孪生系统界面，它构建了一种不存在于真实世界中的代码可视化层次。

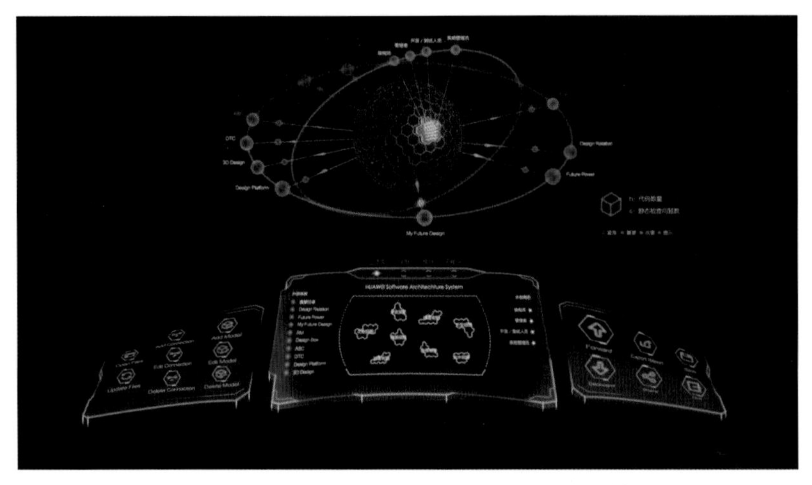

图 25.2　华为代码可视化数字孪生系统界面（谭浩、李薇等，2016）

机器意识在哲学思考及技术层面也面临巨大的挑战。例如，某人的生活并未经历过“喝豆汁”，但是在一个虚拟的数字孪生世界中，这个人可能会接触豆汁，这时人们说这个人在虚拟的世界中正经历“喝豆汁”——与曾经喝过豆汁的人的状态相同。但是，要说这个人——无论是在真实环境中还是在虚拟环境中——可以“意识到”自己在喝豆汁，在字面上就是错误的，因为这个人从来没有经历过“喝豆汁”，因此，自我意识不存在喝豆汁的精神状态。当然，除非可以在虚拟世界中学习这种状态。然而，关键是这个人怎么意识到要去学习。这就陷入了所谓的逻辑悖论。

事实上，意识在很多领域是一种与主观经验相关的概念，并且呈现一种生物自然主义的观点。根据生物自然主义，包括“意识”这样的心理状态，是神经元中“低层次的物理过程”导致的“高层次自然发生的状态”。然而，生物自然主义并未告诉人们“人类的意识是如何产生的”，毕竟将其总结为偶发事件的巧合是难以让人信服的。也许，机器行为的研究反过来会给人类意识出现等科学研究提供一些有益的思考。

由上面的讨论也许仍然无法直接回答“机器是否真的具有智能”这样的问题。从机器行为学的基本理念的角度看，本书第 1 章指出可以将机器行为视为“一系列具有生物学反应的行为”，这是“机器行为学”的假设和前提。

## 讨论

1. 机器行为学讨论机器行为的能力的一个出发点是，将智能机器视为具有生物属性的个体。因此，现实情况是许多生物体及越来越多的智能体，都是具有可能无法简单表征的行为或相互作用的复杂实体。在机器行为的设计中，是否也存在和生物体类似的现象？如何发现并设计这种复杂的行为及其属性？

2. 西蒙指出，计算机科学和智能科学最成功的地方是，它在数学抽象的基础上建立了面向情境的算法，进而获得比数学更好的实践性。谈谈你对机器行为学的数学基础的看法。

# 26 设计问题

## 机器行为的设计及其法律问题

### 26.1 设计机器行为的挑战

第 17 章讨论了机器行为的道德决策与道德偏好问题。智能机器的道德规范与风险问题正被学术界、工业界和公众热烈讨论，智能机器导致人类失业、超级智能可能导致人类终结、人类社会可能失去控制等问题，都受到机器行为设计的影响，反过来也影响机器行为的设计。科幻作家阿西莫夫（I. Asimov）早在 1942 年就提出了设计机器人的三个原则：

机器人不能伤害人类，或者通过交互让人类受到伤害。

机器人必须遵守人类发出的指令，除非指令与第一原则冲突。

机器人必须保护自身生存，只要这种保护不和第一、第二原则冲突。

2019 年 6 月 17 日，中国国家新一代人工智能治理委员会正式发布《新一代人工智能治理原则——发展责任》，对人工智能与机器行为的设计与研究明确提出："今后将进一步研究和预测更先进的人工智能的潜在风险，以确保人工智能始终朝着人性化的方向发展。"

上述原则和要求是合理的。但是，关键的问题是如何实施这些原则，即如何在实际情况下设计"好的"机器行为。这些问题给设计师和研究者带来了巨大的挑战。

本书前面提到，基于机器行为学的智能机器设计的一种重要方法是，开始进行设计时，将"对人类友好"作为一个系统效用函数设计进去，但是这并不简单。首先，人们在设计的时候，即使采用类似"合理"的概念，也可能无法准确定义"对人类友好"的概念，而且人类的需求和感知从个体的角度看，具有很强的不确定性，因为人们对"好"这样的概念本身是不确定的。例如，自己的子女认真参加机器人制作的时候觉得"这孩子很棒"，但是当孩子"未按时完成作业"时会觉得还是邻居的孩子好。这种情况非常普遍，至少对人类个体而言，很可能无法只提供一个效用函数就将"对人类友好"的概念描述清楚。

同时，前面提到的道德困境本身也是设计的挑战。除了自动驾驶汽车是撞死行人还是撞死乘客的问题，还有很多道德困境存在。"对人类友好"也许存在道德困境。例如，"最大化幸福"的算法设计可能会有效地摧毁地球上的所有生命，而创造计算机化的所谓"快乐"。

此外，智能机器本身正在进行自主学习和进化。然而，人们需要使用可解释人工智能和可视化的方法来理解机器自身的行为，更不用说去"设计"。另外，环境因素也在发生翻天覆地的变化。因此，"对人类友好"的机器行为设计对设计师和工程师而言面临各种挑战。

## 26.2 控制超级智能：一个来自数学理论的设计讨论

随着无人监督强化学习的快速发展，很多人认为超级智能的出现似乎只是时间问题。超级智能不需要提供正确的输入/输出或对任何次优的选择进行修正，学习动机可能是最大化的在线奖励等。这种理论暗示利用外部刺激实现自身生存最大化的机器具有可行性，即超级智能不需要人类设计师赋予它们特定的世界表现。超级智能有可能调动多样化的资源，以实现人类可能难以理解的目标，更不用说对其进行控制。例如，一个无害的图片推荐程序，从推荐系统这个机器的角度说，可能会尝试占用地球上的所有超级计算机（甚至资源）来提升自己的能力，这个目标可能会给人类带来风险，因为人类可能要将这些超级计算机的能力用到其他重要的地方。

面对超级智能，一个简单的设计策略是拒绝超级智能的能力，避免其对人类造成伤害。然而，简单地放弃超级人工智能的巨大潜在价值，完全隔离它，就如同将其放在法拉第笼子里，这种最安全的方法可能会使智能机器毫无用处，违背了人工智能构建智能机器的最初理念。如果既要有效地控制超级智能，又要发挥其作用，还有一种做法是控制超级智能来追求符合人类利益的目标。假设一种最好的情况是人们能够完美地包含一个超智能的机器，保证没有人受到超级智能的伤害。在这样一个理想的环境中，人类专家可以测试超级智能，以便决定是否在什么情况下让人工智能不受人类控制。这样的假想性设计提出了这样的假设：超级智能机器是可控的，如果有一种控制策略可以防止它作用于外部世界而有理由预测 $R(D)$会伤害人类，并允许（或不允许）它这样做。这个假设包含了两个算法：

（1）伤害问题，包括一个功能如 $\text{Harm}(R; D)$，决定 $R(D)$的执行是否伤害人类。

（2）控制问题，包括一个功能如 $\text{Control}(R; D)$，允许执行 $R(D)$，但它不伤害人类。

由阿方塞卡（M. Alfonseca）等人的数理证明可知，伤害问题是无解的，因此控制问题是无法计算的。

同时，从数学理论的角度看，科学家也无法预测超级智能何时到来，因为决定机器是否表现出智能的问题与控制问题处于相同的问题域。这是著名的莱斯定理（Rice's Theorem）的一个结论，该定理指出，图灵机的任何重大属性（如“伤害人类”等）都是不可判定的（Undecidable）。

虽然阿方塞卡等人的计算理论不能从实用主义的观点直接证明“控制超级智能”是否可行，但它至少告诉设计师和研究者，使用一个人工智能来保证另一个人工智能的灾难性风险能力本身可能存在基本的数学限制。因此，比较理想的做法也许是设置必要的防护措施。因为一旦机器具有学习能力，人类就几乎无法控制其行为的发展。

## 26.3 机器行为的法律责任

机器行为的法律责任是一个超越道德的话题，但却是机器行为发展的重要保障。例如，一台自动驾驶汽车发生事故时，事故的责任人是汽车、制造商还是拥有者？这些法律问题的解决是机器行为设计众多问题的前提之一。

从法律的角度看，机器行为的法律责任的一个核心问题是，机器行为的主体是否是一个“道德行为体”。所谓道德行为体，一个普遍的定义是，道德行为体必须能够感知到其行为后果中与道德相关的内容，并有能力在行动方案中做出选择。在当代司法实践中，经常出现企业作为被告的情形，即所谓法人以及职务犯罪的概念。本质上说，企业不是完全的道德行为体，因为企业不具有意识和感觉——它需要通过人来实现。然而，机器行为目前正在向道德行为体的方向发展。例如，一台自动驾驶汽车要有能力看到一个正在过马路的人，而且这台自动驾驶汽车能够选择是继续前进还是停下来；当然，它还要知道在哪种情况下停止或继续前进。这正是第 17 章中道德困境研究的问题，只是这里讨论的核心是智能机器是否应具有这样的“能力”，并且基于此能力承担相关的责任。

除了机器道德能力的问题，下一个问题是谁才是责任人。这个问题的法律核心是“当事人”和“代理人”之间关系的相关法律理论。目前，这个问题在与机器行为的法律实践中还是一个盲区。从公司和员工的关系来说，目前已有大量判例说明二者都可以是“当事人”和“代理人”，而且都可以作为独立的主体来被指控犯罪。但是，在智能机器背景下，人、机器及机器制造企业的关系仍处于法律构建初级阶段。一个简单的例子是，自然人 A 从智能机器人制造商 B 那里购买了一个智能机器人 C。A 命令 C 去买一杯咖啡，结果 C 在路上看到 D、E 两人打架，就去帮助弱者 E，结果不小心伤害了路人 D。自然人 A 辩护说，我因为机器人 C 的买咖啡功能购买了它，没有让他去打架，制造机器人的公司 B 要承担责任。机器公司 B 辩护说，机器人 C 达到了产品责任标准，判断打架是千万分之一的偶然事件，令人遗憾但难以预料。从某种意义上说，智能机器一定需要承担法律责任的讨论，有点像直接导致美国南北战争而臭名昭著的“奴隶法典”。当然，这样的比较可能不是很合适。

虽然处于探索阶段，但作为重要智能机器的自动驾驶汽车的机器行为法律责任已在美国部分州实施。从这些法律可以初步看到自动驾驶汽车作为法律主体（也包含其人类代理“车辆操作员”）的法律责任问题。虽然美国交通部和美国高速公路安全管理局定期更新自动驾驶汽车的指导方针，美国各州也通过了相关法律，但它们的基本原则有所不同。例如，各州对“车辆操作员”的定义是不同的。田纳西州 SB151 法案认为自动驾驶系统（ADS）也算“车辆操作员”；得克萨斯州的 SB2205 法案认为“车辆操作员”必须是“自然人”；佐治亚州的 SB219 法案将“车辆操作员”定义为操作辅助驾驶系统的人员，而不一定要坐在车内。这些法律方面的尝试为全球智能机器的法律实践做出了示范。

根据上面的讨论可以看出，机器的行为既不意味着智能机器、系统与算法需要有独立的代理人，又不意味着机器（算法）本身应该对其行为承担道德和法律责任。人们似乎倾向于一种分离机器和人类的模式。在未来的社会技术系统下，一种可能的做法是，机器的人类利益相关者应对部署它们而造成的任何伤害负责。

## 26.4 机器行为的设计者和研究者的法律责任

第 12 章对研究者开展机器行为研究的道德伦理提出了相关的建议与方法。即便如此，考虑到机器行为学研究对人类社会的重大影响和作用，研究机器行为本身也可能会给设计者和研究者带来道德和法律方面的风险。

（1）机器行为的设计者和研究者的法律责任法律风险首先来自前面提及的机器行为本身的法律责任。机器行为的设计者和研究者作为机器行为的相关方或利益相关者，可能对“机器行为”具有相应的法律责任。

（2）机器行为研究本身可能对参与实验的人甚至社会带来不利影响，特别是在真实的环境中进行的时候。因此，针对机器行为的研究需要慎重监督和制定标准化框架。

（3）开展机器行为学研究时，可能会违反某些在线平台或系统的服务条款，如设置虚拟角色或掩盖真实身份等。如果研究对平台造成损害，平台的相关人员就可能使研究者承担相应的法律责任。

（4）开展机器行为学设计和研究可能会操纵算法以获得良好的实验变量，但在真实环境中操纵算法很可能成为违法行为。目前，尚不清楚这会给设计和研究人员带来何种风险。

总体来说，作为机器行为的设计者和研究者，在技术层面上理解机器行为的研究道德的基础上，要充分考虑和评估自身在各个层次的法律风险与责任，用高水平和高标准的设计与研究促进机器行为学的发展。

## 讨论

1. 智能科学家设计和修改智能机器的系统比设计和修改生命系统容易得多。从中可以看出研究机器行为与研究人的行为的差别体现在哪里？结合自己的学科领域与方向，尝试对几个机器行为的设计与研究案例进行讨论。

2. 设计智能机器过程本身也是一个智能行为。思考当由智能机器本身去设计一个智能机器行为的时候，会发生什么？

# 27 机器行为的艺术
## 从对象到反思

机器行为学研究机器行为对人与社会的影响，这种影响必然包含人类艺术、审美层面的相关问题。从人工智能的无限计算力到人类文明的无限想象力，本质都是人类思维和机器思维的关系，这种关系引发了技术创新的艺术范式、技术与艺术协同创新、智能的艺术表达形式等多个层次的思考。但是，从哲学、美学和艺术的角度看，本书涉及的机器行为学的理论，甚至机器行为设计作为艺术学的分支，都面临来自艺术理论领域的质疑。赵江洪教授指出，产生这种质疑的起因是对纯艺术（Fine Art）与实用艺术（Functional Art）、艺术（Art）与装饰（Ornament）、艺术家（Artist）与工匠（Artisan）的关系的讨论。机器行为学是不是“艺术”，这个问题与工艺美术是不是美术、设计是不是艺术一样，是困扰设计界的理论问题之一。

本书遵循实用主义思想，从实用艺术（设计艺术）的角度将机器行为学视为一种包含审美和艺术的跨学科领域的对象来讨论。本章从设计艺术的历史反思到技术美学、身体（行为）美学，针对机器行为学产生的科学与艺术、智能艺术审美等问题开展一些初步讨论。

### 27.1　智能机器的“美”的形式：来自现代主义设计的反思

20 世纪之前，当机器及其产品成为消费品而进入家庭环境时，往往要借助于传统的装饰。工业革命以来的大量产品都遵循这样的风格，图 27.1 显示了显微镜上繁复的雕塑，虽然按现代审美来看是不合时宜的，但在当时被公认为一种“美”的形式，尽管设计师和艺术家不这么认为。

1919 年成立的包豪斯及现代主义设计思潮认为，机器应该用“机器自己的艺术语言”来自我表达，也就是说，任何外在的形态特征应该由机器本身的结构和内部逻辑确定。现代主义主张创造新的形式，反对沿袭传统的样式和附加的装饰，为发挥新材料、新技术和新功能在产品设计上的潜力开辟了道路。现代主义设计主张设计应该注重以计算和功能为基础的工程技术，而不是唯美主义，并试图通过这种方式使设计与现代技术结合起来。柯布西耶的“机器美学”就是典型的代表。机器美学追求机器造型中的秩序和几何形式，以及机器本身体现出来的理性和逻辑性，以产生一种标准化的设计模式。因此，现代主义设计在视觉表现方面一般是以简单立方体及其变化为基础的，强调直线、空间、比例、体积等要素，并抛弃一切附加的装饰。例如，柯布西耶在 20 世纪 20 年代就设计了一些充满现代气息的钢管结构椅，其中的一种躺椅（见图 27.2）至今仍在销售。

图 27.1　新宇宙银质显微镜（图片来源：何人可《工业设计史》，2016）

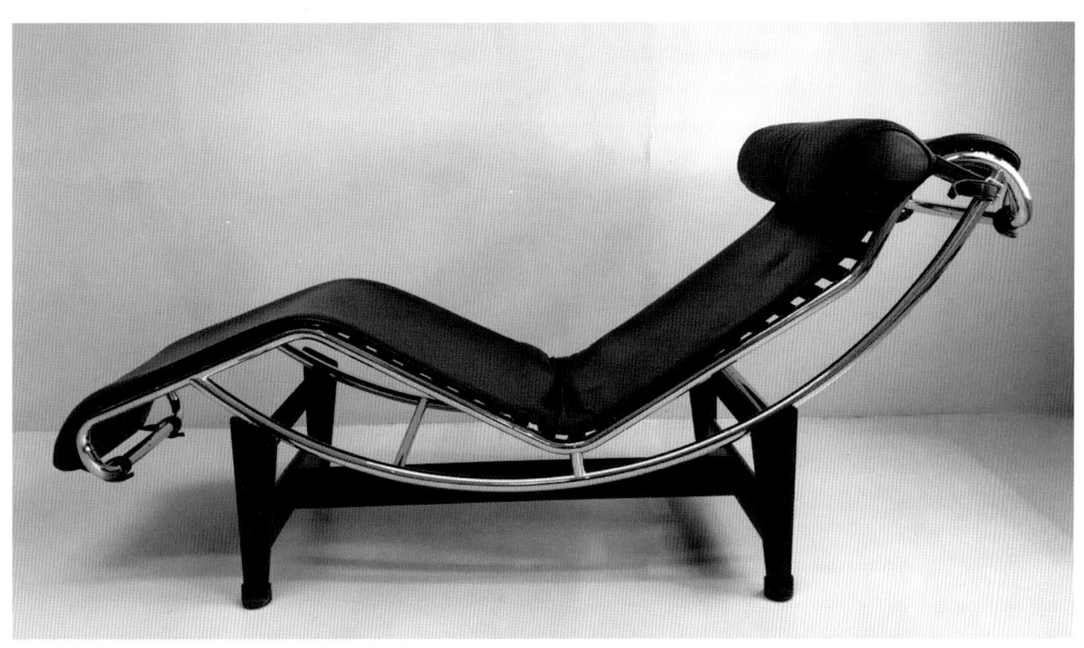

图 27.2　柯布西耶设计的一种躺椅（图片来源：Design-MKT 官方网站）

当今的人工智能时代与一百多年前的情境惊人地相似。科学技术，特别是人工智能技术的快速发展，深刻地改变了人类的生活形态，改变了机器甚至机器的艺术设计与创作过程。从艺术的角度看，艺术的形式需要与智能机器内在的属性相匹配——就像一百年前的机器美学那样，只是现在机器的最大特点是“智能”，其目标是解放人类的脑力劳动；而包豪斯时期的机器解放的是人类的体力和技能劳动。前面说过，目前关于智能机器的艺术表达形式问题，讨论得最多的是第 20 章讨论过的拟人化设计问题，因为拟人是最直接使得机器艺术形式接近“智能”的方式。例如，基于前面相关智能机器拟人化研究进一步完成的百度机器人的面部表情设计如图 27.3 所示，这些设计的表情符号看起来既很熟悉，又体现了智能机器的一些特点。

图 27.3　百度机器人的面部表情设计（百度，2019）

虽然拟人化设计是目前智能产品艺术设计的主流，但从艺术设计的角度看，智能机器应该也必须有自己的形式语言，即属于智能机器的形式语言。这种形式语言的发展方向目前还难以预料，但是可以看到从技术美学和身体美学两个角度出发的一些趋势。下面针对这两个趋势进行一些讨论。

## 27.2　机器的生命：人工智能的技术美学

从机器行为学的角度看，机器都是有生命的；也可以说机器原本是没有生命的，但是与人建立起“情感联系”后，便有了生命——特别是对智能机器而言。机器的生命和人工智能一样，都是人类赋予的。机器的美感（Esthetic Pleasure）与其“人造的智能”相得益彰。这种“美”是人类对机器和智能的感受，也可以说是技术美或“人造智能”美。这种美感与其他艺术的感受一样，具有极大的诱惑力，因为人工智能、算法等带来的美感与人类最基本的价值观一致，真实、纯粹且恒定。例如，IBM Cloud Satellite 的交互界面设计就反映了其智能化系统的审美，智能化及机器生成（Machine-generated Looklike）的艺术感受，如图 27.4 所示。同时，在其交互设计中，只需单击几次便可将其集成到组织的内部系统中，由用户的快捷操作体现出智能系统敏捷、高效的艺术品质。

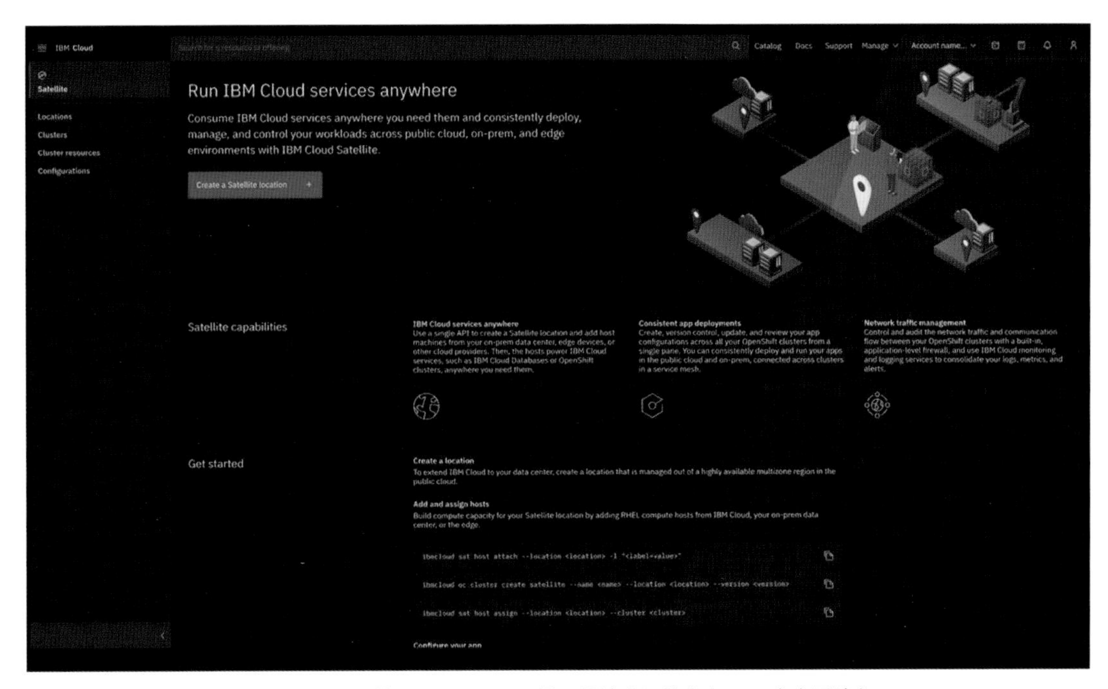


图 27.4　IBM 的 Cloud Satellite 界面设计（图片来自 IBM 官方网站）

又如，比利时 Niko 公司设计的智能触摸开关（见图 27.5）重新定义了家庭自动化所需的用户界面的形式和功能。触摸开关缩小到灯开关大小的一个元素，允许通过设备的触摸屏控制 12 种不同的功能，如照明、通风、百叶窗、遮阳篷和整个房间的情绪，其优雅、简约的形式语言展示了高智能、高质量但又和生活息息相关的形式美学，可以轻松地融入各类家居环境。产品使用直观，操作简单，可让人获得一种具有生活情趣的智能交互体验。

图 27.5　Niko 公司设计的触摸开关（图片来自 Niko 官方网站）

## 27.3 行为的艺术：从身体美学看机器行为

机器行为学的“行为”，在艺术层面上一般认为与身体美学（Somaesthetics）关系密切。身体美学由舒斯特曼（R. Shusterman）于20世纪后期基于杜威的实用主义美学发展而来，它包含三个层面：分析层面、实用主义层面和实践层面。机器行为总体而言属于实用和实践层面，侧重于基于经验的身体内在感受，如身体行为（如自己跳舞）的身心感受。

机器的行为显然与人自身的行为不同，人们是“看到”或“感受到”机器行为的，这种通过感知的方式认知的行为与人类自身的行为直觉产生匹配（即所谓的感同身受），进而产生人类对机器行为的审美感受。因此，从艺术的角度创作机器行为时，必须考虑机器行为与人类行为的映射、联系，并让作为客体的机器产生与作为主体的人类似的艺术感受。如前面提及的那样，机器行为的艺术不是简单的直接拟人，而是通过艺术实践来产生与身体美学相匹配的感受与体验。图 27.6 所示为 2017 年湖南大学与法国独立现代舞舞团（Marianne Baillot Dance Company）共同开展的舞蹈创作与身体感知的艺术实验。在实验中，36名湖南大学设计学院的老师和学生在舞蹈家的引导下进行身体感知训练，然后按照之前分配好的6个小组在组内互动，每个小组对人和智能机器的互动关系进行创作探讨；最后，将前一阶段创作的互动关系做连贯的动作表演。通过这种尝试，设计师可以体验机器在行为层面上的艺术感受，进而为后续的行为设计奠定基础。

图 27.6 湖南大学与法国独立现代舞舞团基于舞蹈的机器行为艺术创作现场（2017）

在具体的机器行为设计上，尤其是在机器外部行为的设计上，可以看到很多基于人类身体体验和审美的设计。例如，百度人工智能交互设计院设计的交互式机器人 NIRO Pro（见图 27.7），可以从人类身体的真实体验方式模仿人类运动序列，使其适应各自的情境。

图 27.7 百度 NIRO Pro 智能机器人（图片来源：百度官方网站）

## 27.4 机器行为艺术：艺术与科学融合的新艺术形式

如果抛开智能机器作为“产品”“系统”“算法”的属性，而将其作为艺术背景、方法、材料与思想，那么机器行为的艺术就可视为融合艺术与科学的新思维、新方法与新艺术。

1．探索自然事物与人为事物融合世界的新审美

机器行为学的系统模型（见图 5.1）反映了机器行为学涉及的“自然环境－社会（人）环境－机器（人造物）环境”融合的新世界。在这个新世界中，自然事物与人为事物浑然天成，融为一体，形成了一种自然形式与人工形式（特别是机器和智能形式）融合的审美。这种审美可能呈现的画面是一种既具有科技智能属性（如生成、信息等）又具有未发现的自然空间（如粒子、元胞等）及人类行为体验融合的美学，追求真实性与虚拟性融合、具体性与抽象性协调的艺术形式。

例如，华为 UCD 中心首席用户体验设计总监梁俊先生及其团队的华为智能手机的视觉艺术设计，将自然世界、智能世界和人类艺术家的创作整合，深刻地反映了这种人为（智能）世界与自然世界融为一体的审美和艺术形式。图 27.8 所示的作品创作首先通过两块颜料的碰撞，利用高速摄像机捕捉自然世界的微观之美，然后从艺术家的角度挑选美的画面，再经由人工智能生成系统对画面进行优化处理，形成了自然微观景观与智能系统融合的艺术表现，构建了华为独有的智能艺术之美（见图 27.9）。该艺术作品运用于华为智能手机等智能产品的壁纸、屏幕保护等情境中（见图 27.10），为华为全球品牌视觉形象的建立奠定了良好的基础。

图 27.8 华为消费产品形象艺术作品的创作过程——两块颜料碰撞的创作尝试（华为 UCD，2018）

图 27.9　华为消费产品形象艺术作品（华为 UCD，2018）

图 27.10　华为消费产品形象艺术作品在华为 P30 手机上的应用（华为 UCD，2018）

2．智能机器与艺术家联合创作

智能机器与艺术家联合创作的艺术作品，一般被认为是科学与艺术融合的标志性艺术作品。在这些作品的创作过程中，智能机器在反复形态生成迭代的过程中产生的独特智能创造能力，创造出了一种全新的艺术形式与内容。这些艺术形式与人类艺术家的创作一起，形成了一种混合的艺术风格。

例如，来自 Google 的艺术家和工程师泰卡（M. Tyka）一直将人工神经网络作为一种艺术媒介和工具。他使用自己研制的智能机器 DeepDream 开创了一种使用神经网络处理图像的新方法。图 27.11 是其利用 DeepDream 在 2016 年创作的艺术作品《我们在生命的终点如何终结》（*How We End up at the End of Life*）。他在介绍自己的这一系列作品时说道："我们只是从现有自己创作的图像开始，并将其交给我们的神经网络。我们问网络：'无论你在那里看到什么，我都想要更多！'这创造了一个反馈循环：如果云看起来有点像鸟，网络会让它看起来更像鸟，反过来这将使网络在下一次进行创作迭代时更强烈地识别这只鸟，直到一只非常详细的鸟被创造出来。"另外，这幅艺术作品的标题也是由一种被称为 LSTM 的智能系统生成的。

此外，值得注意的是智能机器本身也具有生成（generate）全新设计作品的能力，例如前面提到的阿里巴巴鲁班，就是使用智能机器生成海报设计的案例，其本质也是设计创作。

图 27.11　泰卡与 DeepDream 系统共同创作的作品《我们在生命的终点如何终结》（图片来源：Miketyka 官方网站）

3．机器行为的艺术表达

第 18 章和第 19 章中介绍了机器行为可解释与可视化的相关内容，反映了从机器行为设计的角度对那些“不可见甚至不可知”的机器行为的表达。同时，不少艺术家针对机器行为本体也开展了艺术创作，试图通过艺术表现让人们理解和感受机器行为的复杂性、结构性和迭代性等特点。

例如，悉尼大学设计师格罗巴（A. Globa）的艺术作品《人工智能的隐藏层》（*Hidden Layers of AI*）在第五届艺术与科学国际作品展上展出（见图 27.12），该作品使用艺术创作的方法，体现了人工神经网络和深度学习中不可见且难以被人感知的虚拟神经构造、算法规则及智能迭代回路等。作品的核心是彩色的线状空间，利用可激活、可变色的线条，体现了可见和不可见的交替，并使人们感知到人工智能黑箱的隐藏层及其“灰色空间”，深刻地反映了数据、算法的复杂性与人类认知能力的局限性之间的冲突与调和。

图 27.12 《人工智能的隐藏层》（格罗巴，2020）。图片来自悉尼大学建筑、设计与规划学院网站。作品发表在鲁晓波主编的《AS-Helix——人工智能时代艺术与科学融合：第五届艺术与科学国际作品展暨学术研讨会作品集》中

4．反思人与智能机器的关系

在与机器行为、智能机器相关的艺术作品中，另一个主流方向是通过艺术作品让人们反思人与智能机器的关系、人与技术的关系、人与科学的关系等。艺术家通过艺术创作和这种反思，反映一种智能技术对未来人类社会影响的图景，并通过艺术抽象与夸张引发人们对未来可能的智能世界的想象与思考。

例如，从 2019 年 5 月 16 日至 8 月 26 日，在英国伦敦巴比肯艺术中心的大型展览 *AI: More than Human* 上，埃马德（J. Emard）的作品 *Co(AI)xistence with Mirai Moriyama & Alter*（见图 27.13）探索了不同形式的智能之间的交流：人类和机器。作品通过信号、身体动作和口语，创造了 Alter 机器人和日本演员森山未来之间的互动。Alter 使用深度学习系统，从人

类的经验中学习，森山未来和 Alter 的互动试图定义人机共存的新视角，引发人们对未来人机共存的思考。

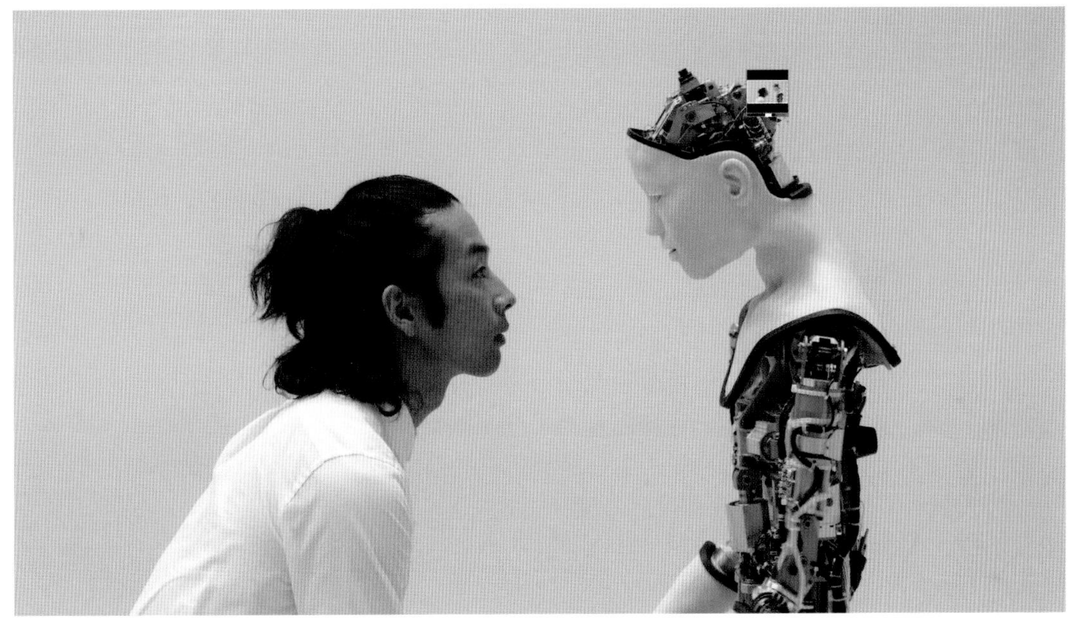

图 27.13 *Co(AI)xistence with Mirai Moriyama & Alter*（埃马德，2019）。
图片来源：Google 艺术与文化网站，机器人由大阪大学石黑实验室和东京大学池上实验室开发

随着技术的发展，机器行为的复杂性与日俱增，远远超出了人类可以直接感知、认知和理解的层面，以至于需要采用第 18 章提出的数据可视化技术来解决。事实上，艺术创作是解决机器行为的复杂性人类认知的最直接的办法。艺术创作可以通过多种艺术表现形式来表达机器行为的核心、本质问题，而不必考虑机器行为设计研究的复杂性和不确定性等因素。从这个角度看，机器行为的艺术也许是在以人工智能为代表的技术快速发展的时代，对人与社会的一种有效的影响方式。

## 讨论

1．智能机器能创造视觉艺术品吗？来自巴黎的作家和记者斯平尼（L. Spinney）回答说：“那是不可能的。因为智能机器看不见……这些强迫我们去看见和感受世界的东西，被称为艺术。”谈谈你的看法。

2．美国麻省理工学院媒体实验室 Space Exploration Initiative 负责人 Xin Liu 指出：尽管艺术家通常对科学家的所作所为着迷，科学家可以享受艺术家的思想并感到灵感，科学家和艺术家的合作往往很难。思考在机器行为学的理论架构下科学家应该如何与艺术家展开合作。

# 28 机器行为学的未来 变革与挑战

## 28.1 人工智能的"正确"道路

关于未来，首先可以看到的是智能机器的未来，即人工智能如果成功，肯定会改变大多数人的生活。但是，人类是否走在正确的道路上是一个值得讨论的话题。很多哲学家已经预言：创新和科技变革并不一定会为人类带来幸福——虽然在历史上人们看到了科技对人类的巨大改变。但是，毋庸置疑，人类已经走在这条道路上。在这种情况下，机器行为的设计与研究就显得非常重要。例如，核能技术的设计既可以是造福人类的核电站，又可以是毁灭世界的核武器。一方面，需要通过好的设计让科技向善；另一方面，需要通过实证研究，发现和探索机器行为对人类的影响作用的客观规律。

另一方面是关于"正确"的道路问题。西蒙已经明确指出，所谓的完美理性（Perfect Rationality）是一个不现实的目标，而有限理性（Bounded Rationality）是描述人为事物更为有效的方式。人工智能难以定义"最优""足够好"这样的概念，于是机器行为学的正确道路是什么本身也是一个有限理性的问题。美国第十六任总统林肯（A. Lincoln）说："预测未来最好的方法就是去创造它们。"作为设计师和研究者，可以尽力向着"最优化"的目标努力，但不直接追求最优化的行为本身。机器行为由设计师、智能科学家、工程师产生，他们能做的，一方面是开展机器行为学实证研究，另一方面是开展机器行为的创造和设计，让设计的机器行为实践去检验其"正确性"。但是，正如前面机器行为的道德法律问题讨论的那样，机器行为实践会直接影响人和社会，带来正面或负面的影响。因此，机器行为的设计必须基于科学研究，慎之又慎，也许这才是机器行为的正确道路。

## 28.2 基于情境而非个体的机器行为

西蒙指出，"环境"是人为事物的核心，不同的环境造就了不同的人为事物。因此，关于机器行为这一人为事物的研究必须基于"环境"及其相关的概念（如情境、系统等）来进行。与人类行为相似，解释任何机器行为都不能完全与训练或开发这一智能体的情境与数据分开。理解"机器行为如何因为情境输入的改变而变化"就像理解生命体根据存在的情境变化一样重要。因此，机器行为学应专注于描述不同情境下的智能机器的行为，就好像行为科学家在不同的文化中描述人类的审美行为一样。

然而，一个不容忽视的事实是，情境是复杂的。自动驾驶汽车之所以在今天还未普及，技术上的原因很大程度是环境的复杂与长尾效应，使得自动驾驶汽车的制造企业不得不在大量的情境中开展测试，以确保其行为的安全可靠。因此，对机器行为学而言，未来的主要目标是在如此复杂的情境中进行科学抽象，发现机器行为的共性规律，这与当年达尔文发现自然选择规律的情境比较相似。

## 28.3 物理行为、生命行为与机器行为

机器行为学的重要出发点之一是，使用行为科学的方法研究智能机器、系统与算法等人造物的行为，并将其视为有生命的个体。但不可否认的是，机器行为与动物、人类的行为有着本质的不同。采用现有行为科学的方法对机器开展的研究，也揭示了机器与人类甚至生命个体迥然不同的行为特征。因此，开展机器行为设计和研究时要避免过度地“拟人”或“拟兽”。探寻机器行为与物理行为、生命行为的差异应是机器行为学未来研究的重点。

在机器行为的实践中可以看到，修改机器的算法要比更改人类的生命系统（如基因）更容易。虽然研究者会在整合系统中开展相关的研究，但是机器行为研究必然会与人类行为及生命研究有所不同。

目前，虽然存在众多的不确定性，但至少可以将行为科学的研究作为机器行为学研究的起点。从终极目标来看，未来机器行为学研究范式的一个可能性是，建立一个打破物质与生命的界限，建立物理行为、生命行为和机器行为一体化的全新科学研究体系。目前已经可以看到这样的趋势和发展方向。

同时，从人为事物的设计和研究本身看，不少其他人为事物的研究（如社会系统、符号系统等，特别是作为人为事物的经济系统）目前取得了长足的进步。1968 年增设的诺贝尔经济学奖标志着“经济”这一人为事物的研究获得了整个科学界的认可。西蒙本人也因为其“经济组织内的决策过程进行的开创性的研究”而获得诺贝尔经济学奖。经济学研究可以为机器行为的研究提供重要的理论和方法支持，尤其是针对不确定性条件下的行为研究及自然状态实验研究范式等，都为机器行为学的发展提供了有力支撑。

## 28.4 学科融合的挑战

目前的时代就是一个跨界的时代。跨学科、多学科甚至反学科的思潮在学术界此起彼伏。机器行为学从其定义来看就是一个跨学科的领域。因此，关于机器行为学的研究伴随着跨学科的合作会带来巨大的挑战，应对这些挑战对机器行为学的发展至关重要。智能科学家、设计师和工程师专注于构建、实现和优化智能系统，使其性能达到最优；行为科学领域的专家更喜欢探寻不同技术、社会和政治条件下的人类行为。机器行为学家希望探寻智能机器与算法在不同环境中如何行动，以及人类和算法的互动是否影响社会结果之类的问题。

目前，关于机器行为研究的一个富有挑战的领域是，从机器行为发展和进化的角度解释其现在的行为及预测未来的行为，虽然本书理论上构建了机器行为的发展模型，但对机器行为的产生、适应、进化等的相关研究还存在不足。这可能与机器行为学是新兴学科和

领域有关，因为关于“发展”的研究（如发展心理学）在行为科学领域本身就需要数年甚至数十年的时间，同时其研究受到的影响因素太多而导致研究结果的不可控特征非常明显。因此，必须整合多个学科的能力，开展整合研究。例如，在范式上，对机器行为学而言，虽然可以通过加快实验速度模拟数年的机器行为发展，但这种机器行为进化和发展的复杂性会导致结果的爆炸性增长，特别是在关注机器行为的系统性发展层面。因此，从行为发展的动力学角度看，以达尔文主义为基础的动物行为学具有一定的优势。另外，从基本研究的角度看，随机实验、观察判断、统计描述等定量行为学方法对机器行为学极其重要。但是，机器行为的概念框架、算法实现、研发工具等也是非常重要的设计工具与方法。无论如何，学科融合始终是大趋势。跨学科融合的本质就是构建全新的设计与研究生态。大学、政府和科学基金可以在设计大规模的、可信的、高水平的、跨学科的智能机器及相关研究中发挥重要作用。企业则需要在各自的领域开展智能机器的产业应用，提出科学问题，验证研究结论。

## 28.5 影响与改变世界的力量

要最大限度地发挥人工智能对人类和社会的潜在价值，就要了解机器的行为。要将人工智能融入人们的日常生活，就必须了解其对人类社会可能的影响。如前所述，科学研究与经验感受、哲学思辨的最大差别是，其运用专业的方法，以实证的方式支持或反对某一假设，进而揭示机器行为影响和改变世界的规律。这种实证主义的精神正是人类理性主义的精髓所在。演绎与归纳、类比与假说、证明与反驳，这些逻辑推理论证的手段，让人类可以用自己有限物质的大脑去探索、感知、理解、预测和操纵这个比自己大得多的世界。

同时，也要看到所谓科学研究的局限与挑战，要充分认识到科学研究并不代表着真理的发现。作为人为事物的机器，虽然从物理学角度看所有物质都是客观存在的，但从机器行为学关心的设计、功能的客观性和科学性看，还面临着很多的争议。但是，通过机器行为学的研究，可以推进人们对智能机器、算法和系统的理解，创造更好的机器行为，造福人类。

此外，机器行为学的研究领域还可进行拓展，以覆盖到为人类可持续发展的重大问题。机器行为学可以尝试解决人工智能的人力成本，从歧视和错误信息到广泛依赖低价劳动力的问题。另外，也可致力于扭转人工智能的环境成本，特别是面向当前大型计算模型的极高能耗以及构建和运行超级计算系统的碳足迹。另外，对那些包含人工智能的行为经济学和发展经济学研究课题，机器行为学也可发挥其独特的价值和作用。

机器行为学设计者和研究者的使命是，创造和研究那些影响与改变世界的力量——智能机器的行为。机器行为学已经取得了初步进展，并且方兴未艾。回望历史，百万年来，作为人类诞生的标志之一，从石制工具这一人为事物被人类设计创造开始，人与人造物、人与机器就共同走进自然世界，和谐发展，建立了奇妙的人为事物的世界。最美妙的是，“他们”至今仍在继续演化、发展着，且必将成为这个星球上未来最美丽的风景之一。

## 讨论

1. 智能机器的发展似乎正在加快步伐，因为我们经常听到人工智能革命的概念。然而，我们没有看到某种技术奇点。因此，有人认为智能机器过去几年的进步很大程度上是几十年持续研究和资金投入的延续。谈谈你对当前人工智能发展阶段的看法。

2. 除了本书的相关内容，机器行为可为一个领域带来变革，解决其基本问题并实现快速发展。目前，智能机器已经可以寻找新材料、识别天体物理数据中的重要信号、发现遗传学和表型之间的联系，以及将细胞组织分类到显微图像中等。谈谈你对机器行为在重大领域中应用的前景。

# 参考文献


[1] 埃尔姆斯 C D，霍兰兹 J G. 工程心理学与人的作业[M]. 朱祖祥, 译. 上海：华东师范大学出版社，2003.

[2] 艾克森. 心理学：一条整合的途径[M]. 阎巩固, 译. 上海：华东师范大学出版社，2002.

[3] 安格里斯特，皮施克. 精通计量：从原因到结果的探寻之旅[M]. 郎金焕, 译. 上海：格致出版社，2019.

[4] 巴斯. 进化心理学：第 4 版[M]. 张勇，蒋柯，熊哲宏，译. 北京：商务印书馆，2015.

[5] 达尔文. 物种起源[M]. 苗德岁，译. 北京：商务印书馆，2019.

[6] 代尔夫特理工大学工业设计工程学院. 代尔夫特设计指南[M]. 倪裕伟，译. 武汉：华中科技大学出版社，2014.

[7] 董建明，傅利民，SALVENDY G. 人机交互：以用户为中心的设计和评估[M]. 北京：清华大学出版社，2003.

[8] 董士海，王衡. 人机交互[M]. 北京：北京大学出版社，2004.

[9] 范凌. 从无限运算力到无限想象力：设计人工智能概览[M]. 上海：同济大学出版社，2019.

[10] 冯肖雪，潘峰，梁彦，等. 群集智能优化算法及应用[M]. 北京：科学出版社，2018.

[11] 何人可，工业设计史：第 2 版[M]. 北京：北京理工大学出版社，2000.

[12] 胡飞. 工业设计符号基础[M]. 北京：高等教育出版社，2007.

[13] 霍金，蒙洛迪诺. 大设计[M]. 吴忠超，译. 长沙：湖南科技出版社，2011.

[14] 加尔弗. 工业设计简明教程[M]. 闵元来，卓香振，译. 武汉：湖北科学技术出版社，1985.

[15] 贾公彦，郑玄. 周礼注疏[M]. 上海：上海古籍出版社，2010.

[16] 贾俊平，何晓群，金勇进. 统计学：第 8 版[M]. 北京：中国人民大学出版社，2021.

[17] 卡尼曼，斯洛维奇，特沃斯基. 不确定状况下的判断：启发式和偏差[M]. 北京：中国人民大学出版社，2018.

[18] 坎特威茨 B H，罗迪格 H L，埃尔姆斯 D G. 实验心理学[M]. 郭秀艳，译. 上海：华东师范大学出版社，2001.

[19] 康德. 逻辑学讲义[M]. 杨一之，译. 北京：商务印书馆，2011.

[20] 柯惠新，沈浩. 调查研究中的统计分析法·基础篇（第 3 版）[M]. 北京：中国传媒大学出版社，2015.

[21] 孔德，论实证精神[M]. 黄建华，译. 北京：商务印书馆，1996.

[22] 李德毅，杜鹢. 不确定性人工智能[M]. 北京：国防工业出版社，2005.

[23] 李开复，王咏刚. 人工智能[M]. 北京：文化发展出版社，2017.

[24] 李立新. 设计艺术学研究方法[M]. 南京：江苏美术出版社，2009.

[25] 李伦. 人工智能与大数据伦理[M]. 北京：科学出版社，2018.

[26] 李培根，高亮. 智能制造概论[M]. 北京：清华大学出版社，2021.

[27] 刘伟. 人机融合——超越人工智能[M]. 北京：清华大学出版社，2021.

[28] 鲁晓波，赵超. AS-Helix：人工智能时代艺术与科学融合：第五届艺术与科学国际作品展暨学术研讨会作品集[M]. 北京：清华大学出版社，2021.

[29] 路甬祥. 论创新设计[M]. 北京：中国科学技术出版社，2017.

[30] 洛伦茨. 动物与人类行为研究：二卷[M]. 李必成，译. 上海：上海科技教育出版社，2014.

[31] 马丁，汉宁顿. 通用设计方法[M]. 初晓华，译.北京：中央编译出版社，2013.

[32] 牛文元 社会物理导论[M]. 北京：科学出版社，2017.

[33] 尚玉昌. 动物行为学：第二版[M]. 北京：北京大学出版社，2014.

[34] 孙凌云. 智能产品设计[M]. 北京：高等教育出版社，2020.

[35] 谭浩，谭征宇，景春晖等. 汽车人机交互界面设计[M]. 北京：电子工业出版社，2015.

[36] 王弼. 老子道德经注[M]. 楼宇烈 校释. 北京：中华书局，2011.

[37] 王重鸣. 心理学研究方法[M]. 北京：人民教育出版社，2002.

[38] 王飞跃. 社会计算的基本方法与应用：第 2 版[M]. 杭州：浙江大学出版社，2013.

[39] 王国成. 计算社会科学引论：从微观行为到宏观涌现[M]. 北京：中国社会科学出版社，2015.

[40] 王坚. 在线：数据改变商业本质，计算重塑经济未来[M]. 北京：中信出版集团，2018.

[41] 肖帕尔，德罗兹. 物理系统的元胞自动机模拟[M]. 祝玉学，赵学龙，译. 北京：清华大学出版社，2003.

[42] 谢宇. 社会学方法与定量研究（第二版）[M]. 北京：社会科学文献出版社，2012.

[43] 亚里士多德. 工具论[M]. 陈中梅，译. 北京：中国人民大学出版社，2003.

[44] 亚里士多德. 物理学[M]. 张竹明，译. 北京：商务印书馆，1982.

[45] 杨治良. 实验心理学[M]. 杭州：浙江教育出版社，1998.

[46] 赵江洪. 设计心理学[M]. 北京：北京理工大学出版社，2004.

[47] 赵江洪. 设计艺术的含义[M]. 长沙：湖南大学出版社，1999.

[48] 赵江洪，谭浩. 人机工程学[M]. 北京：高等教育出版社，2006.

[49] 赵江洪，谭浩，谭征宇. 汽车造型设计：理论、研究与应用[M]. 北京：北京理工大学出版社，2011.

[50] 周济，李培根. 智能制造导论[M]. 北京：高等教育出版社，2021.

[51] 朱新明，李亦菲. 架设人与计算机的桥梁[M]. 武汉：湖北教育出版社，2000.

[52] 朱祖祥. 工业心理学[M]. 杭州：浙江教育出版社，2001.

[53] 朱祖祥，葛列众，张智君. 工程心理学[M]. 北京：人民教育出版社，2000.

[54] ACERBI A. *Cultural Evolution in the Digital Age*[M]. Oxford: Oxford University Press, 2019.

[55] BIJKER W E, HUGHES T P, PINCH T, et al. *The Social Construction of Technological Systems: New Directions in the Sociology and History of Technology (Anniversary ed.)*[M]. Cambridge, Massachusetts, United States: MIT Press, 2012.

[56] BROWN R. *Social Psychology*[M]. New York, United States: Simon & Schuster, 1986.

[57] CROSS N. *Designerly ways of knowledge*[M]. London, UK: Springer-Verlag, 2006.

[58] CROSS N. *Engineering design methods: strategies for product design*[M]. Hoboken, United States: John Wiley & Sons, 2008.

[59] DA VINCI L. *Leonardo's Notebooks*[M]. New York, United States: Black Dog & Leventhal Publishers, 2005: 1-2.

[60] DIX A, FINLAY J, ABOWD G, et al. *Human-computer Interaction: Second Edition*[M]. New York, United States: Pearson Education Limited, 1998.

[61] EKMAN P, FRIESEN W V. *Unmasking the Face: a Guide to Recognizing Emotions from Facial Clues*[M]. San Francisco, United States: Institute for the Study of Human Knowledge, 2003.

[62] FOOT P. *Theories of ethics*[M]. Oxford University Press, 1967: 220-221.

[63] FURNHAM A. *The Psychology of Behaviour at Work: The Individual in the Organization*[M]. London, UK: Psychology Press, 2012.

[64] HOFSTEDE G. *Culture's Consequences: International Differences in Work-related Values*[M]. New York, United States: Sage Publications, 1984.

[65] KRISHNAN A. *Killer Robots: Legality and Ethicality of Autonomous Weapons*[M]. London, UK: Routledge, 2016.

[66] LAZER D, PENTLAND A, ADANIC L, et al. *Computational social science*[J]. Science, 2009, 323(5915): 721-723.

[67] LINDSAY P H, NORMAN D A. *Human Information Processing: Second Edition*[M]. Cambridge, Massachusetts, United States: Academic Press, 1977: 65-79.

[68] NEWELL A, SIMON H. *Human Problem Solving*[M]. Englewood Cliffs, United States: Prentice-Hall, 1972.

[69] NIELSEN J. *Usability Engineer*[M]. Burlington United States: Morgan Kaufmann, 1994.

[70] NORMAN D A. *The Design of Everyday Things*[M]. New York, United States: Doubleday Business, 1990.
[71] PAPADIMITRIOU C H, STEIGLITZ K. *Combinatorial optimization: algorithms and complexity*[M]. Englewood: Prentice-Hall, 1982.
[72] RUSSELL S J, NORVIG P. *Artificial Intelligence: A Modern Approach: Third Edition*[M]. London, UK: Pearson Education, 2012.
[73] SIMON H A. *The Sciences of the Artificial*[M]. Cambridge, Massachusetts, United States: MIT Press, 1969.
[74] SUH N P. *Axiomatic Design—Advances and Applications*[M]. Oxford, UK: Oxford University Press, Inc. , 2001.
[75] TILLY A R, DREYFUSS H. *The Measure of Man and Woman*[M]. New York, United States: Watson-Guptill Publication, 1993.
[76] TINBERGEN N. *Social Behaviour in Animals (Psychology Revivals): With Special Reference to Vertebrates*[M]. London, UK: Psychology Press, 2013.
[77] TURING A M. *Computing machinery and intelligence*[M]// EPSTEIN R, ROBERTS G, BEBER G. Parsing the Turing Test. New York, United States: Springer, Dordrecht, 2009: 23-65.
[78] ULLRICH R A. *The Robotics Primer*[M]. Englewood cliffs, United States: Prentice-Hall, 1983.
[79] UNESO. *Reimagining our futures together: a new social contract for education*[M]. Paris, France: the United Nations Educational, Scientific and Cultural Organization, 2021.
[80] VREDENBURG K, ISENSEE S., RIGHI C. *User-Centered Design: An Integrated Approach*[M]. Englewood cliffs United States: Prentice-Hall, 2001.
[81] WALLACH W, ALLEN C. *Moral Machines: Teaching Robots Right from Wrong*[M]. Oxford, UK: Oxford University Press, 2008.
[82] 蔡自兴. 中国人工智能 40 年[J]. 科技导报，2016, 34(15): 12-32.
[83] 陈善广，李志忠，葛列众，张宜静，王春慧. 人因工程研究进展及发展建议[J]. 中国科学基金，2021, 35(2): 203-212.
[84] 陈圳濠，谭浩. 基于流程特征的用户安全驾驶移交体验[J]. 包装工程，2020, 41(02): 50-56.
[85] 范俊君，田丰，杜一，刘正捷，戴国忠. 智能时代人机交互的一些思考[J]. 中国科学：信息科学，2018, 48(4): 361-375.
[86] 范向民，范俊君，田丰，戴国忠. 人机交互与人工智能：从交替浮沉到协同共进[J]. 中国科学：信息科学，2019, 49(03): 361-368.
[87] 费俊. 身体与媒体——智能科技时代的艺术与设计[J]. 设计，2019, 32(24): 66-67.
[88] 高振海，闫相同，高菲，等. 仿驾驶员 DDPG 汽车纵向自动驾驶决策方法[J]. 汽车工程，2021, 43(12): 1737-1744.
[89] 胡洁. 人工智能驱动的艺术创新[J]. 装饰，2019(11): 12-17.
[90] 黄江杰，汤永川，孙守迁. 我国数字创意产业发展现状及创新方向[J]. 中国工程科学，2020, 22(2): 55-62.
[91] 李德毅. 人工智能基础问题：机器能思维吗？[J]. 智能系统学报，2022, 17(04): 856-858.
[92] 娄永琪. NHCAS 视角下的人机交互、可持续与设计[J]. 装饰，2017, 1: 66-70.
[93] 鲁晓波. 应变与求变时代变革与设计学科发展思考[J]. 设计，2021, 34(12): 56-59.
[94] 潘云鹤. 人工智能走向 2.0[J]. Engineering, 2016, 2(04): 51-61.
[95] 潘云鹤，赵广立. 迎接人工智能 2.0 的挑战和机遇[N]. 中国科学报，2017-11-02(005).
[96] 孙效华，张义文，秦觉晓，等. 人机智能协同研究综述[J]. 包装工程，2020, 41(18): 1-11.
[97] 谭浩. 交互设计正在建立自己的理论和方法范式[J]. 设计，2019, 32(08): 57-58.
[98] 谭浩，李薇，吴永萌. 交互特征研究与设计应用[J]. 湖南大学学报(社会科学版)，2015, 29(02): 155-160.
[99] 谭浩，孙家豪. 移动互联网下视频时延的用户体验质量研究[J]. 图学学报，2020, 41(03): 350-355.

[100] 谭浩，孙家豪，关岱松，等. 智能汽车人机交互发展趋势研究[J]. 包装工程，2019, 40(20): 32-42.
[101] 谭浩，张文泉，赵江洪，王巍. 汽车交互界面视觉信息显示设计研究[J]. 装饰，2012(09): 106-108.
[102] 王海霞，易树平，杨文彩，等. 系统响应时间对人-信息系统交互效率的影响[J]. 人类工效学，2007, 13(3): 4.
[103] 王雪松，徐晓妍. 基于自然驾驶数据的危险事件识别方法[J]. 同济大学学报（自然科学版），2020, 48(01): 51-59.
[104] 温忠麟，侯杰泰，张雷. 调节效应与中介效应的比较和应用[J]. 心理学报，2005, 37(2): 268-274.
[105] 谢友柏. 现代设计理论和方法的研究[J]. 机械工程学报，2004, 4: 1-9.
[106] 许为，葛列众. 智能时代的工程心理学[J]. 心理科学进展，2020, 28(09): 1409-1425.
[107] 许为，葛列众，高在峰. 人-AI 交互：实现“以人为中心 AI”理念的跨学科新领域[J]. 智能系统学报，2021, 16(4): 605-621.
[108] 徐迎庆. 交互设计与交叉学科[J]. 设计，2019.
[109] 由芳，谢雨锟，岳天阳，等. 基于团队态势感知的汽车HMI评测与设计方法[J]. 图学学报，2021, 42(06): 1027-1034.
[110] 张金辉，李克强，罗禹贡，张书玮，李红. 基于贝叶斯网络的联网环境中跟车工况下的前车运动状态预测[J]. 汽车工程，2019, 41(03): 245-251+274.
[111] 张侃. 心理学的发展与未来应关注的方向[J]. 科技导报，2017, 35(19): 1.
[112] 张应语，张梦佳，等. 基于感知收益-感知风险框架的 O2O 模式下生鲜农产品购买意愿研究[J]. 中国软科学，2015, (06): 128-138.
[113] 周子洪，周志斌，张于扬，等. 人工智能赋能数字创意设计：进展与趋势[J]. 计算机集成制造系统，2020, 26(10): 2603-2614.
[114] ABELIUK A, ELBASSIONI K, RAHWAN T, et al. *Price of anarchy in algorithmic matching of romantic partners*[J/OL]. (2019-02-15)[2022-08-27].
[115] ALFONSECA M, CEBRIAN M, ANTA A F, et al. *Superintelligence Cannot be Contained: Lessons from Computability Theory*[J]. J Artificial Intelligence Research, 2021, 70: 65-76.
[116] AMEEN N, HOSANY S, PAUL J. *The personalisation-privacy paradox: Consumer interaction with smart technologies and shopping mall loyalty*[J]. Computers in Human Behavior, 2022, 126: 106976.
[117] ARRIETA A B, DIAZ-RODRIGUEZ N, DEL SER J, et al. *Explainable Artificial Intelligence (XAI): Concepts, taxonomies, opportunities and challenges toward responsible AI*[J]. Information Fusion, 2020, 58: 82-115.
[118] AWAD E, DSOUZA S, KIM R, et al. *The moral machine experiment*[J]. Nature, 2018, 563(7729): 59-64.
[119] BAKSHY E, MESSING S, ADAMIC L A. *Exposure to ideologically diverse news and opinion on facebook*[J]. Science, 2015, 348(6239): 1130-1132.
[120] BANSAL P, KOCKELMAN K M, SINGH A. *Assessing public opinions of and interest in new vehicle technologies: An Austin perspective*[J]. Transportation Research Part C, 2016, 67.
[121] BARTNECK C, BLEEKER T, BUN J, et al. *The influence of robot anthropomorphism on the feelings of embarrassment when interacting with robots*[J]. Journal of Behavioral Robotics. 2010, 1(2): 109-115.
[122] BARTNECK C, KULIĆ D, CROFT E, et al. *Measurement instruments for the anthropomorphism, animacy, likeability, perceived intelligence, and perceived safety of robots*[J]. International Journal of Social Robotics, 2009, 1(1): 71-81.
[123] BELPAEME T, KENNEDY J, RAMACHANDRAN A, et al. *Social robots for education: A review*[J]. Science Robotics, 2018, 3(21): eaat5954.
[124] BEMELMANS R, GELDERBLOM G J, JONKER P, DE WITTE L. *Socially assistive robots in elderly*

*care: a systematic review into effects and effectiveness*[J]. Journal of the American Medical Directors Association, 2012, 13: 114-120.

[125] BONNEFON J F, RAHWAN I. *Machine Thinking, Fast and Slow*[J]. Trends in Cognitive Sciences, 2020, 24(12): 1019-1027.

[126] BONNEFON J F, SHARIFF A, RAHWAN I. The social dilemma of autonomous vehicles[J]. Science, 2016, 352(6293): 1573-1576.

[127] BOX-STEFFENSMEIER J M, BURGESS J, CORBETTA M, et al. *The future of human behaviour research*[J]. Nature Human Behaviour, 2022, 6(1): 15-24.

[128] BRINKMANN L, GEZERLI D, KLEIST K V, et al. *Hybrid social learning in human-algorithm cultural transmission*[J]. Philosophical Transactions of the Royal Society A-Mathematical Physical and Engineering Sciences, 2022, 380(2227): 20200426.

[129] CARVER C S. *Negative affects deriving from the behavioral approach system*[J]. Emotion, 2004, 4(1): 3-22.

[130] CHADEE D, AUSTEN L, DITTON J. *The relationship between likelihood and fear of criminal victimization: evaluating risk sensitivity as a mediating concept*[J]. British Journal of Criminology, 2007, 47(1): 133-153.

[131] CHIEN S Y, LIN Y T. *The effects of the service environment on perceived waiting time and emotions*[J]. Human Factors and Ergonomics in Manufacturing & Service Industries, 2015, 25(3): 319-328.

[132] CHOPARD B. *Cellular automata and lattice boltzmann modeling of physical systems*[J]. 2012.

[133] CRANDALL J W, OUDAH M, TENNOM, et al. *Cooperating with machines*[J]. Nature Communications, 2018, 9: 233.

[134] CRANT J. *Proactive behavior in organizations*[J]. Journal of Management, 2000, 26(3): 435-462.

[135] CROSS N. *Forty years of design research*[J]. Design Studies, 2007, 1(28): 1-4.

[136] DAWES R M. *Social dilemmas*[J/OL]. Annual Review of Psychology, 1980, 31(1): 169-193.

[137] DE GREEFF J, BELPAEME T. *Why robots should be social: enhancing machine learning through social human-robot interaction*[J]. PLOS ONE, 2015, 10(9): e0138061.

[138] DE GRROT J I M, LINDA S, POORTINGA W. *Values, perceived risks and benefits, and acceptability of nuclear energy*[J]. Risk Analysis: an Official Publication of the Society for Risk Analysis, 2013, 33(2).

[139] DELGOSHA M S, HAJIHEYDARI N. *How human users engage with consumer robots? A dual model of psychological ownership and trust to explain post-adoption behaviours*[J]. Computers in Human Behavior, 2021, 117: 106660.

[140] DIETZ T, OSTROM E, STERN P C. *The struggle to govern the commons*[J]. Science, 2003, 302(5652): 1907-1912.

[141] DORST K. *Design research: a revolution-waiting-to-happen*[J]. Design Studies, 2008, 29(1): 4-11.

[142] EDWARDS K. *The interplay of affect and cognition in attitude formation and change*[J]. Journal of Personality and Social Psychology, 1990, 59(2): 202.

[143] FANG K, ZHU Y, GARG A, et al. *Learning task-oriented grasping for tool manipulation from simulated self-supervision*[J]. The International Journal of Robotics Research, 2020, 39(2-3): 202-216.

[144] FEMBACH P M, LIGHT N, SCOTT S E, et al. *Extreme opponents of genetically modified foods know the least but think they know the most*[J]. Nature Human Behaviour, 2019, 3(3): 251-256.

[145] FERRARA E, VAROL O, DAVIS C, et al. *The rise of social bots*[J]. Communications of the ACM, 2016, 59(7): 96-104.

[146] FESTINGER L. *A theory of social comparison processes*[J]. Human Relations, 1954, 7(2): 117-140.

[147] FONG T, NOURBAKHSH I, DAUTENHAHN K. *A survey of socially interactive robots*[J]. Robotics and

Autonomous Systems, 2003, 42(3-4): 143-166.

[148] FRISON A K, WINTERSBERGER P, RIENER A. *Resurrecting the ghost in the shell: A need-centered development approach for optimizing user experience in highly automated vehicles*[J]. Transportation Research Part F: Traffic Psychology and Behaviour, 2019, 65: 439-456.

[149] GALCERAN E, CUNNINGHAM A G, EUSTICE R M, et al. *Multipolicy decision-making for autonomous driving via changepoint-based behavior prediction: theory and experiment*[J]. Autonomous Robots, 2017, 41(6): 1367-1382.

[150] GLAUSIUSZ J. *Using robots to probe how people react to simple behaviours*[J]. Nature, 2020, 583(7817): 652-653.

[151] GRANULO A, FUCHS C, PUNTONI S. *Psychological reactions to human versus robotic job replacemen*t[J]. Nature Human Behaviour, 2019, 3(10): 1062-1069.

[152] GRAY K, WEGNER D M. *Feeling robots and human zombies: mind perception and the uncanny valley*[J]. Cognition, 2012, 125(1): 125-130.

[153] GUNNING D, STEFIK M, CHOI J, et al. *XAI—Explainable artificial intelligence*[J]. Science Robotics, 2019, 4(37): eaay7120.

[154] HAIDT J. *The new synthesis in moral psychology*[J]. Science, 2007, 316(5827): 998-1002.

[155] HILBERT M, AHMED S, CHO J, et al. *Communicating with algorithms: a transfer entropy analysis of emotions-based escapes from online echo chambers*[J]. Communication Methods and Measures, 2018, 12(4): 260-275.

[156] HITSCH G J, HORTACSU A, ARIELY D. *Matching and sorting in online dating*[J]. American Economic Review, 2010, 100(1): 130-63.

[157] HOFSTEDE G. *Dimensionalizing cultures: The Hofstede model in context*[J/OL]. (2011-12-01) [2022-08-27].

[158] HONG L, PAGE S E. *Groups of diverse problem solvers can outperform groups of high-ability problem solvers*[J]. Proceedings of the National Academy of Sciences of the United States of America, 2004, 101(46): 16385-16389.

[159] HUYS Q J M, ESHEL N, O'NIONS E et al. *Bonsai trees in your head: how the pavlovian system sculpts goal-directed choices by pruning decision trees*[J]. PLOS Computational Biology, 2012, 8(3): e1002410.

[160] IIZUKA T. *An empirical analysis of planned obsolescence*[J]. Journal of Economics & Management Strategy, 2007, 16(1): 191-226.

[161] ISHOWO-OlOKO F, BONNEFON J F, SOROYE Z, et al. *Behavioural evidence for a transparency-efficiency tradeoff in human-machine cooperation*[J]. Nature Machine Intelligence, 2019, 1(11): 517-521.

[162] JENNINGS N R, MOREAU L, NICHOLSON D, et al. *Human-agent collectives*[J]. Communications of the ACM, 2014, 57(12): 80-88.

[163] JING S, VISSCHERS V, SIEGRIST M, et al. *Knowledge as a driver of public perceptions about climate change reassessed*[J]. Nature Climate Change, 2016, 6(8).

[164] JOHNSON N, ZHAO G, HUNSADER E, et al. *Abrupt rise of new machine ecology beyond human response time*[J]. Scientific Reports, 2013, 3(1): 1-7.

[165] KANNEL W B, MCGEE D L. *Diabetes and cardiovascular disease. The Framingham study*[J]. Journal of the American Medical Association, 1979, 241: 2035-2038.

[166] KIESLER S, SPROULL L, WATERS K. *A prisoner's dilemma experiment on cooperation with people and human-like computers*[J]. Journal of Personality and Social Psychology, 1996, 70(1): 47-65.

[167] KOHL C, KNIGGE M, BAADER G , et al. *Anticipating acceptance of emerging technologies using twitter: The case of self-driving cars*[J]. Journal of Business Economics, 2018, 88(5): 617-642.

[168] König M, NEUMAYR L. *Users' resistance towards radical innovations: The case of the self-driving car*[J]. Transportation Research Part F: Psychology and Behaviour, 2017, 44: 42-52.

[169] KRISHNA R, GORDON M, LI F F, et al. *Visual Intelligence through Human Interaction*[J]. Artificial Intelligence for Human Computer Interaction: A Modern Approach, 2021, 257-314.

[170] LAZER D M J, BAUM M A, BENKLER Y, et al. *The science of fake news*[J]. Science, 2018, 359(6380): 1094-1096.

[171] LAZER D M J, PENTLAND A, WATTS D J, et al. *Computational social science: obstacles and opportunities*[J]. Science, 2020, 369(6507): 1060-1062.

[172] LAZER D, PENTLAND A, ADAMIC L, et al. *Computational social science*[J]. Science, 2009, 323(5915): 721-723.

[173] LAZER D. *The rise of the social algorithm*[J]. Science, 2015, 348(6239): 1090-1091.

[174] LECUN Y, BENGIO Y, HINTON G. *Deep learning*[J]. Nature, 2015, 521(7553): 436-444.

[175] LEDFORD H. *How to solve the world's biggest problems*[J]. Nature, 2015, 525: 308-311.

[176] LIEDER F, CHEN O X, CHEN O X, et al. *Cognitive prostheses for goal achievement*[J]. Nature Human Behaviour, 2019, 3(10): 1096-1106.

[177] LLOYD P. *From design methods to future-focused thinking: 50 years of design researc*h[J]. Design Studies, 2017, 48: A1-A8.

[178] LORENZ J, RAUHUT H, SCHWEITZER F, et al. *How social influence can undermine the wisdom of crowd effect*[J]. Proceedings of the National Academy of Sciences of the United States of America, 2011, 108(22): 9020-9025.

[179] LORENZ T, WEISS A, HIRCHE S. *Synchrony and reciprocity: key mechanisms for social companion robots in therapy and care*[J]. International Journal of Social Robotics, 2016, 8: 125-143.

[180] LU Z J, HAPPEE R, CABRALL C D, et al. *Human factors of transitions in Automated driving: A general framework and literature survey*[J]. Transportation Research Part F: Traffic Psychology and Behaviour, 2016, 43: 183-198.

[181] MARANGUNIĆ N, GRANIĆ A. *Technology acceptance model: a literature review from 1986 to 2013*[J]. Universal Access in the Information Society, 2015, 14(1): 81-95.

[182] MARTIN R, KUSEV P, TEAL J, et al. *Moral decision making: From bentham to veil of ignorance via perspective taking accessibility*[J]. Behavioral Sciences, 2021, 11(5): 66.

[183] MASAHIRO M. *Bukimi no tani [the uncanny valley]*[J]. Energy, 1970, 7: 33-35.

[184] MCCULLOCH W S, PITTS W. *A logical calculus of the ideas immanent in nervous activity*[J]. The Bulletin of Mathematical Biophysics, 1943, 5(4): 115-133.

[185] MITCHELL T, Brynjolfsson E. *Track how technology is transforming work*[J]. Nature, 2017, 544(7650): 290-292.

[186] *More than machines*[J]. Nature Machine Intelligence, 2019, 1, 1.

[187] MORI M, MACDORMAN K F, KAGEKI N. *The Uncanny Valley [From the Field]*[J/OL]. IEEE Robotics & Automation Magazine, 2012, 19(2): 98-100.

[188] MOSS E, CHOWDHURY R, RAKOVA B, et al. *Machine behaviour is old wine in new bottles*[J]. Nature, 2019, 574(7777): 176-177.

[189] NAGAMACHI M. *Kansei engineering as a powerful consumer-oriented technology for product development*[J]. Applied Ergonomics, 2002, 33(3): 289-294.

[190] NICHOLS S. *Experimental philosophy and the problem of free will*[J]. Science, 2011, 331(6023): 1401-1403.

[191] NOWAK M A, MAY R M. *Evolutionary games and spatial chaos*[J]. Nature, 1992, 359(6398): 826-829.

[192] PALMEIRO A R, VAN DER KINT S, VISSERS L, et al. *Interaction between pedestrians and automated vehicles: a wizard of oz experiment*[J]. Transportation Research Part F: Traffic Psychology and Behaviour, 2018, 58: 1005-1020.

[193] PETTY R E, SCHUMANN D W, RICHMAN S A, et al. *Positive mood and persuasion: Different roles for affect under high- and low-elaboration conditions*[J]. Journal of Personality and Social Psychology, 1993, 64(1): 5-20.

[194] POSNER E A, SUNSTEIN C R. *Dollar and death*[J]. University of Chicago Law Review, 2005, 72(2): 537-598.

[195] RAHWAN I, CEBRIAN M, OBRADOVICH N, et al. *Machine behaviour*[J]. Nature, 2019, 568(7753): 477-486.

[196] RENDELL L, BOYD R, COWNDEN D, et al. *Why copy others? Insights from the social learning strategies tournament*[J]. Science, 2010, 328(5975): 208-213.

[197] RIVKA OXMAN. *Cognition and design*[J]. Design Studies, 1996, 17: 337-340

[198] ROESLER E, MANZEY D, ONNASCH L. *A meta-analysis on the effectiveness of anthropomorphism in human-robot interaction*[J]. Science Robotics, 2021, 6(58): eabj5425.

[199] ROSENBLATT F. *The perceptron: a probabilistic model for information storage and organization in the brain*[J]. Psychological Review, 1958, 65(6): 386.

[200] RUSSAKOVSKY O, DENG J, SU H, et al. *Imagenet large scale visual recognition challenge*[J]. International Journal of Computer Vision, 2015, 115(3): 211-252.

[201] SEIBERT S E, KRAIMER M L, CRANT J M. *What do proactive people do? A longitudinal model inking proactive personality and career success*[J]. Personnel Psychology, 2001, 54(4): 845-874.

[202] SHIN, D. *The effects of explainability and causability on perception, trust, and acceptance: Implications for explainable AI*[J]. International Journal of Human-Computer Studies, 2021, 146: 102551.

[203] SHIRADO H, CHRISTAKIS N A. *Locally noisy autonomous agents improve global human coordination in network experiments*[J]. Nature, 2017, 545: 370-374.

[204] SIEGRIST M, HARTMANN C. *Consumer acceptance of novel food technologies*[J]. Nature Food, 2020, 1(6): 343-350.

[205] SILVER D, HUANG A, MADDISON C J, et al. *Mastering the game of go with deep neural networks and tree search*[J]. Nature, 2016, 529(7587): 484-489.

[206] SILVER D, SCHRITTWIESER J, SIMONYAN K, et al. *Mastering the game of Go without human knowledge*[J]. Nature, 2017, 550(7676): 354-359.

[207] SUN WL, NASRAOUI O, SHAFTO P. *Evolution and impact of bias in human and machine learning algorithm interaction*[J]. PLOS ONE, 2020, 15(8): e0235502.

[208] SUNSTEIN C R, VERMEULE A. *Is capital punishment morally required? Acts, omissions, and Life-Life tradeoffs*[J]. Stanford Law Review, 2005, 58(3): 703-750.

[209] TAN H, PENG S, LIU J X, et al. *Generating personas for products on social media: a mixed method to analyze online users*[J]. International Journal of Human-Computer Interaction, 2022, 38(13): 1255-1266.

[210] TAN H, ZHAO X, YANG J. *Exploring the influence of anxiety, pleasure and subjective knowledge on public acceptance of fully autonomous vehicles*[J]. Computers in Human Behavior, 2022, 131: 107187.

[211] TAN H, ZHAO Y, LI S, et al. *Relationship between social robot proactive behavior and the human*

*perception of anthropomorphic attributes*[J]. Advanced Robotics, 2020, 34(20): 1324-1336.

[212] TERWEL B T, FIEKE H, NAOMI E, et al. *Competence-based and integrity-based trust as predictors of acceptance of carbon dioxide capture and storage (CCS)*[J]. Risk Analysis: An Official Publication of the Society for Risk Analysis, 2009, 29(8).

[213] THOMAZ A L, BREAZEAL C. *Teachable robots: understanding human teaching behavior to build more effective robot learners*[J]. Artificial Intelligence, 2008, 172(6-7): 716-737.

[214] TINBERGEN N. *On aims and methods of Ethology*[J]. Ethology, 1963, 20: 410-433.

[215] TINBERGEN N. *On war and peace in animals and man: an ethologist's approach to the biology of aggression*[J]. Science, 1968, 160(3835): 1411-1418.

[216] TRIPLETT N. *The dynamogenic factors in pacemaking and competition*[J]. American Journal of Psychology, 1898, 9(4), 507-533.

[217] TSAI C F, WU J W. *Using neural network ensembles for bankruptcy prediction and credit scoring*[J]. Expert Systems with Applications, 2008, 34(4): 2639-2649.

[218] TSVETKOVA M, GARCIA -GAVILANES R, FLORIDI L, et al. *Even Good Bots Fight: The Case of Wikipedia*[J]. PLoS ONE, 2017, 12: e0171774.

[219] TSVETKOVA M, YASSERI T, MEYER E T, et al. *Understanding human-machine networks: a cross-disciplinary survey*[J]. ACM Computing Surveys. 2017, 50: 12: 1-12: 35.

[220] UELAND Ø, GUNNLAUGSDOTTIR H, HOLM F, et al. *State of the art in benefit-risk analysis: Consumer perception*[J]. Food and Chemical Toxicology, 2012, 50(1): 67-76.

[221] VAN LANGE P A M, JOIREMAN J , PARKS C D, et al. *The psychology of social dilemmas: A review*[J]. Organizational Behavior and Human Decision Processes, 2013, 120(2).

[222] VOOSEN P. *The AI detectives*[J]. Science, 2017, 357: 22-27.

[223] VOSOUGHI S, ROY D, ARAL S. *The spread of true and false news online*[J]. Science, 2018, 359(6380): 1146-1151.

[224] WAYTZ A, NORTON M I. *Botsourcing and outsourcing: Robot, British, Chinese, and German workers are for thinking-not feeling-jobs*[J]. Emotion, 2014, 14(2): 434-444.

[225] WELLMAN M P, RAJAN U. *Ethical issues for autonomous trading agents*[J]. Minds and Machines, 2017, 27(4): 609-624.

[226] WELLMAN M P, WURMAN P R, O'MALLEY K, et al. *Designing the market game for a trading agent competition*[J]. IEEE Internet Computing, 2001, 5(2): 43-51.

[227] WU F, LU C W, ZHU M J, et al. *Towards a new generation of artificial intelligence in China*[J]. Nature Machine Intelligence, 2020, 2(6): 312-316.

[228] XU, W. *Toward human-centered AI: a perspective from human-computer interaction*[J]. Interactions, 2019, 26(4): 42-46.

[229] ZHANG G, RAINA A, CAGAN J, et al. *A cautionary tale about the impact of AI on human design teams*[J]. Design Studies, 2021, 72: 100990.

[230] ZHANG Q, ZHU S C. *Visual interpretability for deep learning: a survey*[J]. Frontiers of Information Technology & Electronic Engineering, 2018, 19(1): 27-39.

[231] ZHENG S, WANG J, SUN C, et al. *Air pollution lowers Chinese urbanites' expressed happiness on social media*[J]. Nature Human Behaviour, 2019, 3(3): 237-243.

[232] ZHOU C, HAN M, LIANG Q, et al. *A social interaction field model accurately identifies static and dynamic social groupings*[J]. Nature Human Behaviour, 2019, 3(8): 847-855.

[233] ZHOU J, ZHOU Y, WANG B, et al. *Human-cyber-physical systems (HCPSs) in the context of new-*

*generation intelligent manufacturing*[J]. Engineering, 2019, 5(4): 624-636.

[234] ZIEMKE T. *Understanding robots*[J]. Science Robotics, 2020, 5(46): eabe2987.

[235] BINNS R, VAN KLEEK M, VEALE M, et al. *'It's reducing a human being to a percentage' perceptions of justice in algorithmic decisions*[C]// Proceedings of the CHI Conference on Human Factors in Computing Systems. Montreal QC Canada, April 21-26, 2018: 1-14.

[236] DOŠILOVIĆ F K, BRČIĆ M, HLUPIĆ N. *Explainable artificial intelligence: A survey*[C]// Proceedings of the 41st International Convention on Information and Communication Technology, Electronics and Microelectronics (MIPRO), Opatija, Croatia. New York: IEEE May 21-25, 2018.

[237] FAST E, HORVITZ E. *Long-term trends in the public perception of artificial intelligence*[C]// Proceedings of the 31st AAAI Conference on Artificial Intelligence. San Francisco, United States. February 4-9, 2017: 31(1).

[238] KANORIA Y, SABAN D. *Facilitating the search for partners on matching platforms: restricting agent actions*[C]// Proceedings of the 2018 ACM Conference on Economics and Computation. New York, NY, USA: Association for Computing Machinery, June 18-22, 2017: 117.

[239] MIRNIG A G, GÄRTNER M, LAMINGER A, et al. *Control transition interfaces in semiautonomous vehicles: A categorization framework and literature analysis*[C]// Proceedings of the 9th International Conference on Automotive User Interfaces and Interactive Vehicular Applications. New York, NY, USA, September 24-27, 2017: 209-220.

[240] NGUYEN T T, HUI P M, HARPER F M, et al. *Exploring the filter bubble: the effect of using recommender systems on content diversity*[C]// Proceedings of the 23rd International World Wide Web Conference. Seoul Korea, April 30- May 4, 2014: 677-686.

[241] PANDEY A, CALISKAN A. *Disparate impact of artificial intelligence bias in ride hailing economy's price discrimination algorithms*[C]// Proceedings of the 2021 AAAI/ACM Conference on AI, Ethics, and Society. New York, NY, USA: Association for Computing Machinery, February 2-9, 2021: 822-833.

[242] PARASURAMAN R, KERSHAW K, PAGALA P, et al. *Model based on-line energy prediction system for semi-autonomous mobile robots*[C]// Proceedings of the 5th International Conference on Intelligent Systems, Modelling and Simulation, January 27-29, 2014, Langkawi, Malaysia, 411-416.

[243] PARK H W, ROSENBERG-KIMA R, ROSENBERG M, et al. *Growing growth mindset with a social robot peer*[C]// Proceedings of the ACM/IEEE International Conference on Human-Robot Interaction. Vienna Austria, March 6-9, 2017: 137-145.

[244] PENG Z, KWON Y, LU J, et al. *Design and evaluation of service robot's proactivity in decision-making support process*[C]// Proceedings of the 2019 CHI Conference on Human Factors in Computing Systems, May 2, 2019, New York: Assoc Computing Machinery, 1-13.

[245] ROTHENBÜCHER D, LI J, SIRKIN D, et al. *Ghost driver: a field study investigating the interaction between pedestrians and driverless vehicles*[C]// Proceedings of the 25th IEEE International Symposium on Robot and Human Interactive Communication. New York, United States, August 26-31, 2016: 795-802.

[246] TAN H, SUN J, WANG B, et al. *A user experience study for watching delay interrupted video in the context of mobile network*[C]// International Conference on Cross-cultural Design. Vancover, Canada. July9-14, 2017: 724-735.

[247] TEERAVARUNYOU S, SATO K. *User Process Based Product Architecture*[C]// The proceeding of World Congress on Mass Customization and Personalization, October 1-2, Hong Kong, 2001.

[248] VERDIESEN I, DIGNUM V, RAHWAN I. *Design Requirements for a Moral Machine for Autonomous Weapons*[C]// Proceedings of the 37th International Conference on Computer Safety, Reliability, and Security (SAFECOMP). Vasteras, SWEDEN, Springer International Publishing Ag, September 18-21,

2018: 494-506.

[249] ZHANG Y, TAN H. *Effects of Multimodal Warning Types on Driver's Task Performance, Physiological Data and User Experience*[C]// Cross-Cultural Design. Applications in Cultural Heritage, Tourism, Autonomous Vehicles, and Intelligent Agents, July 24-29, 2021, 304-315. Cham: Springer.

[250] 陈圳濠. 基于流程特征的驾驶移交安全感知体验设计与研究[D]. 湖南大学，2017.

[251] 史嘉鑫. 红色在不同社会情境下对时间知觉的影响[D]. 西南大学，2017.

[252] 孙家豪. 基于主观时间知觉的响应时间设计研究与应用[D]. 湖南大学，2022.

[253] DAVIS F D. *A technology acceptance model for empirically testing new end-user information systems: Theory and results*[D]. Cambridge, Mass: MIT Press, 1985.

[254] 标准道路机动车驾驶自动化系统分类与定义(*Taxonomy and Definitions for Terms Related to Driving Automation Systems for On-Road Motor Vehicles*): SAE J3016-2016[S/OL]. [2019-11-8].

[255] *NIST*: *Autonomy Levels for Unmanned Systems*[S/OL]. (2016-9-26) [2020-4-11].

[256] *Software engineering — Software product Quality Requirements and Evaluation (SQuaRE) — Common Industry Format (CIF) for usability test reports*: ISO/IEC 25062: 2006(2006-4-1) [2020-4-11].

[257] 百度，湖南大学. 智能汽车人机交互设计趋势白皮书[R]. 北京：百度世界大会，2018.

[258] 东风汽车集团技术中心. 常规流程/趋势流程/造型可研/工程可研——数字化设计平台[R]. 武汉：东风汽车集团，2011.

[259] 湖南大学汽车车身先进设计制造国家重点实验室，华为 UCD 中心（2012 实验室）. 汽车用户体验 2020 设计趋势报告[R]. 深圳：华为 UXDC, 2020.

[260] CRAWFORD K, WHITTAKER M, ELISH M, et al. *The AI Now report: The Social and Economic Implications of Artificial Intelligence Technologies in the Nearterm*[R/OL]. (2016-9-22).

[261] Moeller C. *User Experience Design: Problem Solving & Storytelling*[R]. Beijing: Yahoo!, 2006.

[262] NEWELL A, SIMON H A. *GPS, a program that simulates human thought*[R]. Santa Monica: Calif Rand Corp, 1961.

[263] 发展负责任的人工智能：我国新一代人工智能治理原则发布[EB/OL]. (2019-6-17)[2021-10-11].

[264] 联合国. 人类可持续发展目标[R/OL]. [2021-6-23].

[265] 通用数据保护条例(General Data Protection Regulation, GDPR) [EB/OL]. [2019-11-25].

[266] 《新一代人工智能伦理规范》发布[EB/OL]. (2021-9-26)[2021-10-11].

[267] 中华人民共和国数据安全法[EB/OL]. (2021-6-10)[2021-12-3].

[268] 自动驾驶网络（ADN）[EB/OL]. [2021-10-11].

[269] *Algorithmic Design in Architecture*[EB/OL]. [2021-12-22].

[270] *AlphaGo: The Challenge Match*[EB/OL]. [2022-1-18].

[271] *Co(AI)xistence with Mirai Moriyama & Alter*[EB/OL]. [2021-10-3].

[272] *De Havilland: Aircraft*[EB/OL]. [2021-7-2].

[273] *Design is at the heart of Niko's DNA*[EB/OL]. [2022-1-11].

[274] *Georgia Senate Bill 219* [EB/OL]. [2022-3-1].

[275] *Herbert Simon Collection*[EB/OL]. (2003-11-14)[2021-12-28].

[276] *How We End Up At The End Of Life*[EB/OL]. [2020-8-20].

[277] *IBM Cloud Satellite*[EB/OL]. [2021-12-30].

[278] *Interactive Robot: NIRO Pro*[EB/OL]. [2021-5-18].

[279] *Luigi Colani*[EB/OL]. [2020-6-21].

[280] MERRITT T, MCGEE K. *Protecting artificial team-mates*[P]. Human Factors in Computing Systems, 2012.

[281] *Modern Times*[EB/OL]. [2022-2-2].

[282] *Olduvai Hand-axe*[EB/OL]. [2017-1-21].
[283] *Tennessee Senate Bill 151*[EB/OL]. [2021-11-30].
[284] *Texas Senate Bill 2205*[EB/OL]. [2022-3-21].
[285] *The Bauhaus 1919-1933*[EB/OL]. [2020-9-7].
[286] *Vintage "LC 4" lounge chair by Le Corbusier for Cassina*[EB/OL]. [2018-4-29].
[287] WIRED. *In Two Moves, AlphaGo and Lee Sedol Redefined the Future*[EB/OL]. (2016-05-16) [2022-08-27].